上海园林绿化
改革发展概况
（1978—2010）

上海市绿化和市容管理局／主编

上海社会科学院出版社
SHANGHAI ACADEMY OF SOCIAL SCIENCES PRESS

黄浦公园全景（20世纪70年代摄）

上海植物园盆景园（1978年4月摄）

东安公园（1984年5月摄）

瀛洲公园（1984年6月摄）

上海市花——白玉兰（1986年9月摄）

上海共青森林公园（1987年5月摄）

豫园(1987年8月摄)

上海大观园(1989年7月摄)

上海动物园园景（1989年10月摄）

长风公园（1989年10月摄）

古猗园北门（20世纪80年代摄）

方塔园（20世纪80年代末摄）

陆家嘴中心绿地（1997年7月摄）

鲁迅公园（1998年8月摄）

新虹桥中心花园（2000年9月摄）

古城公园（2002年5月摄）

上海001号古银杏树
（2002年10月摄）

徐家汇公园（2004年3月摄）

延中绿地（2004年7月摄）

闵行体育公园（2004年10月摄）

人民公园（2007年7月摄）

市民义务植树（2009年3月摄）

市民参与认养绿化活动（2009年4月摄）

"迎世博"浦东新区丁香路花坛景点（2010年3月摄）

上海辰山植物园矿坑园景（2010年4月摄）

编　委　会

序　言

上海市绿化和市容管理局(上海市林业局、上海市城市管理行政执法局)于2008年10月上海市政府机构改革时设立,主管全市园林绿化、市容环境卫生、林业(野生动植物保护)和城管执法工作。其机构前身历经园林局、农业局、环卫局、绿化局、农林局、绿化局(林业局)、市容环卫局(城管执法局)。绿化市容事业的发展演变,与城市发展密不可分。

1978—2010年间,上海城市绿化从慢到快、从少到多,从数量积累到质量提升的跨越式发展,展示了城市旧貌换新颜,市容市貌越来越靓丽,城乡环境越来越整洁的历史性飞跃。20世纪70年代末至80年代,上海绿化市容事业处于筑基和探索阶段。改革开放伊始,上海参照国际大城市的发展模式,探索适应自身特点的绿化市容发展之路。环卫"四清"工种作业标准化、规范化全面实施,生活垃圾袋装化收集在煤气化区域得到较快推行。1987年起,市郊10个区县积极组织开展以农田林网、骨干道路和河道绿化、镇区村庄绿化为主要内容的平原绿化达标活动,为全市绿化林业大发展奠定了初步的基础。

1991—2000年,绿化市容事业进入快速发展阶段。1994年被上海市政府确定为环境保护年、城市绿化年。外环线环城绿带、世纪公园等一大批绿化林业项目启动建设,郊区林业产业得到长足发展。环卫作业逐渐摆脱简易、原始的形象,管理体制进一步理顺,生活垃圾收集、运输、处置列入"八五"科技攻关项目,基础设施和收运体系都发生了重大变化。整个绿化林业、市容环卫行业各方面都取得了一系列突破,赢得了快速发展。

进入 21 世纪,绿化市容事业迈入综合集成、全面发展的阶段。上海成功创建为国家园林城市。园林绿化和环卫行业实施了以"管养分开、政企分开"为主要内容的综合改革,园林集团、环境集团、环境实业等企业先后转制脱钩进入国资委系统,成为各自领域的骨干企业。2008 年底新局组建,政府职能进一步转变,管理进一步规范,公共服务能力进一步提升。在迎世博 600 天环境建设和整治中,建成了一大批事关市民百姓生活、事关行业发展长远大计的重大项目,城市市容和生态环境达到阶段性的新高度。记录 33 年改革发展历程的《上海市志·绿化市容分志(1978—2010)》已于 2020 年底出版发行。在此基础上,对园林绿化、林业(野生动植物保护)、市容环卫三个条线的内容进行充实和调整,编辑成 3 本专辑,供各自领域的同行及管理者研究和参考。

陶　渊

2021 年 6 月

前　言

　　《上海园林绿化改革发展概况(1978—2010)》是基于上海市第二轮地方志《上海市志·绿化市容分志(1978—2010)》编纂内容整理汇编而成。全书共分为11章41节,涵盖园林绿化建设及管理、老公园改造、群众绿化、创建国家园林城市以及园林文化、规划与法规、科技与信息化、宣传与教育、队伍与装备、单位与团体等内容。

　　全书详细记录了改革开放30多年,上海市人均公共绿地面积由1949年的"一双鞋"(0.13平方米)、1980年的"一张报"(0.44平方米)、1998年的"一张床"(2.96平方米)、2001年的"一间房"(5.5平方米),至2004年成功创建国家园林城市,达到9.16平方米,2010年增至13平方米。上海园林绿化建设坚持量的积累和质的提升同步推进,生态功能和景观效益有机结合,从慢到快、从少到多、从"见缝插绿"到"规划建绿",实现超常规、跨越式发展,走出了一条"以人为本、兼容并蓄、科技引领、绿文结合、社会参与"并具有上海特色的可持续发展之路。

　　《上海园林绿化改革发展概况(1978—2010)》的整理汇编成书过程,始终得到上海市绿化市容管理局公共绿地处、规划发展处和市绿委办秘书处,《上海市志·绿化市容分志(1978—2010)》编纂委员会及其编纂室、咨询专家、资料收集和供稿人员等悉心指导与热忱帮助,予此一并致以诚挚谢意。

目　录

综 述

　　1978年，上海市园林管理处改为上海市园林管理局，主要管理全市大、中型公园，市区主要道路行道树、街道绿地和园林企事业单位；园林绿化建设重新纳入上海城市建设规划，园林管理工作恢复正常。

　　1982年，上海市绿化委员会成立。1983年，市人大常委会通过《关于开展全民义务植树运动的决议》，制定《上海市古树名木保护管理规定》，市政府颁布施行；市园林局编制《上海市园林绿化规划》，中心城区绿地布局结构为点状、环状、网状、楔状、放射状和带状相结合。1984年，市委、市政府下发《关于贯彻中共中央、国务院〈关于深入扎实地开展绿化祖国运动的指示〉的通知》，全市群众性植树活动进入组织有序、持续发展的阶段。1986年，黄浦、襄阳等5座公园，市区行道树、街道绿地和各区园林管理所划归所在区政府管辖。1987年，市人大常委会通过《上海市植树造林绿化管理条例》，以法律保障城市园林绿化建设和管理。

　　1992年，市园林绿化工程质量监督站、市园林绿化定额管理站成立。1993年，组建上海园林集团公司，成立市园林绿化工程管理站；市园林局编制第一个指导全市园林绿化发展的《上海城市绿地系统规划（1994—2020）》，实行城乡结合、建成区与市郊绿化协同发展模式，上海城市园林绿化建设从"见缝插绿"跨入"规划建绿"生态环境建设阶段。1994年被市政府定为城市绿化年，中心城区重点建设3 000平方米以上公共绿地；市人大常委会通过《上海市公园管理条例》。1995年，跨世纪绿化工程——环城绿带启动建设，为上海营造人与自然和谐发展的生态环境；延中饮用水有限公司率先认养南京西路近百株行道树。1996年，成立市园林植保防治网。1997年，城市园林绿化建设目标为"点上绿化成景、线上绿化成荫、面上绿化成林、环上绿化成带"；第四届中国花卉博览会暨首届中国花卉交易会在长风公园举办。1998年，建成世纪公园、黄兴公园等大型公园绿地；实施《上海市门前绿化责任制管理规定（试行）》；市园林局编制上海市标准《园林栽植土质量标准》《垂直绿化技术规程》。1999年，市建设工程交易中心园林绿化分中心成立，专职管理全市及外省市在沪园林绿化企业的资质、工程质量和招投标等；昆明园博会举办"上海活动周"，上海馆、明珠苑共获奖牌143项。

20世纪90年代，上海城市园林绿化建设保持持续、高速、跨越式发展，超常规投入资金，还清中心城区缺绿少绿"历史欠账"，绿化总量不断增加，环境质量逐步改善，城市生态、景观效应日渐显现。市重大课题《迈向21世纪上海绿化发展的研究》，以生态学理论为指导，从"以人为本"出发，提出"500米绿化服务半径"，为上海改善生态环境质量，跨入绿化先进城市行列起到重要作用。市园林局编制的《动物园安全图形标志》被建设部列为行业标准，《行道树栽植技术规程》《大树移植技术规程》等被列为上海市标准。上海市古树名木保护办公室成立，全市开展认建认养、爱绿护绿活动，形成"人人为城市添绿，人人为城市美化作贡献"市民参与园林绿化建设、管理的氛围。

2000年，市园林局更名为市绿化局，全市园林绿化建设进入市区与郊区同步协调、跨越式发展阶段；建成延安中路大型公共绿地、陆家嘴中心绿地、大宁灵石公园、徐家汇公园等标志性景观绿地和环城绿带100米林带、400米绿带工程（一期）。2002年，市绿化局编制《上海市城市绿地系统规划（2002—2020）》，提出"环、楔、廊、园"绿地系统框架格局，城市化地区以各级公共绿地为核心，郊区以大型生态林地为主体，市域范围以沿"江、河、湖、海、路、岛、城"地区绿地为网络，形成核心、主体和网络相互作用的市域绿地系统，实施城乡一体化绿化发展战略；《上海市古树名木保护管理规定》修订为《上海市古树名木和古树后续资源保护条例》，将树龄80年以上的树木列为古树后续资源，一同加以保护；全市园林绿化行业实行管养分开改革，市绿化局直属4个事业性公园完成管理层和作业层分离，20%的绿化养护工作量实现市场招投标；创建、评定"星级公园"；全市园林绿化工程设计、施工率先推行招投标制度,逐步形成政府管理市场,市场引导企业的政策传导机制;开展"创建国家园林城市,共筑绿色家园——百万市民百万树"活动,在环城绿带植树 270 公顷,有五一林、母亲林、市民林等。2004年,上海获得"国家园林城市"称号;市绿化局围绕建设生态型城市目标,按照"绿林统筹,城郊一体"发展战略,构建现代化国际大都市绿地网络系统,营造"环、楔、廊、园、林"全面发展格局;全市建立城市绿化植物有害生物预警防控体系。

2005 年,启动老公园改造工程,为市民、游客提供具有生态效益和休闲、活动功能的公共服务空间。"十五"期间,市绿化局主编完成建设部国家标准项目《城市绿地设计通则》,编制《上海市中心城公园绿地规划(2002—2020)》等。2006 年,上海国际立体花坛大赛在世纪公园举行。2007 年,市人大常委会通过《上海市绿化条例》;上海滨江森林公园、吴淞炮台湾湿地森林公园相继建成。2008 年,市绿化市容局统筹城乡绿化、林业发展,融合"绿地、林地、湿地"系统,加快绿化基础设施建设,编制《上海市绿化系统实施规划(2008—2015)》,全市园林绿化发展进入新阶段。2009 年,开展世博知识、行业文明、公共英语会话等培训 360 余期、2.15 万人次。2010 年,上海辰山植物园试开园;开展"平安世博、文明观博"礼仪及游艺机安全等培训 300 余期、1.43 万人次;全市主要干道完成行道树树桩周围铺设透水材料设施 5.7 万套;上海参展台北花卉博览会,"海韵园"接待游客 280 万人次;市绿化和市容局首批命名淮海中路、瑞金二路等 20 条道路为"上海市林荫道"。

至 2010 年,全市公共绿地总面积 1.48 亿公顷,人均公园(共)绿地面积 13平方米,绿地率 36%,绿化覆盖率 38%;城市公园 154 座(市属 6 座,区属 148座),总面积 1 915 公顷,其中星级公园 94 座,免费开放公园 138 座,53 座老公园完成改造;居住区绿化总面积 7 199 公顷,花园单位 955 个,绿化合格单位 2 293个,创建"全国绿化模范单位"19 个,屋顶绿化总面积逾 70 万平方米,市中心 500米绿化服务半径盲区基本消除;世纪大道、南干线、海宁路绿化工程和黄浦江、苏州河景观绿地等绿色廊道相继建成,实施"春景秋色"示范工程成效明显;全市有古树名木 81 种 1 577 株,古树后续资源 78 种 1 028 株。

改革开放 30 余年,全市人均公共绿地面积由 1949 年的"一双鞋"(0.13 平方米),1980 年的"一张报"(0.44 平方米),1998 年的"一张床"(2.96 平方米),2001

年的"一间房"(5.5 平方米),至 2004 年成功创建国家园林城市达到 9.16 平方米,2010 年增至 13 平方米。上海园林绿化建设坚持量的积累和质的提升同步推进,生态功能和景观效应有机结合,从慢到快、从少到多,从"见缝插绿"到"规划建绿",实现超常规、跨越式发展,走出一条"以人为本、兼容并蓄、科技引领、绿文结合、社会参与"具有上海特色的可持续发展之路。

第一章　园林绿化建设

　　1978年后,上海公园绿地建设恢复正常,逐渐加快发展。1994年被市政府定为城市绿化年,中心城区重点建设3 000平方米以上公共绿地。1995年,跨世纪绿化工程——环城绿带启动建设,为上海营造人与自然和谐发展的生态环境。1997年,全市园林绿化建设目标为"点上绿化成景、线上绿化成荫、面上绿化成林、环上绿化成带"。1998年,世纪公园、黄兴公园等大型公园绿地建成,提升区域环境质量。20世纪90年代,上海城市园林绿化建设保持持续、高速、跨越式发展,逐步还清中心城区缺绿少绿"历史欠账",城市环境的生态、景观效应日渐显现。

　　2000年后,公园绿地建设结合产业结构调整、旧居住区改造和重大市政工程建设,相继建成延安中路大型公共绿地、陆家嘴中心绿地、太平桥绿地、华山绿地、新虹桥中心花园、大宁灵石公园、徐家汇公园、上海古城公园等标志性公园绿地,形成中心城区巨大的"绿肺";环城绿带100米林带、400米绿带(一期)建成,有效缓解城市"热岛效应",改善生态环境。

　　2004年始,公园绿地建设围绕建设生态型城市目标,构建科学合理的现代化国际大都市公园绿地网络系统。2008年始,公园绿地建设融入"绿地、林地、湿地"系统,加快基础设施建设,以崭新面貌迎接上海世博会。

　　至2010年,全市公共绿地总面积1.48亿公顷,人均公园(共)绿地面积13平方米;城市公园156座,总面积1 915.22公顷,其中星级公园83座,免费开放公园126座,上海辰山植物园试开园;居住区绿地总面积7 199公顷,道路绿化普及率 98.9％、达标率 86％，屋顶绿化总面积逾 70 万平方米；市中心 500 米绿化服务半径盲区基本消除；世纪大道、南干线、海宁路绿化工程和黄浦江、苏州河景观绿地等绿色廊道相继建成；改造街道绿地，调整旧居住区绿化，实施"春景秋色"示范工程等成效明显。

本章主要选介 1978—2010 年间上海建设的 28 座综合公园、专类公园、公共绿地及道路绿化、立体绿化等。公园绿地建设的重大工程——环城绿带、上海辰山植物园，另设专记。

第一节 公　　园

本节选介 1978—2010 年间上海建设的 17 座综合公园，主要有具标志性景观的世纪公园、黄兴公园、大宁灵石公园、徐家汇公园、闵行体育公园、上海古城公园、上海滨江森林公园、吴淞炮台湾湿地公园和顾村公园等。

一、川沙公园

川沙公园位于浦东新区川沙县城厢镇城南路 411 号，川沙路以东，城南路以南，川黄路以西，南桥路以北，占地面积 3.5 公顷。

公园原址为妙境村蔬菜田和城南桃园，横江自北向南穿过，中部有沈家小宅。1982 年，川沙县政府决定筹建川沙首座公园。1983 年，经市建委批准，市规划局核定，征用妙境村、城南村土地计 60.12 亩，作为建造公园用地。公园向社会各界共征求园名 72 个，经县政府批准，命名川沙公园，副市长宋日昌题写园名。

2005 年，被评为三星级公园、文明公园；2008 年，完成老公园改造工程；2009 年，成功创建文明示范公园；2011 年，被评为四星级公园。

【设计施工】
1983 年 11 月 3 日，公园开工建设，1985 年 12 月 1 日建成开放。

公园规划、设计指导思想为凸显明清时期江南园林风格，体现川沙乡土特色，适应现代城镇建设要求。总体规划、绿化种植、地形道路及排水等设计委托市园林局设计室设计，建筑部分（含陈列室、茶室、北大门、围墙等）由县建设局设计室设计。

2007年,公园列入老公园改造项目,9月开工,2008年3月竣工,总投资1 500万元。改造工程获浦东新区2008年建设工程质量优秀奖,工程设计获上海市2009年优秀工程设计三等奖。

改造工程重点为鹤鸣楼重新彩绘、油漆等,更新东园游乐设施,新建200平方米多功能服务中心。拆除建筑1 363平方米,增加绿地面积7 091平方米,调整地被植物2 400平方米,补种乔木、花灌木3 700余株,以香樟为主,广玉兰、雪松、龙柏、桂花等为骨干。清波湖南堆土山,形成雪松山、龙柏山、黑松山等景观。园东部保留部分桃树,增添梅树,构成梅桃山景区。北大门西南隅植竹成林,形成竹林景区。东园为老年人设置对弈区和休息区,西园大草坪改造面积1 300平方米,5次综合治理清波湖,提升公园绿化景观面貌。每年7—9月,公园举行免费电影进公园活动。

【主要景点】

公园景观布局运用江南园林风格,通过绿化造景,结合山、水、建筑,利用廊、桥、墙和植物划分空间,组成景区,布置景点。

全园分为中部、西部和东部,形成清波湖、梅桃山、竹林山景区。清波湖为主景区,各景点建筑为明清古典形式。入口分设北、西、南三处,北大门为主入口,建门楼、曲墙,置石狮一对。公园围墙仿造无锡鼋园式样,白墙黑瓦,清秀美观。园内道路以古老式样的石板路为主。

景亭 清波湖中有小岛,岛上临水建景亭,为湖区主景。岛南有"集贤"石板桥与湖岸相接,岛上种香樟、垂柳、夹竹桃、金钟花、樱花、合欢等。

白漾观鱼跃 清波湖西隅筑白漾榭,由"环碧"三曲石板桥与南岸相连,"牡丹"石板桥连接西岸。湖水清澈,鱼翔浅底。西岸筑花坛,植牡丹、芍药,配太湖石小景。

荷花池 清波湖水经"环碧"石板桥向南蜿蜒伸入大草坪成小池,池中筑黄石汀步,植荷花。

流莺石拱桥 清波湖东南角架一孔石拱桥,名流莺。桥栏杆柱头设石狮六对,两岸植水杉、池杉、墨杉,杉林参差,倒影荡漾。

陈列室 位于公园西北隅,独成一园,由观澜、苞桑二厅间墙分隔成东西两园。西园种白玉兰、桂花，入口为方亭，名留兴。东园植广玉兰，入口为艺苑厅。陈列室于 1985 年 12 月对外开放，展览川沙当地文物等。

翠竹迎风　竹林山东坡建引风竹亭，挖池名绿漪，池东西架"千个"石板桥，北岸临水建万竹居厅。引风竹亭与万竹居厅互为对景，相映成趣，碎石小路逶迤其中，景致幽雅。

曲波长廊　园东沿通城河建组合式长廊，自南至北为方亭、曲廊、大厅、曲廊、方亭。二亭临水，长廊与通城河围成一庭园，园内植芭蕉、红枫、樱花、罗汉松、红叶李，配湖石、石笋，置石台、石凳。

二、世纪公园

世纪公园位于浦东新区锦绣路 1001 号，占地面积 140.3 公顷，为上海市中心最大的生态型城市公园。

公园原名浦东中央公园，一期工程选址原洋泾乡西华村（即园内乡土田园景区），占地面积 20 公顷。2000 年全园建成开放。

【设计施工】

1994 年 3 月，公园启动一期工程建设，1997 年 7 月建成开放。1998 年，公园进入大规模施工阶段，2000 年 4 月 18 日全园建成开放。

公园总体规划指导思想为"人与自然和谐相处""中西方文化结合"，设计理念摒弃中国传统造园思维模式。公园筹建部研究美国、日本、德国、法国、英国和我国 6 家设计事务所提供的概念设计方案后，选定英国土地利用咨询公司方案，建造一座适合上海市民休闲的生态公园。专家评审认为，英国公司方案做到"人与自然的结合，中西文化的结合"，为上海人营造一个真正的花园。

公园大规模建设工程主要为开挖缘池 27 公顷及堆造池周地形，种植冷季型高扬茅草 2 公顷；建成园内主干道 9.5 千米，广场 7 公顷，桥梁 11 座；种植乔灌木 10 万余株，铺设地被、草坪 70 公顷以及张家浜改道 2.6 千米等。

【主要景点】

公园以大面积草坪、森林、湖泊为主体，有乡土田园区、湖滨区、疏林草坪区、鸟类保护区、国际花园区等景区，世纪花钟、镜天湖、绿色世界浮雕墙、缘池、鸟岛、南山大草坪、蒙特利尔园、露天音乐广场以及秋园、冬园、樱花岛、玉兰林等景点。

世纪花钟 公园标志性景点之一,位于一号门。圆形花坛,直径 12 米,花卉做钟面,绿色植物做刻度,由卫星控制定时,误差仅 0.03 秒,兼具艺术性和实用性。

镜天湖 面积 14 公顷,人工挖掘而成,与公园外围的张家浜相连,水最深处达 5 米。

绿色世界浮雕墙 由著名画家陈逸飞生前担任作品的艺术总监。浮雕墙全长 80 米,花岗石雕刻而成,展现亚洲及太平洋地区 29 种动物和 30 种植物,有中国熊猫、泰国大象、越南水牛、日本丹顶鹤、澳大利亚袋鼠、新西兰红嘴鸥以及北极企鹅等。

银杏大道 全长 614 米,宽 12 米,大道地面为花岗石。道路两旁种植 4 排 250 棵高大、挺拔的银杏,其叶入秋变金黄色,颇具美感。

缘池 模拟热带风情设计,面积 2 500 平方米。在缘池一侧大草坪种植农作物,春季金黄色的油菜花,秋季盛开各色菊花,充满野趣。

鸟岛 岛上种植无花果、冬青等浆果植物,吸引灰喜鹊等 40 余种 2 000 多只鸟到岛栖息。

南山大草坪 由挖掘镜天湖的淤泥堆积而成,春、秋季盛开鲜花,为游客野餐好去处。大草坪上有块大石头,上刻"世纪公园",为 2000 年江泽民来园参观时题写。

蒙特利尔园 公园的园中园,为外事活动场所,由岛屿、湖泊、室内展厅等组成,常年开放白求恩生平展。为上海的友好城市蒙特利尔市建造。

露天音乐广场 面积 8 000 平方米,舞台 560 平方米,可容纳 4 000 余人,为浦东新区重要的节庆活动场地。

秋园 以枫香、青枫、红枫、乌桕、马褂木、银杏等色叶树种为主,入秋后,展现层林尽染的浓浓秋意。园内有一弧形的月亮坡,营造"秋月"意境。

冬园(梅园) 面积 5 公顷,种植 1 万余株梅花和 7 000 多株蜡梅,筑有梅花盆景园"筥愉园"和探梅长廊。从成都移栽 50 棵生长在大巴山悬崖边的老蜡梅,树干形状奇特,花朵硕大油润,花香浓郁。公园每年 1—3 月举办梅花蜡梅展。2009 年有两个梅花品种被"梅品种国际登录"首次发现,梅园内"早桃"仅有 1

株,"东方朱砂"数量较多,花开繁密,玫红色。

樱花岛　地处中央半岛区域,周围水系环抱,与鸟岛隔水相望,植樱花千余株,大多来自浙江奉化溪口一带的早樱。弯曲的樱花小道连接鸽园,通往竹林。中心区域筑一木结构赏樱亭。

玉兰林　白玉兰为上海市"市花",600 余株白玉兰以及紫玉兰、黄玉兰等植于面积 1 公顷的大草坪上,颇具规模。

油菜花为乡土田园景区主角,3、4 月间,面积达 2 公顷金黄色的油菜花,令游客流连忘返。

园内设游乐园、儿童游乐场、休闲自行车、观光车、游船、鸽类游憩区等参与性游乐项目以及咖啡吧、卖品部。4 号门处有具国际标准的草坪足球场。

【重要活动】

在公园规划、建设时期和建成开放后,中共中央总书记江泽民,中共中央总书记胡锦涛,国务院总理朱镕基,中共中央政治局常委、国务院副总理黄菊以及市长徐匡迪等领导先后来园视察。

三、江湾公园

江湾公园(原名丰镇公园)位于虹口区新市北路 1505 号,闸北区以东,新市北路以南,五角场镇以西,上海市公共卫生学校以北,占地面积 1.1 公顷。为江湾镇丰镇小区居民锻炼、娱乐的居住区配套公园。

公园原址为市物利汽车拆旧站旧车接收处。

公园连续 4 年获得"上海市双优公园"称号。

【设计施工】

1995 年 12 月公园动工兴建,1996 年 9 月建成开放。

公园由虹口区园林设计室设计,以"丰"的金秋景观与"镇"的民居风情为特色。绿化布局凸显植被季相,展现秋天气息。建筑设计体现小镇民居风情。

公园功能分区为园前区、园务区、山水主景区和草坪活动区,在儿童游乐区、老年人活动区设草坪、大树地坪、旋转花架及健康步道、健身苑等。

【主要景点】

公园主要景点有太阳鸟石雕、天圆地方构架、八角飞天主亭等。

2008—2009 年"迎世博"期间,街道出资重修公园,被列为区政府实事工程之一。在重修中,深入挖掘江湾镇历史和文化。据史料记载,江湾镇形成原因为宋朝名将韩世忠驻军于此,家属随之落户,成为早期居民。重修以韩世忠为主题,改园名为江湾。主要景点有江湾开篇,寓意韩世忠驻军于此,立韩世忠塑像以及旗桩遗韵、一步岩和蕲王府石等象征性雕塑。与之呼应的为一处追溯江湾成陆及兴起历史的景点江湾源。鼓仪亭为怀念韩世忠之妻梁红玉而筑,琉璃瓦飞檐,寓为浴火凤凰,以及望江亭、点兵台、春江花月等景点。

公园有植物 100 余种 6 000 多株,配置以自然式为主,突出春景秋实,在路口、建筑附近、大草坪等处点缀 60 余株球类植物。太阳鸟石雕背景采用红叶李、龙柏、水杉,外围植草花、铺草坪,起到障景作用。

四、曲阳公园

曲阳公园位于虹口区中山北一路 880 号,中山北一路以东,新华一村以南,东体育会路以西,源林路以北,占地面积 6.7 公顷。为一座以体育活动为特色的综合性公园。

公园原址为江湾公社纪念大队火油弄生产队。

【设计施工】

1996 年 11 月,公园动工兴建。公园建设工程被列入 1997 年市政府实事项目之一,总投资 8 000 万元。同年 12 月建成开放。

公园设计以创造优美、自然环境为主,设置适用性广、趣味性强的健身活动项目等。

公园总体布局因地制宜,采取规则式与自然式相结合,组织多层次空间,以求小中见大,讲究意境创造。改造原有水体,形成自然的湖泊,与周围山、水、石、树木等融为一体,具有"虽由人作,宛自天开"效果。

【主要景点】

公园以黄石假山、湖泊长堤为中心,主要景点有廊桥揽月、飞瀑银泻等。

廊桥揽月、飞瀑银泻 位于园内东部。湖边有水榭、竹亭、复古式茶室,滨水小筑自然、巧妙,以假山叠石隔成一大一小两湖。大湖为水上活动区域,堤上廊桥造型新颖。小湖由黄石垒起石矶相围,具有山坞幽谷意境,为幽静的钓鱼区,称钓鱼台。岸边柳堤曲折,黄石假山掩映于花木丛中。临湖一仞绝壁高耸,奇峰异石间,飞瀑涧流凌空直下,平添动水景观。

模纹花坛 在黄石假山顶上,可见一处圆弧形柱廊,柱为古希腊陶立克柱式样,十余级台阶下为公园入口处中央广场。广场对称有序,显现西方园林强调曲线、讲究均衡特色。广场中央有一座大型音乐喷泉,两侧为修剪成型的松柏和色彩丰富的几何图形模纹花坛。

春华秋实园 为原赛车场改造的自然式园林布局的休闲绿地,乔木采取自然布置,灌木以流线型布置为主,在建筑旁、道路边使用大面积花境群落布置。有透水地坪和雨水收集系统,新建运动场地及坡顶景观亭,显现体育休闲公园特色,为游客创造一个动静结合、景观丰富、季相多变的自然生态组合式绿化景观。

公园栽种百余种1万多株植物。大门入口处两侧香樟、雪松成行种植,形成常绿树林。红叶李为基调色叶树,在景点游览区、游乐活动区成片种植。季相布置春有海棠、白玉兰、樱花、桃花、紫荆,夏有石榴、紫薇、木槿、夹竹桃,秋季盛开的桂花和红果累累的火棘形成特殊的嗅觉与视觉景观。地被为植物景观亮点,4月酢浆草开红花,5、6月金丝桃开黄花,8、9月葱兰开白花,引人入胜。

公园有网球活动中心、烟雨江南茶室、儿童乐园、创意工作坊以及羽毛球、篮球等运动场所。

五、长寿公园

长寿公园位于普陀区长寿路260号,西康路以东,澳门路以南,陕西北路以西,长寿路以北,占地面积4.11公顷,其中绿地面积2.72公顷,水体面积0.53公顷。为展现城市雕塑的主题公园。

1999年,市、区两级政府立项兴建长寿绿地,拆除棚户简屋7万余平方米,总投资4.3亿元。

【设计施工】

1999年9月兴建长寿绿地。2001年1月18日试开放,9月28日正式开放。2002年改名长寿公园。

公园景观以植物造景为主,展示植物多样性,体现海派文化韵味,为市民提供闲适、娱乐的绿色空间。园内设置石、铜、铁、木等雕塑150余组400多件,以

"生命"为主题,分为生命之桥、生命之水、生命之柱和生命之环四个部分。绿森林、水钢琴景区由 1 700 立方米混凝土连续浇筑而成。

公园由上海同济规划设计研究中心规划、设计,上海市园林工程公司负责土建施工,上海绿舟园林建设有限公司承担绿化施工。

【主要景点】

公园主要景点有中央景区"绿森林"、东南景区"水钢琴"、东北景区"水森林"、西南景区"五彩林"和西北景区"黑森林",水景有喷泉、跌泉、跳跳泉等。

"水钢琴"为现代水景——音乐喷泉,每隔两小时表演一次,每次 15 分钟,喷泉与音乐融为一体,精彩纷呈。

六、新虹桥中心花园

新虹桥中心花园位于长宁区延安西路 2238 号,地处虹桥经济技术开发区内,古北路以东,延安西路以南,伊犁路以西,虹桥路以北,占地面积 13 公顷。为长宁区唯一一座企业自管公园,由上海虹桥经济技术开发区联合发展有限公司建设管理,市绿化市容局监管。

花园原址为原上海花圃以及上海市园林学校、闵行区虹桥镇虹五村小许生产队宅基地、上海凤凰自行车集团公司疗养院等。

2001 年,花园被评为上海市十大优秀绿化景点之一,同年获得上海市建筑"白玉兰"奖。2003 年被评为四星级公园。

【设计施工】

1999 年 11 月,花园动工建设。花园建设项目被列为 2000 年市重大工程之一,总投资 2.6 亿元。同年 9 月建成开放。

花园由加拿大实友国际建筑顾问有限公司和上海市园林设计院、现代设计集团公司等联合设计。风格新颖,布局灵活。花园周边由常绿阔叶林及落叶乔木环抱,中下层开朗通透,绿色景观延伸扩展至园外。园内绿化层次丰富,景色疏密有致,以不同高度的水溪和不同宽度的道路把整个花园串联起来,优美的植物景观和闲适的田园风光展现"人与自然和谐"的花园主题。

上海园林工程建设有限公司负责建设工程总承包,上海园林工程建设监理公司负责施工监理。

【主要景点】

花园景点主要有中心喷水池、延安高架两侧、湖心亭、东山和西山等。

中心喷水池 位于延安西路主入口处,为台地式水池,造型新颖、大气;外侧铺设百慕大常绿草坪,两侧种植榉树林,榉树下配植杜鹃、葱兰等花境;落叶乔木与常绿灌木、草坪等配置合理,形成特色鲜明的主入口景观。

延安高架两侧 采用层层排列方式种植意大利杨遮挡高架,颇具森林气势;意大利杨前种植桂花、垂丝海棠等花灌木组成植物景观。

湖心亭由亭、平台、九曲桥等组合而成,与湖水融为一体。东山设置天池、九溪十八涧等小品,浑然天成。西山为一稍有坡度的山冈,供游人锻炼活动。

花园绿化种植以植物造景为主,特点为绿量大,绿化覆盖率高,四季景观丰富,乔灌木、草坪、地被和水生植物等配置合理。乔木有加拿利海枣、榉树、银杏、香樟,花灌木有桂花、樱花、石楠、构骨等。美人蕉品种较多,有大花美人蕉、紫叶美人蕉、双色鸳鸯美人蕉等。常绿乔木与落叶乔木的比例为 7∶3,乔木与灌木与草坪的比例为 1∶0.8∶1.1。

七、黄兴公园

黄兴公园为纪念辛亥革命领导人之一黄兴先生,以他的名字命名园名。位于杨浦区营口路 699 号,双阳路以东,兰花新村以南,营口路以西,走马塘以北,占地面积 62.4 公顷。为具有自然山水品质的都市休闲型生态公园。

公园原址为佳木斯路、营口路一带原浣纱浜大队蔬菜田及原中南橡胶厂仓库等。

2001 年,公园建设项目被列为市重大实事工程之一。2006 年,公园成功创建市文明公园。2009 年,公园被评为国家 AAA 级旅游景区。

【设计施工】

1994 年 3 月,黄兴绿地设施建设发展公司成立。1998 年 4 月,市城市规划局批复黄兴路公园控样规划。2000 年 1 月,市绿化局批复黄兴公园设计方案,总投资 1.97 亿元。3 月 8 日开工建设,6 月 1 日竣工开园。

2009 年 7 月,公园实施迎世博专项改造,增加群众休闲区和步道、监控设备、儿童赤足园、沙滩游乐场,将银杏方阵林改建成银杏香花园等。

公园设计以现代规则式造景风格,凸显大面积植物造景,模拟自然山水,塑造"都市森林"。园内景点环绕面积8.7公顷浣纱湖布局,湖周土丘起伏、缓坡入水、平台广场相连,形成水绿交融,四季景色丰富,具有游览、休闲和健身功能的现代都市园林。

公园由上海市园林设计院设计,上海市园林工程有限公司中标建设工程,杨浦区绿化建设养护有限公司施工,上海市园鼎园林建设监理有限公司监理。

【主要景点】

公园景点有黄兴先生铜像、中心水景广场、浣纱湖、扇形大草坪、玉兰观赏区、银杏香花园(方阵林)、"浣纱女"太湖石、北高山组合亭、叠桥柳堤、爱莲水屋、雪松林、六米大道、亲水长廊观鱼区、藤本艺圃、家庭纪念林、市民企业认养林、上海院士风采馆等。

六米大道 宽6米,环形路,为园内主干道。大道两侧植悬铃木、白玉兰、棕榈、意大利杨、夹竹桃等乔灌木,草坪边缘置花境。

扇形大草坪 位于公园东部,面积2.6公顷,为大型活动场地。草坪呈扇形,空间开阔,一侧为多种乔木形成优美的林冠线,另一侧为碧水清澈、景色秀丽的湖光山色。

浣纱湖 位于公园南部,面积8.7公顷。湖面碧波荡漾,四周土丘起伏,亲水平台伸入湖中。湖边种植柳树及红枫、香樟等色叶树,秋天色彩斑斓。

北高山组合亭 位于公园西北部,为全园地势最高的土丘。

家庭纪念林 位于公园东北部,种植香樟、女贞、刺槐、广玉兰等,留有空地供市民植树,以纪念生日、婚嫁等家庭要事。

银杏香花园(方阵林) 位于公园东北部,面积1.2公顷,大片种植银杏,下层配植众多芳香型多年生草本植物。

园内种植香樟、悬铃木、雪松、榉树等60余种乔木,桂花、紫薇、樱花、五针松等40余种花灌木及红花酢浆草、葱兰等10余种地被植物。银杏香花园种植大花飞燕草、鼠尾草、松果菊、羽扇豆等40余种草本植物。

公园重视生态保护,常有画眉、白头翁、灰喜鹊、八哥、野鸭、黑水鸡、鸳鸯等来此迁栖。

【重要活动】

在公园建设期间,市委书记黄菊,市长徐匡迪,市委副书记刘云耕,副市长韩正、蒋以任,市政协副主席朱达人等领导来园视察。徐匡迪题词:"改善生态环境,造福子孙后代。"

2005年,举办"盛世之秋"大型中华经典童话世界活动。2006年11月8日,黄兴先生铜像落成。2010年5月1日始,每年举办上海之春音乐节管乐专场。

每年上海旅游节期间,公园举行花车大巡游发车仪式。迎"世博"期间,举办NIKE大学生千人环园长跑健身活动以及"和谐＋年轮"公园树木认建认养、暑期免费露天电影进公园等。

八、大宁灵石公园

大宁灵石公园位于闸北区(今静安区)广中西路288号,运城路以东,广中西路以南,共和新路以西,宜川路以北,占地面积56.36公顷。为生态景观型自然风景式城市公园。

20世纪50年代,市政府在兴建彭浦工业区时规划以广中路为界,辟建一条工业区与居民区之间的隔离绿带,东起共和新路,西至沪太路,南临大宁路、老沪太路,北依灵石路、广中西路,面积183公顷。绿带因南、北界的大宁路和灵石路为建设工业区期间修筑的城区道路,遂以二路路名"大宁""灵石"合二而一,定名"大宁—灵石绿带"。

2006年被评为三星级公园,2009年被评为国家AAA级旅游景区。

【设计施工】

1986年,上海市总体规划将大宁—灵石绿带纳入黄兴—广粤—大宁绿化系统,为大型楔形绿地。1987年,共和新路部分建成开放,定名广中公园,占地面积7.22公顷。20世纪90年代末,市、区两级政府投资7亿元,对大宁—灵石绿带主体部分实施综合开发,由绿带转变为集中绿地。2000年10月开工建设,2001年基本建成,2002年5月对外开放,定名大宁灵石公园。2005年,广中公园和大宁灵石公园合并,称大宁灵石公园。

公园由上海市园林设计院规划、设计,杭州萧宏市政建设(集团)有限公司、杭州萧山凌飞环境绿化有限公司、上海市园林工程有限公司、上海生态园林有限公司、宜兴鲸鱼集团(同兴)喷泉有限公司等施工。建设工程主要为地形土方堆筑82万立方米,挖湖土方24万立方米;种植乔木1.3万株,其中大树占30％,花灌木、竹、球类 29.6 万株,地被、草坪 21.6 万平方米,植物种类 200 余种。

公园建有山地 19.33 公顷、水面 7 公顷;环路 7 千米,桥梁 10 座;具有中西园林风格的景点 10 余处、大型广场 2 处、大型假山 1 座等。

【主要景点】

公园由东向西呈狭长形,分为东、西两园。东园有湖堤、湖光山色、湖滨湿地景区。西园由彭越浦河纵贯南北,有山林、欧式风情景区等。

东园　北门广场两侧为高大、挺拔的银杏、水杉,东南边耸立大型青石假山,假山前清溪流淙,旁栽一片红梅,景致自然。进入北门,左绕大宁湖为湖堤景区,右经白沙滩径为湖光山色景区。

大宁湖　位于东园中部,湖形似长颈宝葫芦状,面积近百亩,东西长 700 余米,湖东开阔处宽 250 余米,湖西狭窄处宽 10 余米,湖岸曲折,丰水季水深处可达 4.6 米。湖内置小岛 3 座,供野鸭等鸟类栖息。湖中有冲天飞龙景观,为水柱高百米的湖心喷泉。

湖堤景区　即大宁湖、长堤景点,长堤以 3 座横越湖东的石砌拱桥相连百米而成,沿堤种桃植柳,似具杭州西湖长堤意境。堤右湖面宽阔,堤左湖小幽静。小湖岸畔深处有幽竹园,竹林中隐约可见茶餐厅。过长堤下石桥,湖畔成片加拿利海枣,一派南国风光。

湖光山色景区　由相距较远的主峰观景台与迎风听涛台,一上一下遥相呼应组成,二台分别于峰顶、湖滨观赏湖光山色,四季美景尽收眼底。

湖滨湿地景区　东园西端设沼泽湿地园。园内多植水杉,沿栈桥、岸滩栽种睡莲、芦苇、茅草、蓬蒿等,西侧有一片荷花,两间茅草亭由栈桥相系。五环桥与湿地、湖口一水相连,水门系曲状廊式青砖小瓦建筑。园内一侧广场,栽植数株日本早樱,与水门互映,景致古朴、淡雅。

西园　进入西园,沿两侧道路环拥一处下沉式广场,有水雾弥漫的雾喷泉,循石阶而上有跳跳泉、涌泉。园区布置山林、欧式风情景区和坐落于山腰的欧式轴线景点——小小亭。

山林景区　左为飞瀑帘洞,右至林间舞台、山林静台、竹景小道。飞瀑帘洞瀑布有声,林间舞台系四周树木环绕大草坪设置的露天表演场地,大草坪可容纳近千人。山林静台为供游人小憩的幽静角,周边以多条竹径环抱,整体呈下沉式,地面铺设块状条石,配有圆弧状花架和卵石树坛。

欧式风情景区 景区自小小亭,依山势水流循台地东下,经造型音乐喷泉、规则式花坛、花盏式喷泉、欧式长廊到水舞台全长 600 余米。开阔的疏林草坪景观,融合意大利台地式、法国规则式和英国自然式三种欧式经典园林风格,令人惬意。

广中园(原广中公园) 东部为欧式风格的规则式沉床园、模纹花坛、罗马式廊柱花架,西部为自然式风格,筑有日式庭园风味的清趣亭、拱桥和格兰亭、溪瀑平桥、幽篁竹谢等。园内散置鹬蚌相争、滥竽充数、孔融让梨、开天辟地、东郭先生、乌鸦与狐狸等 12 座中外古代寓言雕塑。

园内设有儿童游乐场、游船、钓鱼池、茶餐厅、茶室、会议中心等服务设施。按照旅游景区标准,设立游客中心,配备导游讲解、观光车等服务项目。

九、徐家汇公园

徐家汇公园位于徐汇区衡山路 839 号,天平路以东,衡山路以南,宛平路以西,肇嘉浜路以北,占地面积 8.65 公顷。为一座以人为本的开放式公园,无围墙、大门,游人可自由出入。

公园原址为建于 1928 年的大中华橡胶厂和建于 1921 年的东方百代唱片公司(中华人民共和国成立后为中国唱片公司上海分公司)以及 30 个单位、745 户居民住宅。

1999 年 11 月 30 日,徐汇区政府和上海华谊(集团)签署关于大中华橡胶厂搬迁建绿工程协议,启动公园建设项目,被列为市重点实事工程,为中心城区"三废"企业拔点和生态环境建设相结合的成功范例,总投资 10.3 亿余元。

【设计施工】

2000 年 2 月,徐汇区政府、市城市规划局和市绿化局组成徐家汇公园规划设计方案征集组织委员会(以下简称"组委会"),采取公开招标,征集公园规划设计方案,共收到国内外 10 家设计单位 11 件规划方案。2000 年 5 月 28 日,组委会在徐家汇港汇广场布展一天,接受市民对规划方案评议。经论证,组委会选用加拿大蒙特利尔市 WAA 景观设计事务所设计方案。

方案以"一心、一带、三轴"构筑公园骨架,组织景区、景点。一心为公园中心的老城厢下沉花园。一带为黄浦江缩影水系以及与之相伴的带状开敞空间。三轴为 3 条直线型园内主路。公园规划设计运用空间构成 7 种主要手法，即设立、围合、覆盖、抬起、下沉、架起和肌理，利用有限的绿色空间，为市民、游客创造丰富的空间感受。

公园建设工程分三期：一期工程，动迁原大中华橡胶厂地块，面积 3.53 公顷。2000 年 9 月该厂停产搬迁，2001 年 2 月 28 日建园开工，同年 9 月 22 日对外开放；二期工程，动迁原中国唱片公司上海分公司以及 9 家单位、140 户居民住宅地块，面积 3.72 公顷。2001 年 6 月动迁，同年 7 月开工，2002 年 6 月竣工。二期工程辟建水域面积 6 056 平方米，由汇金百货商厦认养 5 年，冠名汇金湖；三期工程，动迁沿宛平路 21 家单位、605 户居民住宅地块，面积 1.4 公顷，2003 年 4 月动迁，边动迁边施工，12 月 5 日动迁完成，2004 年 3 月 12 日竣工。

【主要景点】

公园景点主要有：汇金湖、上海老城厢微缩景观区、大中华烟囱、中唱小红楼、景观天桥、沿衡山路花园等。

汇金湖 横贯东西的汇金湖串联园内核心空间。湖的平面形态为上海的母亲河——黄浦江的缩影。沿水系北岸为步行带，方便游人亲水赏景，南岸为绵延入水的自然草坡及树林。

上海老城厢微缩景观区 位于公园中心，配合黄浦江缩影水系，在原上海县城——老城厢的相应位置设置老城厢花园。花园运用下沉式手法限定空间，模纹花坛勾勒"老城厢"内交错的道路网。红木立柱、青石基、灰砖路言简意赅地演绎老上海风情，留给人们足够的想象空间。

大中华烟囱 为纪念有 70 多年历史且为我国橡胶工业做出重大贡献的大中华橡胶厂，公园西南角保留该厂烟囱。通过对烟囱内外部整修，安置灯光设施等，使它成为公园的标志性景观建筑。

中唱小红楼 该别墅位于公园北部，始建于 1921 年，为英商百代公司的别墅，又称百代小楼，后作为原中国唱片厂录音楼。东侧有一矩形欧式下沉花园，南侧保留一株百年古樟。

景观天桥 由大中华烟囱下小广场向宛平路，构建一座贯穿东西，长达 230 米，与汇金广场、徐家汇商城相邻的景观天桥。天桥建筑材料采用充满现代气息的钢结构和玻璃,两侧营建疏密有致的林带和木本绣球组成的花道,凭栏眺望花海绿丛,十分惬意。

沿衡山路花园 衡山路为上海著名的法式风情街,ART DECO 风格为沿街建筑物的重要特征。公园在毗邻衡山路一侧的带状花园内,通过雕塑、雕塑墙、铺地图案以及绿化种植等手段,以简洁的景观线条、高低错落的空间处理,在园内延续 ART DECO 风格,使公园与衡山路相依相融,格调和谐。

公园种植乔木 50 余种、花灌木 130 余种,主要景观道路由樟树林、悬铃木林荫道等构成。肇嘉浜路天平路入口广场以白玉兰、广玉兰等木兰科植物为主,凸显春景。临近天平路一侧以秋景为主,主要有火炬漆、黄连木、栾树等。天桥两侧为深山含笑、香樟等组成的密林、疏林及木本绣球组成的花道。河滨栽植鸢尾、睡莲、垂柳等。上海老城厢微缩景观区以花灌木为主,点缀榔榆、苦楝等乡土树种。园区景观与园外景色融为一体,形成独特的"人在园中走,车在绿边行"的城市景观亮点。

园内设置适合各年龄层次游人的休闲区,配置游戏设施。园路设无障碍通道,有 7 处广场,可举办音乐会、展览会等。地下车库面积 3 500 平方米,泊车 99辆,园东部设 3 个篮球场。

【重要活动】

2001 年 2 月 28 日建园开工,中共中央政治局委员、市委书记黄菊,市长徐匡迪等领导出席仪式,参加植树劳动。

十、思贤公园

思贤公园位于松江新城区,人民北路以东,文诚路以南,松江区行政中心和市民广场以西,思贤路以北,占地面积 9.67 公顷,其中绿地 5.1 公顷,水域 2.4 公顷,道路及建筑小品 2.17 公顷,绿地率 56.7%。公园为开放式公共休闲场所,有13 个出入口,其中园中路、思贤路和人民北路各有一个主要出入口。

公园原址为松江区五里塘镇生生村 4 队、丘泾村 8 队、小念头村 3 队和陈厍村 3 队四村交汇的宅基地、农田。公园湖心岛上大树为原宅基地的树木,原宅基地为王氏家族墓地,为守坟建造一处明清时期四合院式建筑,名"王三乔坟屋"。

【设计施工】

1999 年,松江区建设新城区,公园原址被规划为公共绿地,拆迁王三乔坟屋。2001 年 4 月动工建园,同年 7 月建成,免费开放,属松江区园林绿化管理中心管辖。

公园设计为西式园林格调,园内有广场、茶室、凉亭、小桥、长廊、雕塑等建筑小品。结合原地形,引入穿越公园东西两侧的龙兴港水资源,营造大面积水体,围绕水岸堆叠地形,岸边设置小品。园内种植高大树木,配植花灌木,力求体现自然景观及创造模拟自然的人工植物群落结构。

公园由上海松江新城建设发展有限公司(今方松建设发展有限公司)投资建设,上海市园林设计院设计,上海园林集团公司施工。

【主要景点】

园名取自《论语·里仁》子曰:"见贤思齐焉,见不贤而内自省也。"意为见到德才兼备的人就要向他看齐。

公园通过水体、植物与建筑小品等合理配置,展现"绿、清、活"三大主题及现代西式园林风情。放养的黑天鹅、野鸭和锦鲤鱼悠闲地在水中嬉戏,岸边临水处种植水生植物,一派充满自然情调的水乡景象。

公园植物有 160 余种。乔木有雪松、黑松、香樟、广玉兰,花灌木有红叶李、垂丝海棠、紫薇、鸡爪槭,竹类有毛竹、淡竹,藤本有紫藤、凌霄,地被有大吴风草、麦冬、小叶扶芳藤、络石,水生植物有睡莲、荷花,花卉有松果菊、地毯福禄考、毛地黄、火星花等。

公园南入口有绿轩波咖啡吧,为周边居民、游客休闲佳处。

十一、闵行体育公园

闵行体育公园为上海首座以"体育"命名的公园。位于闵行区莘庄镇、七宝镇交界处,新镇路以东,农南路以南,外环线以西,顾戴路以北,占地面积 84.2 公顷。其中,公园 54.4 公顷,体育场馆 13.3 公顷,"热带风暴"水上乐园 16.5 公顷。

公园原址系一处废弃的建筑垃圾堆场,为改善该区域生态环境质量,闵行区政府同意公园立项,改建成大型开放式公园。总投资 5.7 亿元,其中动拆迁、征地费 2.5 亿元,体育场馆建设费 2.1 亿元,公园建设费 1.1 亿元。

2004 年,公园被市文明办、市绿化局命名为市文明公园。2005 年,被国家体育总局命名为全国优秀体育公园,被市科委命名为市科普教育基地,晋升为五星级公园,公园春英心理咨询志愿者工作室被市文明办、市绿化局首批命名为十个特色工作室之一。2009 年,被市文明办、市绿化局命名为市文明示范公园。

【设计施工】

2001 年 11 月公园启动建设,2004 年 1 月 18 日建成开放。

公园设计原则为"因地制宜,以人为本,回归自然",营造具有时代性的生态型和人性化的空间环境。园内景区有喷泉林荫道区、观景草坪区、翡翠山林区、生态湿地区、儿童活动区、雕塑喷泉广场区、锦绣湖区、南国风景区、七彩广场区、义务植树区和千米花道区,设有山坡长滑道、迷你高尔夫球场、健身园、儿童乐园、市民健身步道、游艇和垂钓等项目。

公园由上海市园林设计院设计。

利用原建筑垃圾堆场,采取土方就地平衡,减少工程渣土外运量,营造高 25 米的山地森林景观。为确保垃圾山改造的安全性,制订垃圾山堆土技术方案,进行土质工程水压测试,在沿河道一侧增设搅拌桩密封墙,解决山体位移及垃圾污水污染水体等难题。园内建造 18 座风格各异的桥梁及涵洞、面积 6.7 公顷的湖泊,水景观与河网贯通,设置调节水质设施。

2008 年,为提升锦绣湖景区质量,突出"春景秋色"景观效果,对环锦绣湖地块进行改造,运用植物造景手法,与原有环境相融合,不留改造痕迹。共种植 20 余种新优乔灌木及地被植物,主要为春天开花密集、先花后叶的花木,有日本早樱、垂丝海棠、喷雪花、美国金钟连翘、紫荆;秋色叶品种有"夕阳红"红花檵、密实卫矛等。

2010 年世博会期间,公园 2 号门欧洲林南侧营建长效型混合花境,以植物造景提升园艺水平。花境设计理念为稳定植物群落、延长花卉观赏期和四季有景可赏,改变一般花境多冬季萧条,两三年需调整、四五年要重建的传统做法,实现花境自然生态景观的长效性和可持续性,建成植物选择配置较严格、养护管理较粗放、观赏周期较持久的多年生花境。

【主要景点】

喷泉林荫道区　位于公园主入口,采取对称树阵形式布置,由香樟、广玉兰、水杉等乔木组成。主入口采用钢结构大门,在入口轴线上排列 6 个不同形式的跳泉,跳泉轴线正前方为公园标志性的竖琴膜亭。

观景草坪区　位于公园主入口轴线顶端,竖琴膜亭高 20 余米,膜亭下为大型观景台。观景台前方为选用百慕大和黑麦草混播形成四季常绿的观赏型大草坪。大草坪由锦绣湖环抱成半岛形,东侧为翡翠山。

锦绣湖区　位于观景草坪区两侧,金桥北为主湖区。湖中东、西分布大、小二岛,小岛为纯生态型岛,大岛植有 10 余种果树形成花果岛,为游客赏花观果的休憩场所。

生态湿地区　位于锦绣湖西侧,横卧一条全长 400 余米的木栈道。木栈道南始亲水平台,北至观景码头,结构为仿木(钢筋混凝土)和防腐木相结合。木栈道上分布多个大、小水榭,两侧植有 50 余种沉水、浮水、挺水型湿生、沼生植物,形成集中展示水生植物区域。

南国风景区　位于锦绣湖游船码头东侧,种植棕榈科植物,有加拿利海枣、银海枣、布迪椰子、棕榈、华盛顿棕榈等,呈现一派南国风光。在风景区尽头有一座立面酷似鲸鱼的茶室,置身其中,俯瞰湖面,令人惬意。

雕塑喷泉广场区　位于公园 2 号门,由静池、音乐喷泉、旱喷泉、圆型景墙雕塑以及榉树、香樟树阵组成,景墙上展示各类运动项目浮雕。

七彩广场区　位于南国风景区东侧,由活动广场、市民健身步道和退休干部活动中心组成,面积 5 000 余平方米。活动广场采用防腐木结构,布置传说中的"七宝",即金鸡、玉筷、玉斧、神树、莲花圣、佘来钟和飞来佛,故称七彩广场,为市民、游客的活动场所。广场西侧为一条长 400 余米的市民健身步道,北侧为闵行区退休干部活动中心。

义务植树区　位于公园 3 号门东面,又称义务植树纪念林区和认建认养区。市委书记黄菊、市长韩正等领导先后在此植树,区内有市人大代表植树的百树林以及国防林、育才林、五一林和巾帼林等。每年植树节开展义务植树、认建认养活动。

翡翠山林区　位于义务植树区南面,翡翠山为利用原建筑垃圾堆场,由人工堆土造型,经土壤改良建成的一座人造土山。山上种植竹、梅、桂花、红叶李等花灌木。山西北坡有一条 98 米长的供儿童游玩的山坡长滑道。山上有一处茶室,供游客休憩。

千米花道区 位于翡翠山东坡,全长千余米,故称"千米花道",面积3.6公顷。花道两侧种植多种春天开花的乔灌木3 500余株、春花地被4万余株。其中,垂丝海棠1 750株,日本早樱800株,以及紫荆、喷雪花、红运玉兰、桃、梨、杏、山麻杆、郁金香、油菜等早春开花的植物。花道原系外环绿带,为呈现沪地"春景秋色",对原有植物景观进行调整改造,分为A、B、C 3个区。

A区主要观赏成片木本春花,由垂丝海棠、红运玉兰、樱花、喷雪花等粉红、白色和红色3种花色系列,形成一个游客抬头观花的空间。

B区利用原有规则式空间布局和大草坪、大桂花树等,在沿花道两侧1 200平方米面积布置6万余株郁金香,表现花卉色彩变化和规则式图案的视觉效果,为游客营造一个低头赏花的空间。

C区通过多种春花植物群落配置,展示各种植物不同形态、色彩相互映衬、五彩缤纷的群落美,让游客产生回归自然的感悟。3个区域前后呼应,主题突出,形成一处独具匠心、立体赏花的特色景观。

儿童活动区 位于翡翠山东南面,设置多种儿童活动设施以及健身器材,种植30余株金桂、银桂和月桂,其中有一株被称为园中珍宝的百年桂花树。

【重要活动】

2004年,副市长杨雄等出席公园开园仪式。2006年,国际射箭联合会在公园举办"射箭世界杯赛"总决赛。2007年,中共中央政治局委员、市委书记习近平,市长韩正等领导视察公园。

公园有服务类志愿者150余人,各类活动志愿者队伍15支550余人,志愿者工作室7个,公园志愿者服务总队获得2010—2011年上海市志愿者服务先进集体称号。

千米花道展 为踏青赏花首选之处,每年早春赏花游客及摄影爱好者纷至沓来,成为公园一道时尚风景线。

水生植物展 主要展示生态湿地区种植的50余种水生植物。在水深10余厘米处主要种植溪荪、花菖蒲、石菖蒲、花叶芦竹、鸢尾类等,岸边配置水杉、池杉、垂柳、木芙蓉、花叶美人蕉、醉鱼草等耐水湿植物及女贞、刺槐等蜜源类或鸟饲类植物,形成丰富多彩的岸线植物景观;在水深30~50厘米浅水区以及木栈道两侧主要种植中小型品种的荷花、睡莲、水葱、水烛、伞草、千屈菜、黄菖蒲、茨菇等;在水深 50～100 厘米深水区主要种植大型品种的荷花、芡实、睡莲、芦苇、茭白、大黄莲等。

十二、四川北路公园

四川北路公园位于虹口区四川北路 1428 号。邢家桥南路以东,衡水路以南、以西,四川北路以北,占地面积 4.2 公顷。为区中心一处大型开放式公共绿地,绿地总用地面积 42 407 平方米,其中绿化面积 31 407 平方米,水体面积 4 400 平方米,绿地集散广场面积 2 000 平方米,道路面积 4 000 平方米,绿地率达 81%。建有地下设施 15 000 平方米。

公园原址系"三新里"老式里弄房屋等,动迁居民 2 708 户,个体户 97 家,企事业单位 135 家,拆除各类建筑 11.6 万平方米。

2005 年被评为四星级公园。

【设计施工】

2002 年 1 月 19 日公园动工建设,同年 9 月 28 日建成开放。

公园由同济大学景观设计院设计,理念为以人为本,凸显生态,塑造自然景观,体现"绿脉、水脉、文脉"三脉合一的生态、游憩、集会、商用等多功能的绿地效应。

公园建设工程主体为区建交委,施工单位为上海市园林工程有限公司。

【主要景点】

公园分为虹舞乐章、绿音琴阶、兰桂飘香、夕阳幽篁、银盘托月、碧玉虹峰、翠黛霓林等 7 个景区。

公园以植物造景为主,运用传统植物造景手法,合理配置乔灌木,注重植物多样性。植物有 130 余种,其中乔木 36 种。主要种植红枫等色叶树种,突出"红"为特色(谐音虹口区的"虹"),使公园具地区性象征意义。

2006 年,经周边居民提议,区绿化局在园内欢乐广场北侧建造一座椭圆形舞台,以满足群众活动需求。

十三、上海古城公园

上海古城公园位于黄浦区人民路 333 号,安仁街以东,人民路以南、以西,福佑路以北,占地面积 4.08 公顷。为老房旧房集中的老城厢地区第一块大型公共绿地。

公园原址动迁居民 4 000 余户,单位 200 余家,总投资 10 亿余元。

【设计施工】

2002 年 2 月公园动工建设,同年 5 月竣工开放。

公园由同济大学建筑与城市规划学院设计,注重体现"三个为主,五个兼顾"原则,以绿为主、以人为主、以生态为主,兼顾反映古城历史文化、人流集散、教育基地、体现标志性景观和旅游资源重新组合。

设计亮点为沿园内主轴线上的下沉式广场至丹凤台以弧形坡道横贯整个公园,坡道两边风格迥异,人民路新开河一侧为开敞式草地,展现简洁、通透的现代风格;豫园一侧为密植丛林,自然构成老城厢城市肌理与现代城市空间的缓冲和过渡。在丛林中,重建见证上海钱庄业发展,素有"中国古代金融博物馆"之称的沪南钱业公所隐约可见。该座始建于清光绪五年(1879)原址位于上海古城墙大东门外的古建筑,与浦东陆家嘴现代金融区处于同一轴线上,成为公园的魂魄。园内至高点为丹凤楼,5 米高古城墙上的丹凤台为游客凭栏远眺佳处。

【主要景点】

一间狭小的灶间　为园内一个特殊景点,灶间里有一架极窄的木扶梯为爬上小阁楼的通道,扶梯背后隐藏着一只马桶,两只水斗,7 只水龙头,水龙头上有铁罩有锁……为过去居住在公园所在地的老城厢居民生活的真实写照。

沪南钱业公所　原为沪上钱庄业主集会议事之所,原址在南市区施家弄 133 号。建筑面积 630 平方米,坐北朝南,砖木结构,有东西厢房、厅堂、砖雕门楼及清代碑刻。2000 年老城厢改造时,拆移沪南钱业公所。2002 年建设公园时,使用公所建筑原材料重建于园内。

丹凤楼　取意于上海历史上重要的园林景观"丹凤楼"建造。游客在丹凤台上,面对新开河绿地,眺望外滩经典景观,回味老城厢历史、文化,令人遐想。

护城河　园内沿人民路的景观水系,为上海古城墙外原护城河位置,部分水系驳岸展露古城墙遗韵,暗喻护城河。靠近人民路一侧种植多排榉树形成林荫道,凭栏赏水,景观自然。

吊桥广场　公园人民路出入口广场,采用一座意念式吊桥,跨越老城厢护城河。

水院广场　位于园内西南侧,靠近老城厢,处于大片竹林围合之中,置有水体、喷泉。

"直观新宇"石碑坊　以联点景,一联"坐听流水曲音雅,仰看摩天意气舒";另一联"虚意静象含包绵延历史,揽英接芳昭示磊落未来",坊额题刻"直观新宇"。联意诠释公园以虚应实,模拟时空走廊,延续古老豫园与现代陆家嘴建筑群对话连接。

园内绿化,选用体现中国园林特色的传统植物以及上海的乡土树种,有玉兰、杜鹃、南天竹、葱兰、萱草、吉祥草等 140 余种,乔木 1 500 多株,竹类 8 000 多秆,其中金梢毛竹林面积达 6 000 余平方米,金桂 200 多棵,为公园特色。

绿化布局,以毛竹、哺鸡竹、茶秆竹和香樟林作为弧形坡道长廊以及绿地背景,大草坪孤植银杏、桂花、榉树、罗汉松、红枫和紫薇等大树,公园主入口处植有胸径 100 厘米的对接白蜡为镇园之宝。垂柳、落羽杉、枫杨等临水栽植,花梅、罗汉松植于竹林旁,形成"岁寒三友"景观。

园内有丹凤楼咖啡吧、露天茶室等服务设施。

十四、上海滨江森林公园

上海滨江森林公园位于浦东新区黄浦江与长江交汇处东南角,高桥镇凌桥高沙滩 3 号。

公园原址为三岔港苗圃,原名上海东郊(三岔港)森林公园,规划面积 300 公顷。

2010 年被评为五星级公园。

【设计施工】

设计理念为结合上海建设生态型城市发展方向,保护、恢复原三岔港苗圃生态环境;利用公园地理位置特殊性,充实生物多样性和提升地方历史及文化内涵;建成自然生态和谐、植物景致宜人的展现滨江特色、近郊自然风貌的郊野公园。

地标景观为公园标志性建筑,位于公园主轴线北部末端。建筑形状类似桅杆上悬挂的鱼网,宛如在河流中崛起似人类脊梁的山脉,从地面上、水面上观赏均能形成美妙的视觉效果。

游客服务中心位于主轴线起点,为一组结合植物造景和水景,融于自然的生态建筑。

公园由上海市园林设计院、阿特金斯设计公司设计。

2004年12月组建上海滨江森林公园项目部,负责公园(一期)工程建设。2007年3月28日公园(一期)建成开放。

公园分为湿生植物观赏区、生态林保护区、特色植物观赏区、果园区等4个主题景区;按功能区划分为滨江景观带、森林湿地区、原生林地、特色植物区、湿地鸟园地、艺术果园、儿童园、游客服务中心、农业景观区、木屋度假区、公共服务区(二期)、草坪游憩区、运动休闲区及苗圃等15个功能区。

公园项目委托单位为市绿化局、上海滨江森林公园建设指挥部。

【主要景点】

杜鹃植物区(杜鹃园) 有20多个品种数万株杜鹃,以上海地区生长良好的毛鹃、夏鹃为主,引入品种有云锦杜鹃、西洋杜鹃、鹿角杜鹃、日本园艺杜鹃、欧洲园艺杜鹃、耐普山杂交杜鹃、锦绣杜鹃、白花杜鹃、紫蝴蝶等,花色主要有紫、粉、红、白等。杜鹃园位于公园中央地区,面积6.7公顷。园内筑山,主山体高8米,西侧次峰6.5米,东南方向置配峰,形成山峦跌宕,坡地起伏的仿自然山地景观。主山顶有"天池",面积260余平方米,为公园溪流源头,溪流长300余米。

蔷薇植物区(蔷薇园) 设海棠、樱花专类园。蔷薇园面积10公顷,利用原有大片海棠,建成海棠林,另有樱花林、桃花林、杏花林等,植物景观丰富,为上海"春景秋色"示范工程基地。

木兰植物区 面积6公顷,利用原苗圃资源,建成一条长400余米广玉兰大道,不同规格、姿态的广玉兰配置为疏密有致的树群,展现自然流畅的景观效果。除原苗圃的白玉兰,增植黄山玉兰、红玉兰、黄玉兰、二乔玉兰、紫玉兰和天目玉兰等逾千株,形成以白玉兰、广玉兰为主,春季多种玉兰争相绽放的灿烂景色。

湿生植物区 系原有林地结合地形、水系改造建成。挖掘人工湖,湖中布有多个小岛及半岛,湖周以原有香樟、水杉、广玉兰等为背景,增植苦楝、枫香、乌桕等,湖边栽植荷花、菖蒲、鸢尾等50余种水生、湿生植物。

十五、吴淞炮台湾湿地森林公园

吴淞炮台湾湿地森林公园位于宝山区炮台山以东,宝杨路以南,长江以西,塘后路以北,占地面积 120 公顷,其中陆域面积 60 公顷,原生湿地面积 60 公顷,沿江岸线 2 000 余米。清末在此建造水师炮台,故名"炮台湾"。炮台湾原称杨家嘴,为黄浦江、长江交汇处滩地。近代为海防要塞,1842 年陈化成率水师镇守炮台,顽强抗击英军,壮烈殉难。"一·二八"淞沪抗战,十九路军将士在此英勇抵抗入侵日军。

上海解放后,炮台湾驻军。20 世纪 60 年代因备战,将上海第五钢铁厂钢渣运此填江,一度为钢渣堆场以及拾荒者住地,严重破坏生态环境。为改善环境质量,弘扬炮台湾历史文化,展现黄浦江与长江交汇处独特的地理优势和自然风貌,2004 年市政府批复宝山区总体规划实施方案,炮台湾建设一座具有国防教育特色的综合性城市生态型湿地森林公园,作为宝山旅游新景点和展示宝山的名片。

公园为宝山区"一环五园"绿地系统中的一"园",属区生态专项建设主体工程项目,获得改革开放 30 周年上海市建设成果银奖、中国人居环境范例奖、IFLA 亚太区第七届风景园林管理类杰出奖等。2010 年被命名为全国科普教育基地。

2012 年被评为五星级公园、国家 AAAA 级旅游景区。

【设计施工】

2005 年 10 月启动公园一期工程建设,区政府投资 2.71 亿元,2007 年 10 月竣工开放。2008 年启动二期工程建设,同年 11 月动工,至 2011 年 10 月竣工开放。区政府投资 5 790 万元完成动迁,公园新增用地 3 公顷,实现防汛安全和市民、游客与长江零距离接触体验。

设计目标 以"自然—生态—湿地—森林,休闲—军事—文化—历史"为主题,以突出吴淞文化为重点,遵循自然生态、因地制宜、持续发展、以人为本等原则,建造具有生命力、时代感,反映当地历史,满足市民休闲、娱乐、教育的综合性城市生态型湿地森林公园。

总体布局 "一个中心,两条主线,三个块面"。一个中心为中央军事广场,两条主线为滨水景观道和主园路,三个块面为湿地景观区、森林活动区和谷地游览区。

园内沿江岸线,利用大小生态岛、植物多样性,形成丰富多彩的湿地森林景观。南部塘后路入口处设篮球场、笼式足球场和体育俱乐部,中部设瀑布溪流景观区、儿童活动区和中央军事广场,北部设贝壳剧场、长江河口科技馆、矿坑花园、世界河口广场以及划船水域等。公园有3处停车场232个车位和餐饮、茶室等。

公园由上海市政设计总院景观院设计,上海园林集团公司施工。

【主要景点】

园内景观以野趣为特色,保留长江滩涂湿地展现长江河口原生态自然风貌,营建园林景观凸显滨江湿地特色和人文情怀。主要景点有滨江湿地、瀑布溪流、吴淞炮台纪念广场、矿坑花园、贝壳剧场、木兰雅苑、泛舟揽胜、镜湖映影、天然奇石、花海绿苑、长江河口科技馆、儿童乐园、炮台山、湖心摇曳等。

滨江湿地　长江与黄浦江交汇处滩涂湿地,为公园独具特色的原生态景观之一。湿地充满生机,水生植物丰富,为候鸟来往驿站。漫步沿江木栈道,眺望长江,聆听潮汐,感受江风,令人陶醉。湿地有一特色景观,为荷兰人百年前建造的吴淞口航道航标塔,航标塔地处黄浦江与长江分界线,游客可饱览二江交汇奇景。在湿地景观平台,能看见浦东的滨江森林公园,外高桥的发电厂,黄浦江、长江的入海口及长兴岛和横沙岛。

瀑布溪流　主要由留存的钢渣及假山、水体,配置植物建成,有钢渣小径、幽洞水帘、青枝藤蔓、潺潺溪流等,展现江南园林精致、秀美。

吴淞炮台纪念广场　由威严之阵、英武之塑和下沉展窗等三部分组成,形成广场高台、广场中轴、广场斜坡和下沉展点相结合的梯状展示构架。弘扬爱国主义传统,传承中华民族精神。广场上有一门经历无数战役的清代古炮。

矿坑花园　由青石山体、"钢之花"景墙、石屋花园、半亭、鱼骨种植带等小品组成。矿渣小路还原公园以往,花草树木憧憬公园明天。

贝壳剧场　位于长江之畔,绿荫环抱。两旁台阶可容纳万余名观众,为大型室外观演场所。

木兰雅苑　有白玉兰、紫玉兰、二乔玉兰等木兰科植物,初春开花,绚丽灿烂。

泛舟揽胜　园内湖长千余米,荡桨碧波,两岸鸟语花香,宛如置身画中。

镜湖映影　湖中水生植物与蓝天白云交相辉映,构成一幅优美风景画。镜湖采用先进的水下修复生态技术,通过有益微生物系统营造、水生动物系统修复、沉水植物系统修复等生态技术,消除矿渣氧化、分解产生的水质富氧化,使水域恢复生态自净能力,形成"水下森林"景观。

天然奇石　园内多奇形怪石,有的如珊瑚瘦、透、漏、皱,有的像动物栩栩如生。有鱼形奇石,似长江盛产的鲴鱼,为公园标志性景石之一。有南极石,由中国极地研究中心第 26 次南极考察队于 2010 年 2 月 15 日在南极大陆拉斯曼丘陵中山站附近采集,属石榴子石片麻岩矿石标本,历经 5 亿年南极特有气候条件雕饰,重约 4.05 吨,为镇园之宝。

花海绿苑　为游客尽情享受的天然氧吧。周边茂密的植物围合,形成幽静的休憩空间。大面积种植乔木,乔灌草层次丰富,郁郁葱葱的树林和色彩斑斓的野花形成独特的滨江植被景观。

长江河口科技馆　为一座以长江河口历史演变为背景,集河口科技与文化展示、科研、环境保护、青少年科技活动、爱国主义思想教育与科普互动为一体的我国首家以河口科技为主题的专业展览馆。馆形融合"太极鱼"轮廓,建成三维形态。馆内设 5 个展厅和 1 个四维影院,展示河口科研、河口工程和河口航运资源以及宝山河口历史变迁等。

儿童乐园　以"勇攀珠峰"为中心,有迪士尼城堡、魔幻森林、跟踪追击、挑战者碰碰车、星球大战及双人、多人休闲自行车项目。

炮台山　由钢渣堆成,因军事编号 37 号,又称 37 高地,驻扎部队。

湖心摇曳　红色吊桥摇曳于碧波荡漾湖面上,桥面木板铺成,人行其上,仿佛回到美好的童年。

园内有植物 94 科 269 属 380 种。其中,栽培植物 280 种,野生植物(含归化种)100 种。以多年生草本为主,有 128 种。湿地植物有水杉、垂柳、萍蓬草、金鱼藻、花叶芦竹、芦苇、水葱、野茭白等。

园内服务设施等建筑,必须达到国防安全要求——在炮位阵地射击范围内不设永久建筑。主要有咖啡室,建筑面积 304 平方米,采用双层两坡屋顶;体育俱乐部,占地面积 1 202 平方米,总建筑面积 2 176 平方米,为周边居民室内健身场所;快餐厅,建筑面积 610 平方米;志愿者俱乐部,建筑面积 1 017 平方米,为半地下建筑,与下沉式矿坑花园融为一体;游客服务中心,建筑面积 626 平方米。

【重要活动】

2006 年,市长韩正等领导来园植树。

2007 年 6 月,举办主题为"与奥运同行,2007 滨江宝山健步行"活动。10 月,市长韩正等在大草坪栽种香泡树。

2008 年 2 月,市世博局、区政府举行"为世博奉献一片林——2010 上海世博会倒计时 800 天'宝山迎世博纪念林'奠基仪式暨元宵游园"活动。11 月,上海宝山留学人员联合会、上海市欧美留学生会宝山分会举行留学生林奠基仪式。

2009 年 3 月,市人大常委会主任刘云耕、副主任陈豪等来园参观。同月,国家园林城市复查园林组考察公园。5 月,举办"你我齐动手,清洁宝山迎世博"倒计时一周年活动。7 月,皇家加勒比邮轮公司主席一行访园。9 月,中共中央政治局委员、市委书记俞正声等来园调研。开园后,每月一次与区卫生医疗系统联合举办"健康生活进公园,免费医疗咨询"活动。

十六、顾村公园

顾村公园位于宝山区陈广路以东,沪太路以西,外环线以北。为一座集生态防护、景观观赏、休闲健身、文化娱乐、旅游度假等功能于一体,以生态、休闲、娱乐为主题,与城市公园功能互补的大型城市郊野森林公园。

公园为上海外环生态专项工程中的一颗绿珠,即"长藤结瓜"形态中的一"瓜",属宝山区生态专项建设主体工程项目,规划面积 430 余公顷,分两期建设。一期工程建设 180 余公顷,于 2007 年始动迁顾村镇陈家行、王宅、大陆、广福、朱家弄、羌家、沈杨等 7 个村、39 个生产队、685 户农户、62 家企事业单位等,进行一期工程建设。按照宝山区委、区政府提出"成熟一块,开放一块"要求,2009 年 10 月 1 日开放 70 余公顷,2010 年 10 月 1 日再开放 40 余公顷,至 2011 年 1 月 1 日一期工程基本建成开放。

【规划设计】

规划布局及框架　以"保留、改造、优化"为原则,利用原有外环生态专项林带和苗圃、水系、地形、道路等资源,采取因地制宜、环保节能措施,节约项目投资,还原历史风貌,建设良好的绿化景观和生态系统。由于规划面积大,投入资金多,建设周期长,考虑到项目的完整性和可实施性,公园规划以中心河为界,分一期、二期实施。

一期规划布局 用地面积 180 余公顷,主要为"一轴、一带、二区、七园"。一轴为悦林大道景观轴,一带为外环生态专项 100 米防护林带,二区为东、北两个入口景观区以及配套服务区,七园为异域风情园、森林烧烤园、郊野森林园、森林漫步园、儿童森林嘉年华乐园、森林休闲运动园和植物观赏园。

二期规划框架 用地面积 250 余公顷,主要为"一轴、一弧、三片区、五心"。一轴为一期悦林大道景观轴延伸部分,一弧为特色景观弧——生态廊道,三片区为悦林湖森林水景片区、养生农庄片区和森林拓展片区,五心为悦林湖景观中心、青少年活动中心、康健活动中心、养生农庄休闲中心和森林拓展活动中心。

指导思想、原则及目标 指导思想为"以人为本,以绿为主,以水为线,以史为魂",借鉴我国传统造园手法以及国外先进设计理念,注重生态性、艺术性和功能性,力求公园整体布局科学合理、协调完美和展现宝山特色。

原则为"生态优先,功能清晰,地域特色,传承文脉"。生态优先,以基地现有植物、水网为主要保护对象,在保持现状生态条件基础上提升基地生态网络质量,改善区域生态环境,实现生态恢复。功能清晰,基地内各项功能定位合理准确,有步骤分期开发,避免盲目建设。地域特色,整合利用现有植被、水系、田园、路网,选用当地物种,延续地域乡土特色。传承文脉,将宝山工业文化、民间艺术文化融入基地功能区块,传承区域历史文脉,发掘具有当地特色的文化内涵。

目标为创造全新的大型城市郊野森林公园,为市民户外文化娱乐生活提供绿色生态基地,传承、弘扬宝山民间艺术和工业文化,展现上海崭新、独特的公园形象,提升宝山知名度,提升、挖掘周边地块潜在价值,实现生态效益、社会效益、文化效益和经济效益并重。

主要分区布局 东入口景观区设置起伏连绵的混交林和大树盆景,形成大尺度、大气势的绿色门厅,大草坪为主景区域,配置紫薇半岛、游客中心、管理中心、监控中心等。

郊野森林园为生态休憩绿地——五一林和市政林,保留及部分改造郁闭度较高的密林,配置草坪、生态步道和林间栈道,形成良好的森林休闲环境。

异域风情园设置地中海风情、东南亚风情和英伦乡村风情等主题庄园,形成富有特色的休闲环境,展现异国园林文化。

野营烧烤园景观视线优美,地理位置便利,用地性质可塑性较强,形成独具特色的公园北入口景观,设置餐饮、停车场等配套服务设施。

森林漫步园以漫步观景为主要功能,拥有一条生态步道,保留两侧植被,营建自然衔接的空间,塑造起伏的坡地景观,点缀造型别致的花廊,形成风景林环境氛围。

儿童森林嘉年华乐园以少儿森林文化游乐为主题,利用园内植物,寓教于乐,主要建筑有少儿剧场、少儿益智馆。

森林休闲运动园结合起伏的山体、良好的自然环境,设置独特的森林休闲运动场所。

植物观赏园以"静"为主旨的园中园,为游客营造远离城市喧嚣,放松身心的养生园。

水体设计　保留基地引排河道、行船河道、其他景观河道及湖泊等水域,主要采用自然缓坡直接入水形式以及块石、石笼、杉木桩和结合水生植物散置景石等驳岸形式。森林河道观赏区域,以原有自然驳岸为主。人工景观区域因游客安全性及亲水活动,以浆砌块石等硬质驳岸为主。郊野景观区域以草坡、植被为主。

竖向与道路地坪设计　竖向设计　保留及局部改造树木生长良好的林地,突出地形起伏,增添景观层次,满足场地排水和绿化种植需求,凸显郊野森林公园独特风貌。

道路地坪设计　保留部分现状道路,结合新地形,使整个公园(一期)形成完善、合理、生态的道路系统。

园林小品构筑物与城市家具设计　园林小品和构筑物设计　体现观赏和被观赏特点,满足各种活动和使用要求,选用木材、仿木、石材等材质。注重小品独立性和组合性,与环境相得益彰;追求小品综合效果,识别性与标志性、亲切感与安全感并重。

城市家具设计　分为标志标识、交通功能设施、服务设施、景观雕塑等,突出郊野森林公园主题特征,体现量身定做、特点鲜明、功能明确、融入环境等特质。

无障碍系统与环保节能设计　**无障碍系统**　为园内主要人行道、广场及厕所、停车场等设置的盲道系统,与周边道路、人行道盲道相连接。

环保与节能设计　利用基地山体、水域,保留原有植被,应用本土植物,提倡环境生态平衡及植物多样化,达到群落自我调节、植被循环修复、高效低耗的生态性维护。

【主要景观】

主要景观为一轴,悦林大道景观发展轴;一带,外环生态专项 100 米防护林带;二区,东(1 号门)、北(2 号门)两个入口景观区以及配套服务区;七园,异域风情园、森林烧烤园、郊野森林园、森林漫步园、儿童森林嘉年华乐园、森林休闲运动园和植物观赏园。

特色景观为桥景和花景。

由于顾村镇由原顾村镇、刘行镇合并而成,为传承顾村、刘行历史文脉,园内桥梁多以当地 20 多个村的村名及原具代表性的桥名命名,含有鲜为人知的奇闻逸事。

桥景　主要有广福桥。为汉白玉七孔长桥,取名于原刘行镇广福村村名。广福村以广福寺而得名,据传,广福寺规模庞大,号称江南第一寺,"八一三"淞沪抗战,广福寺及广福桥毁于战火。

羌家桥。为木质单孔桥,取名于顾村镇羌家村村名。百余年前,羌家村一宅住着十几户羌姓人家,此宅名为小羌家。后羌姓人家迁出小羌家,为纪念羌家,宅名定为村名,村桥取名为羌家桥。

梦熊桥。为园内唯一一座双桥,采用低碳木建造。原位于顾村镇白杨村,建于清康熙三十三年(1695)。"梦熊"源自《诗经·小雅·斯干》,意指生男孩,或为祝贺生男孩之语。据传,该桥名来历与当时村里妇女多生育男孩有关。

青龙桥。为汉白玉单孔长桥,曾为朱家弄村洪家桥宅标志性建筑。据传,明末清初清军与明军曾在洪家桥宅附近激战,战后清军阵亡将士葬于宅前"吉坟"。乾隆皇帝下江南时,曾走过宅前一座木桥去"吉坟"祭奠亡灵。为显耀皇帝走过的桥,清乾隆三十六年(1771),洪家桥宅村陆彩云等 3 人出资 1 200 余两白银,将木桥改建成石桥,取名"青龙桥"。

太平桥。又称"生肖桥"，两侧栏杆各雕塑12只栩栩如生的生肖动物，妙趣横生。原位于刘行镇老安村境内沪太路上，始建于清同治年间。

顾家宅桥。取名于顾村地区的别称——顾家宅。据传，清道光年间有姚氏兄弟移民于今顾村老街，与当地顾氏联姻。姚氏兄弟经商，为报恩顾氏居民照顾，捐资筑路修桥，称当地为顾家宅。

万年桥。取名于原刘行镇沈宅村"万年桥"，寓意村民后代昌盛、繁衍万年。

花景　主要有春赏樱花。公园以樱花闻名沪上，主要分布于郊野森林园赏樱区（樱花林）、儿童森林嘉年华乐园赏樱区（樱花园）、森林休闲运动园赏樱区和森林漫步园赏樱区等4个区域以及主要园路两侧，种植面积合计53余公顷，品种30余个，苗木1万余株，规格（胸径）5～40厘米，花色丰富，花型多样。

樱花林（郊野森林园赏樱区）位于郊野森林园内，面积13公顷。种植樱花6 000余株，品种28个，特色品种有"御衣黄""骏河台""红笠"等，花色有淡红、粉、紫、黄绿、白色等，花型有重瓣、单瓣等。樱花林有樱花坡、樱花大道、樱花花径、樱花群落、樱花木栈道、赏樱亭等，展现春来樱开、樱花烂漫、落樱缤纷的独特景色。樱花林内点缀常绿乔木，以大面积常绿花草地被做陪衬，形成步移景异的景观效果。

樱花园（儿童森林嘉年华乐园赏樱区）位于儿童森林嘉年华乐园东部，依河而建，面积2.5公顷。种植日本早樱、日本晚樱、菊樱、垂枝樱等4个品种500余株，其中4株特大的"樱花王"尤为罕见，配置白玉兰、紫玉兰、垂丝海棠及大草坪，筑有樱花长廊，点缀樱花系列组景，与樱花林隔水相望，为独具特色的赏樱佳处。

森林休闲运动园赏樱区面积18公顷，属疏林草地型赏樱区域。主要种植早樱和晚樱，有一棵垂枝樱高6米、胸径20厘米，引人注目。

森林漫步园赏樱区面积5公顷，主要种植早樱和晚樱。盛开时节，花海掩映曲径，充满诗情画意。

夏赏荷花。园内赏荷景点主要有3处：荷花亭，站在亭旁木栈道上，面积达3.5公顷的荷花淀一览无遗，品种以白色的"剑舞"为主；望月亭，秀丽多姿的荷花、莲花，使人赏心悦目；森林休闲运动园池塘，品种荷花瓣层层叠叠，独具风韵。

秋赏桂花。园内有丹桂、金桂、银桂和四季桂等6 000余株，以1号门附近的桂花岛居多。秋天桂花竞相盛放,挂满枝头,香飘满园。

冬赏蜡梅。园内有蜡梅800余株,主要分布于广福桥、樱花大道两侧。在冬日阳光下,闻香寻源,令人陶醉。

【种植与设施】

公园植物种植结合地形地貌,以高大树木为主,配以花灌木,营造模拟自然的植物群落,展现自然森林景观,在林间空旷地域多以大面积地被植物体现自然野趣。

园内露地栽植,宿根花卉有松果菊、火星花、千屈菜、福禄考、毛地黄,草花有天人菊、百日草、风铃草、虞美人、一串红、金盏菊,地被植物有酢浆草、石蒜、葱兰、书带草、门冬、野菊花、诸葛草,水生植物有水菖蒲、水芋、水蓼、睡莲、荷花等。

公园设施主要有森林休闲运动园,为集有氧器械区、乒乓球室、斯诺克包房、阳光操房、多功能厅、会议室和室外球场等健身、休闲、娱乐设施于一体的综合性运动、休闲会所。营业面积1700平方米,临近公园2号门。

纪念品商店,在公园2号门左侧悦林大道旁,供应盆景、花卉、观赏石、樱花图案的工艺品、樱花节纪念品和专门设计的樱花系列商品樱花伞、樱花风车及具有顾村标志的纪念品等。樱花园旁有百诺巧克力创意园。

餐饮,π餐厅位于野营烧烤区,林樱小厨位于森林郊野园,森林烧烤区位于异域风情园对面,青蛙码头位于儿童乐园以及小卖部等。

游乐,公园有14座观光电瓶车14辆,4人、6人游船110艘及滚水球筒,2人座、3人座、4~6人座休闲自行车150辆。儿童乐园设有旋转木马、碰碰车等13个游乐项目。

【重要活动】

2009年4月16日,市人大常委会主任刘云耕、副主任陈豪;5月6日,市长韩正等来园视察。

2010年8月4日,市委书记俞正声;9月19日,市委书记俞正声、市长韩正、市委副书记殷一璀;10月5日,原市领导徐匡迪、冯国勤;10月28日,原国家军委副主席迟浩田等来园视察。

上海樱花节为公园"四季赏花"品牌主要特色。首届由区政府主办,于2011年3月30日—4月20日举行,接待中外游客70.5万人次。以后每年举行,由公园主办。

公园举办活动有荷香处处——消夏赏荷游,芳粟满园——金秋赏桂、闻馨赏艺,杜鹃花展,首届上海荷花展顾村公园分会场,"全国科普日"上海启动仪式等。

十七、新城公园

新城公园位于崇明县城桥镇江帆路 379 号,地处崇明新城,老潋河以东,定澜路以南,江帆路以西,崇明大道以北,占地面积 15.8 公顷。为一座以面积 6.66 公顷人工水体为中心、田园水城为特色的海岛花园。

公园原址为城桥镇村庄、道路、农用地、水体等。

【设计施工】

2008 年 12 月公园建设动工,上海崇明新城建设发展有限公司自筹资金 1.33 亿元,2010 年 7 月竣工开放。

公园建设主要特色为通过与外界水体可控流动和设置动水广场,达到低成本维护水体景观及水质;结合当地特色,采用广场绿化、岛屿绿化等组团配置,形成多种绿化空间;围绕大面积人工水体,分设直立式驳岸加生态石笼、台阶式驳岸加生态石笼和自然草坡式驳岸加生态石笼等组合形式,体现驳岸设计生态、环保。

公园由美国易道公司总设计,上海市园林设计院具体设计,其中闸桥由上海市水利工程设计院设计。建设单位为上海崇明新城建设发展有限公司及上海崇明市政工程有限公司、上海国宏市政绿化工程有限公司、上海春沁园林工程建设有限公司、上海同城照明工程有限公司、上海中禾景观工程有限公司等。

【主要景点】

公园设庆典广场、动水广场、休闲商业、高尚娱乐、露天剧场(泊船广场)等 5 个景观区域。

庆典广场　以特色灯柱、树阵为主景,以庆典大台阶、四季树林、木甲板散步道等营造具有庆典仪式功能需求的空间。广场上高大的银杏、榉树秋叶绚丽,湖水中音乐喷泉多姿多彩,草坪上孤植的朴树、桂花以及林荫小道两侧的樱花景色迷人。

动水广场　有林荫休闲小广场、游戏健身小广场等。动水广场由一个个小池,形成小瀑布群。无患子、落羽杉秋叶灿烂,果实累累。

休闲商业 设置组团式小型休闲商业广场、迎宾廊架、入口水景、特色文化灯柱、观景木平台等,展现"生态绿岛,海上花园"多彩风姿。

高尚娱乐 有小型会所、餐饮建筑、水生植物花园、户外餐饮木平台等。融汇传统与现代的餐饮建筑环水而筑,银杏、石榴、大叶黄杨、柿树、榔榆、枸骨、龙柏等绿荫掩映。

露天剧场(泊船广场) 有水舞台、露天剧场、大草坪等。该区域利用高低起伏的地形和露天剧场,为市民、游客提供露天音乐会等活动。

园内种植乔灌木有银杏、雪松、无患子、朴树及红叶李、樱花等140余种4 400多株,球类有大叶黄杨、鸡爪槭、枸骨、龙柏等1 100余株,花坛、花境植物有地涌金莲、火星花、蜘蛛兰、松果菊等30余种,地被植物有佛甲草、花叶蔓长春、常春藤、麦冬等10余种,水生植物有睡莲、再力花、梭鱼草、黄菖蒲、水烛等,草坪2万余平方米。

第二节 上海辰山植物园

上海辰山植物园位于松江区辰花公路3888号,地处佘山国家旅游度假区内,辰塔路以东,沈砖公路以南,佘山中心河以西,辰花公路以北,占地面积207.63公顷。

建设辰山植物园为上海建设现代化国际大都市,增强城市综合竞争力的一项基础生态建设工程,列入《上海市国民经济和社会发展第十一个五年规划纲要》,市财政投入建设资金24.24亿元。辰山植物园由上海市人民政府和中国科学院以及国家林业局、中国林业科学研究院合作共建,为华东地区规模最大、收集植物种类最多的一座集科研科普和观赏游览于一体的综合性植物园。

辰山植物园以"精研植物、爱传大众"为使命,立足华东、面向东亚,进行区域战略植物资源收集、保护与可持续利用研究,为国际知名植物研究中心和科普教育基地及全国园艺人才培养高地。

辰山植物园园址原系松江区佘山镇辰山村的村庄、农田、鱼塘、河道,以及企业厂房、林场等。园区内辰山系浙江天目山余脉,为松江九山之一,山体面积16

余公顷，平地面积 172 余公顷，地面平均高程为 3 米，以及河道、溪流等水体面积 18 余公顷。

一、规划设计

【规划指导思想】

规划指导思想为面向上海顺应国际化大都市发展对生态环境建设需求，给城市创造一个绿色空间，为市民提供一个科普启智、科学研究、人与自然和谐共生的理想栖息地；面向全国，成为国内植物研究最重要的科研基地之一；面向世界，紧追世界植物园发展最新潮流，按照国际一流标准规划建设，使之成为中国与国际科研交流的重要平台和上海向世界展示科技、文化的重要窗口，最终建成国际一流的植物园。

【设计总体构思】

设计总体构思为通过对汉字篆书"園"字解构，形象反映植物园空间结构；"園"字外框是绿环，代表植物园边界，限定植物园内外空间；"園"字外框内 3 个部首，分别表达植物园中的辰山、水系和植物等 3 个重要组成部分，即园中有山有水有树，体现中国传统造园特色，反映人与自然和谐关系及具有江南水乡景观特质，突出植物主体，景观、建筑设计服从于植物。

以"循环经济、生态建园"为理念，尊重原有地形地貌演变发展脉络，减少建设对生态环境的二次破坏、污染，为各种植物生长营造良好生境条件。

整个园区由中心植物专类园区、原生植物保育区、五大洲植物区和外围缓冲区等 4 个功能区构成。以绿环为界，内部延续原有山水骨架，由绿环、辰山山体和具有江南水乡特质的植物专类园等构成 3 个空间。

绿环为高低起伏的带状地形，总长 4 500 米，平均高度 6 米，宽度 40～200 米，为植物引种驯化创造良好的立地条件，形成乔木林、林荫道、疏林草地、孤赏树、林下灌丛、花境等多层次植物生长空间以及鸟瞰整个园区独特的景观空间。

中心植物专类园区设置华东植物区、矿坑花园、岩石和药用植物园、水生植物园、展览温室、观赏草园、月季园、木樨园和儿童植物园等 26 个专类园。

辰山山体作为保护和恢复为主的原生植物保育区。

五大洲植物区集中展示代表亚洲、欧洲、非洲、大洋洲和美洲等植物群体。

外围缓冲区为绿环外围的植物园配套服务区、河水净化场以及发展备用地、辅助设施用地等。建筑设计亮点是把主要出入口（综合楼）、科研中心和展览温室等三大建筑群体镶嵌在绿环之中，与绿环融为一体。

辰山植物园由德国瓦伦丁建筑与规划设计组合承担总体规划设计，上海市园林设计院、上海建筑设计研究院分别承担景观、建筑深化设计。

二、建设施工

2003 年 5 月，松江区人民政府委托市政府发展研究中心开展《佘山国家植物园建设预可行性研究》；上海市绿化管理局委托上海投资咨询公司开展《上海佘山植物园预可行性研究》。

2004 年 4 月 7 日，市长韩正赴松江调研，原则同意在辰山建设上海辰山国家植物园（暂定名），市绿化局和松江区政府随即联合成立上海辰山国家植物园前期筹备工作小组。12 月 22 日，市政府召开专题会议听取市绿化局和松江区政府关于上海辰山国家植物园总体规划汇报，同意该项目实施。12 月 24 日，上海市发展和改革委员会批复市绿化局、松江区政府上报的上海辰山国家植物园一期工程项目建议书，同意立项。

2005 年 2 月 6 日，市绿化局组建上海辰山国家植物园筹建工作组。5 月 13 日，市绿化局与松江区政府进行征地、动拆迁签约。6 月 3 日，成立上海辰山植物园建设管理中心。8 月 29 日，市政府与中科院签订合作共建辰山植物园工作协议书，全国人大常委会副委员长、中国科学院院长路甬祥，市委副书记、市长韩正出席签约仪式，中国科学院副院长江绵恒、副市长杨雄在协议书上签字。10 月 26 日，上海辰山国家植物园项目规划设计方案进行招投标，经专家组评议，由德国瓦伦丁建筑与规划设计组合和上海市园林设计院联合体中标。11 月 26 日始，共动迁 622 户。

2006 年 1 月 26 日，上海市机构编制委员会同意建立事业单位上海辰山植物园（筹），人员编制核定为 50 名。3 月 29 日，市政府与国家林业局、中国林科院签署合作框架协议和科技合作协议，市长韩正出席签约仪式，国家林业局副局长赵学敏、中国林科院院长江泽慧、副市长杨雄在协议书上签字。

2007 年 1 月 10 日，市绿化局组建辰山植物园工程建设指挥部，副局长夏颖彪任指挥,辰山植物园(筹)负责人方岩任常务副指挥。该项目按照一次规划,分期、分块实施要求,分为一期工程及西南块、东南块、东北块等。3月31日,辰山植物园项目正式开工。6月14日,市绿化局召开《上海辰山植物园总体方案》评审会,与会专家一致通过方案评审。7月31日,上海市城市规划管理局批复同意。

2009年7月29日,市编委批准上海辰山植物园(筹)更名上海辰山植物园。

2010年4月26日,辰山植物园举行试开园仪式,中国科学院副院长江锦恒宣布开园,国家林业局副局长印红、副市长沈骏为原国家主席江泽民题字"上海辰山植物园"园碑揭幕。2011年1月20日,辰山植物园正式开园。2013年1月23日,亚洲总面积最大12 608平方米展览温室竣工开放。

辰山植物园由上海建工股份有限公司/上海园林(集团)公司联合体为施工总承包单位,上海建工股份有限公司副总裁陈敏任总负责人。

三、四个功能区

辰山植物园主要分为中心植物专类园区、原生植物保育区、五大洲植物区和外围缓冲区等4个功能区,以及富有特色的盲人植物园、儿童植物园。

【中心植物专类园区】

中心植物专类园区面积63.5公顷,被"绿环"环抱,由西区植物专类园区、水生植物展示区和东区华东植物收集展示区等构成。辰山植物园属温带亚热带过渡型植物园,以上海本土植物收集为基础,重点为华东区系植物收集、保存与迁地保护,广泛收集国内外珍稀濒危植物、华东地区特有植物、温室植物、旱生植物、药草植物、水生植物、新优观赏植物等专类植物及木兰科、鸢尾属、蔷薇属、樱属、苹果属等专科专属植物近万种(含品种),展示在矿坑花园、华东区系园、岩石和药用植物园、水生植物园、旱生植物园等专类园及展览温室中,形成风格各异、季相分明、步移景异的特色景观。

【原生植物保育区】

原生植物保育区为辰山山体,东西长700余米,南北宽300余米,海拔71.4米,原有植被为松江乡土树种为主的自然群落,经保护利用,形成原生植物保育区。

【五大洲植物区】

五大洲植物区为"绿环"内种植与华东气候带相似的世界五大洲植物类群，展示黑海落叶阔叶林、日本温带区系植物林、中国华东区系植物林、澳大利亚和新西兰温带雨林、瓦尔底安雨林、巴西南洋杉林、北美洲西南部针叶林、北美洲东南部温带落叶、常绿林以及马可洛尼常绿阔叶林等，根据植物类属、形态进行群落配置，构建植物"联合国"。

【外围缓冲区】

外围缓冲区为"绿环"外围配套服务区等，余天昆公路以北为科研试验区，主要进行植物种质资源的搜集保存、鉴定、分类、引种驯化、遗传育种、繁育以及技术开发等科研工作。

【盲人植物园·儿童植物园】

盲人植物园形似一颗米粒，又称"一米阳光"，以视力障碍者为主要服务对象。园内种植无毒、无刺，具有明显的嗅觉特征、植株形态独特的植物，设置中、英、盲文和语音系统，修建盲道，设有盲人使用的扶栏、憩亭、厕所等无障碍设施。盲人通过嗅觉、触觉，配合听中、英、盲文和语音系统，便可识别一些植物。

儿童植物园有吊桥、沙坑、梅花桩、小木屋等游乐设施。

四、十大景点

辰山植物园园景显现人与自然和谐及江南水乡特质。园区有月季园、灵湖揽春、美植美味、细林钟秀、深坑飞瀑、岩石药用园、热带花果馆、沙生植物馆、珍奇植物馆和水生园等十大景点。

【月季园】

月季园因湖水环绕，又称月季岛，面积 6 000 余平方米。主要种植 500 多种蔷薇科蔷薇属植物，根据不同色系划分区域，每个区域可欣赏同色系的不同品种。主要展示月季品系有大花月季、丰花月季、壮花月季、微型月季、藤本月季、灌木月季等六大现代月季。

【灵湖揽春】

灵湖揽春位于辰山塘西侧，依山傍水，湖边种植再力花、千屈菜、梭鱼草、芦苇、黄菖蒲等多年生挺水植物。湖区四周布置以春、夏、秋、冬四季景色为主题的专类园，整个湖区显得灵动、富有生机。

【美植美味】

美植美味位于北美植物园区，微地形构成疏林草地，大面积草坪一览无遗，在绿环河谷营造美丽的旱溪花境景观。种植北美枫香、缺萼枫香及木兰科、豆科、五加科、毛茛科等植物，营造温带落叶、常绿林植被景色。上层乔木有广玉兰、北美鹅掌楸、北美红栎、金叶刺槐等，中层灌木以铅笔柏、红花槭、北美枫香等为主，下层地被为美国连翘、宿根福禄考以及草坪等原产北美洲的适生性植物。

【细林钟秀】

细林钟秀为辰山一景，辰山山地面积 300 余亩，台地密植竹类及阴性花卉，台地边缘种植阳性花卉及秋季色叶乔灌木无患子、青桐、银杏、平基槭、三角枫、石榴、鹅掌楸、黄山栾树等。景观规划时，利用矿场遗址原貌，改造台地边缘原有挡土墙，用铁锈钢板覆盖部分区域，这一后工业元素消除原有匀质阶梯单调感，与矿场遗址吻合，体现在修复生态环境。山路北坡有辰山本土植物，为研究松江乡土植物保育区。

【深坑飞瀑】

深坑飞瀑位于矿坑花园深潭区，该景点根据生态修复原理，因地制宜，改造深潭、坑体及山崖，修建栈道、一线天、浮桥、临水平台等。浮桥曲折，长 160 余米，游客可从不同角度欣赏水帘飞瀑、雾气弥漫，碧波绿水、深不可测的独特景观。

【岩石和药用园】

岩石和药用园面积 2 万余平方米，由废弃采石矿坑改建。利用岩石以及地形变化，修复裸露岩壁景观，创造独特地理环境。岩石和药用园主题为"植物与健康"，种植 21 大类药用植物，展示华东地区适生性药用、岩生植物及芳香、保健植物等 1 000 余种。

【热带花果馆】

热带花果馆为展览温室之一，面积 5 521 平方米，最高处达 21 米。展示主题为"花与果"，馆内分为风情花园、棕榈广场和经济植物区等三大区域，种植600 多种热带花果植物。

【沙生植物馆】

沙生植物馆为展览温室之一，面积 4 320 平方米，最高处达 19 米。展示主题为"智慧用水",种植来自世界各地不同区域的沙生植物 1 000 余种。馆内根据植物原产地分为澳洲区、美洲区和非洲区等。

【珍奇植物馆】

珍奇植物馆为展览温室之一,面积 2 767 平方米,最高处达 16 米。展示主题为"生存与进化",收集珍奇植物 1 400 余种,布置食虫植物区、雨林植物区、凤梨区、兰花墙、蕨类谷和苏铁区等展览空间。游客可认识许多珍奇植物,了解自然界植物生存能力及其进化过程等。

【水生园】

水生园集中展示长期在水中生长的植物,该区域有观赏水生植物池、中国重要水生植物池、浮叶植物池、沉水植物池、食用水生植物池、禾本科与莎草科植物池、泽泻科植物池和睡莲科植物池等 8 个水池。

五、游览设施

为方便游客游园,园内环线沿途设 9 个车站,有观光游览车 12 辆,观光小火车 1 辆。西湖东岸设游船码头,提供游船租赁服务,有 4 人座电瓶船 25 艘,6 人座 15 艘。

园内餐厅 2 处,一处在主入口(1 号门)综合楼二层,供应中式菜肴,一层有咖啡馆;另一处在展览温室内,供应西式快餐。综合楼、展览温室游客中心有纪念品商店。园内有小卖部 6 处。

全园设置停车场 3 处,南侧主入口停车场,占地 2 公顷,配置小型车泊位 655 个,大型车 90 个,出租车 40 个;东侧次入口停车场 0.5 公顷,小型车泊位 130 个,大型车 20 个;西侧辅助入口停车场 0.3 公顷,小型车泊位 90 个,大型车 15 个,出租车 16 个。

第三节 上海野生动物园

上海野生动物园位于浦东新区三灶镇南六公路 178 号,南六公路以东,二灶港以南,惠南镇西门村以西,三灶镇项埭村以北,占地面积 153 公顷。为市政府和国家林业部合作自筹资金建设的我国首座国家级野生动物园,由上海市园林设计院负责总体设计。1995 年 11 月 18 日，野生动物园对外开放，为国家 AAAAA 级旅游景区。园内汇集世界各地具有代表性的动物、珍稀动物 200 余种、1 万余头（只）。

2004 年始，野生动物园每年投入资金改造展区，配合动物引进新建部分展馆，以及调整食草动物区绿化结构，增加绿地面积，基本做到黄土不见天。在创建 AAAAA 级旅游景区与迎接上海世博会期间，大面积改造展区，改善园区生态环境，提升动物展出水平。

2006 年，野生动物园按照创建国家 AAAAA 级旅游景区标准，以提高服务质量与旅游景区品位为主，改造公共服务设施，调整景点绿化，增加动物品种及建立电子票务系统等，总投入 1 500 万元。

2009 年，为迎接上海世博会，野生动物园实施"1511 工程"，即投资 1 500 万，建设十大特色展区，培育十大动物种群。为引进的珍稀动物创造适宜生长的环境，新建、改建企鹅、金毛羚牛、长颈鹿、中美貘展区，改造大食蚁兽、马来熊、浣熊及蓑羽鹤、松鼠猴、小熊猫展区。

改造以"自然与生命"为主题，"让动物置身于大自然之中，给动物一个温暖的家"为特色。景点布置以不破坏林木植被现状为原则，动物展区多呈不规则形状，模拟原生生境，动物与环境有机融合；动物选择以"新、奇、特"种类优先，注重"少而精、大种群"特色；展出方式以放养与圈养相结合布置，注重"全天候"、主题展示及人与动物交流；动物笼舍设计施工根据不同动物生育需求，结合地形地貌，就地取材，采用挖洞建舍、草木搭棚、塑石造房等，使笼舍融入自然环境中，凸显野趣，达到浑然天成效果。

改造后，野生动物园为动物栖息、繁育提供模拟自然的人造生境，野生动物驯养、繁育与展出给游客留下难忘体验。园内随处可见林中藏虎豹、灌草掩狮影、高树栖野鸟、沼泽觅鹤群，众多野生动物在多样性模拟自然的生境中生活，依照自身生育规律繁衍后代能力逐年提高。同时，良好的生态环境吸引非驯养野生动物来园栖息，夜鹭悬空，天鹅飞翔，形成独具特色的自然景观。

动物资源为展出动物 191 种 1 万余头（只），其中国家一、二级重点保护动物及世界附录Ⅰ、Ⅱ珍稀保护动物有 103 种 3 000 余头（只）；国宝级野生动物大熊猫、金丝猴、金毛羚牛的种群规模、繁殖成果，以及坡鹿、火烈鸟、猎豹、节尾狐猴、松鼠猴、大天鹅、黑天鹅、黑颈鹤、丹顶鹤、蓝角马、斑马、斑狐猴、扬子鳄等濒危、珍稀野生动物的种群数量在野生动物园中名列前茅。园内上海野生动物繁育救护研究中心繁殖成活我国重点保护动物及世界珍稀动物总数为 84 种 5 222 头（只）；海南坡鹿异地繁殖，金丝猴、金毛羚牛大量繁殖，为拯救中国珍稀动物做出贡献；繁殖成活世界上人工饲养最难繁殖的猎豹 40 头，成绩显著；单园繁殖成活数量、人工哺育成活率均为 66.7％，具有知名度。

野生动物园的浸入式展区以崇尚亲近、追求和谐的展出方式，为世界先进的动物展出形式，野生动物园有狐猴岛、松鼠猴园、袋鼠坡等 3 个具有国际先进水平的哺乳动物浸入式展区，游客可安全地随意进入动物群体中与动物互动。园内有 4 座功能各异的大型动物表演场馆，节目由野生动物园自编自导自驯。

科普服务主要有园内野生动物保护墙上镌刻中外单位、各界人士 200 余个（位）；野生动物保护长廊、动物幼儿园为市青少年科普教育基地；猎豹繁殖成果展示中心各个月龄的小猎豹与游客亲近互动及电视、报刊辟有专栏报道。以"游客是亲人"服务理念，试行日本迪士尼"首问负责制"做法，对游客面对面、心贴心服务；主要场所设监控，保障游客与动物安全等。

第四节　绿　　地

本节主要选介 1978—2010 年期间上海建设的 8 处公共绿地，其中有具标志性景观的延安中路大型公共绿地、滨江大道绿地、陆家嘴中心绿地、新江湾城绿地；区县具代表性的太平桥绿地、华山绿地、凯桥绿地、不夜城绿地等。

一、滨江大道绿地

滨江大道绿地位于浦东新区陆家嘴滨江大道 2967 号。大道沿黄浦江呈弓形，全长 2 500 米，宽 80～120 米，与浦西外滩隔江相望。绿地由亲水平台、坡地绿化、半地下厢体及景观道路等组成，为集观光、绿化、交通以及服务设施为一体的沿江大型公共绿地，被誉为浦东"新外滩"。

20 世纪 90 年代，与外滩一江之隔的陆家嘴沿江地区自陆家嘴轮渡码头至泰东路口，有立新船厂、烟草机械厂、利华造纸厂、国棉十厂、联合毛纺厂、上粮一库等15家大中型企业及其码头、泊位、堆栈、渡口，占据滨江岸线。

2004年5月，绿地被评为"浦东新区十佳景点"之一。2005年5月，绿地获得浦东开发开放10周年建设成就精品项目评选——园林绿化金奖、市政建设银奖。

【设计施工】

1992年3月，上海陆家嘴金融贸易区开发公司（以下简称"开发公司"）发起绿地设计方案征集，上海市政设计院、同济大学、上海市园林设计院等3家单位共提交5个方案。8月，上海市政工程设计院和同济大学联合设计组的优化设计方案通过评审。12月22日，绿地样板段（陆家嘴路—丰和路段210米）开工建设，由交通部第三航务局第二工程公司负责施工。1993年12月23日竣工开放。同年，开发公司与立新船厂签订动迁补偿协议。

1994年12月12日，绿地富都段开工建设，全长1 000余米，总面积7.83公顷。1996年5月22日，市委、市政府宣布在浦东陆家嘴地区实施包括滨江大道绿地在内的"四个一"工程。同月，国棉十厂、联合毛纺厂等签订动迁补偿协议。6月，由上海市政设计院设计的滨江大道绿地雨水总管工程开工建设。雨水总管分4个标段，分别由上海市隧道第四分公司、交通部三航局二公司、上海浦东建设总公司、浙江宏润集团第五分公司等负责施工。1997年7月1日香港回归前夕，绿地富都段含扩建部分1 500米建成开放。2001年元旦，绿地南端、中段建成开放。

绿地工程设计理念为人与自然和谐，与浦西外滩由低到高的防汛墙和观光平台不同，绿地为由高到低的亲水平台、坡地绿化、半地下厢体及景观道路等组成。绿地沿江建数百米亲水平台，标高4～4.5米，与黄浦江平均潮位3.1米，相差近1米，为黄浦江沿岸最靠近江水的游览平台，可一览无遗地欣赏浦西外滩美景。绿地各段巧妙设置标高7米防洪体，能抗御千年一遇洪汛。

2006年，绿地被列为迎世博600天市容综合整治重大改造工程，市委、市政府要求建成延续城市历史文脉的市民百姓家园。2007年8月，由开发公司出资1亿元的绿地亲水平台工程北段（丰和路—浦东南路）开工建设，施工单位为上海东海华庆工程有限公司。12月，上海市建设工程设计研究总院和荷兰NITA设计集团中国项目部上海丽塔建筑景观设计有限公司完成"陆家嘴滨江大道改造工程方案",改造工程包括亲水平台、驳岸、防汛墙、景观绿地等,全长 880 余米,宽 21.7~23 米,高度近 5 米,面积 7.15 公顷,其中绿地 4.74 公顷。2009 年 9 月 25 日,绿地改造工程完工开放。

【主要景点】

绿地以浦江两岸新、老建筑群为依托,以临江亲水、公共绿地为主题,形成一条集休闲、娱乐的现代都市景观带。主要景点有抚今思昔、欢乐广场、三泉戏珠、听涛观景、天地归一、宁静致远、情人低语等。

南段(富都段) 有喷泉广场,由一个长 80 余米水池布置 21 组拱形喷泉,象征欣欣向荣的 21 世纪;广场厢体顶上圆形水池喷涌的风帆状水柱,象征浦东开发扬帆远航;泉水经坡地台阶状水涧,跌落至亲水平台水池;沿水涧两侧拾级而下,可达弧形临水平台进入临水步行道。江堤上筑有富临亭和都乐轩,江边有风景观光厅和举行文艺演出的欢乐广场。观光码头为有 70 余年历史的原立新船厂码头旧址改造建成,保留原缆桩,设置链式栏杆和巨型铁锚,令人遐想。

中段(东方明珠段) 为黄浦江东岸"风景协奏曲"精彩乐章。在坡地绿化带,树木枝繁叶茂,草坪青翠欲滴,鲜花夺目怒放,景观错落有致。有多处喷水池、水幕墙、露天音乐广场等设施。亲水平台中央有水景广场,由叠水喷泉、流水墙面和瀑布组成,别具一格。在亲水平台上,凭栏临江,眺望外滩,令人心旷神怡。中段有块蘑菇状巨石上刻"滨江大道"四字,为沪上著名画家朱屺瞻题。

北段 有一处 3 000 余平方米大草坪,江边有似海鸥展翅飞翔的东方游船码头等景观。在亲水平台一侧坡地上,鲜花、灌木镶嵌于翠绿的草丛中,为市民、游客创造一个远离大都市安逸、静谧的环境。1999 年 9 月 9 日,为纪念浦东开发 10 周年、为迎接新世纪,由全国百所高等学府捐资专制的巨大铜钟"世纪和平大钟"落成于北段。

绿地临江亲水平台总面积 8 000 余平方米,高 5 米,最宽处 23 米,最窄处 21 米,为国内内河沿岸最长、最宽的亲水平台之一。

绿化种植以四季常绿为主,辅以色叶树种、鲜花花坛为点缀,高大的香樟配以花灌木、草坪、地被植物等,与地形地貌相结合,力求体现沿江自然景观。有植物 80 余种,乔木 2 200 余株,灌木 3.10 万平方米,草坪 5.80 万平方米,花坛 1 000 平方米。乔木有香樟、广玉兰、银杏、梧桐,灌木有黄杨、冬青、月季、龙柏,地被有大叶吴风草、黄金菊等。

绿地汇集多家中外知名餐饮企业，形成一条集咖啡、酒吧、餐饮为主的休闲街。绿地有两处停车库，车位 700 个。

【重要活动】

1997 年 10 月 18 日，中共中央总书记江泽民以及市委书记黄菊、市长徐匡迪等领导视察绿地富都段，江泽民题词"努力把陆家嘴建设成为面向国际的现代化金融贸易区"。

二、陆家嘴中心绿地

陆家嘴中心绿地位于浦东新区陆家嘴东路 15 号，地处陆家嘴金融贸易中心区核心地段，占地面积 9.7 公顷，有上海市区规模最大面积达 6.8 公顷的开放式草坪，被誉为"都市绿肺"。

绿地原址为旧居住区。根据陆家嘴金融贸易中心区规划，在寸土寸金的陆家嘴核心区内要留出近 10 万平方米空间作为开放式公共绿地，改善陆家嘴中心区生态、投资环境。

2003 年绿地被评为四星级公园，2005 年被评为市文明公园，2010 年成功创建市文明示范公园。

【设计施工】

1996 年，浦东新区综合规划土地局批复关于陆家嘴中心区中心绿地项目建议书；8 月 1 日，陆家嘴（集团）有限公司实施原居住区动迁，建设绿地，保护、修缮陈桂春老宅。1997 年 7 月 1 日绿地建成开放。

绿地地形高低起伏、错落有致。景观布局以绿地为主，水景为辅，简洁、自然、通透、壮观，成为陆家嘴核心区高楼林立的现代建筑群中体现人与自然和谐的靓丽景致。绿地空间开敞，游客可全方位观赏周边高层建筑壮观的轮廓线。

【主要景点】

春（雕塑）　位于主出入口，雕塑新颖别致、造型抽象，由 8 朵绽放的钢结构"花朵"组成，通过高低、大小、粗细变化，以明快的节奏感展现蓬勃向上的生命力，象征陆家嘴敞开大门，欢迎海内外游客。

观景蓬　形如白色的海螺，主桅杆高 28 米，面积 600 余平方米，蓬内可进行中小型活动。

中心湖 面积 8 600 余平方米,形状为原浦东新区版图。湖畔设亲水平台,平台上有一组白色的欧式凉棚,凉棚外围为矮木篱笆,内置石圆桌、石凳,中西融合的田园景致体现沪上海纳百川的包容性。湖中心有三组喷泉,主喷泉高 40 米,副喷泉双层环形,喷水柱如银龙飞舞,十分壮观。

回翔绿洲(雕塑) 坐落于绿地中,由荷兰籍台湾地区雕塑家吴静茹女士为迎接上海世博会创作、捐赠。雕塑以两个来到人间的仙女,在追寻绿洲中找到充满开拓、进取精神和绿色生机的浦东,表达雕塑家对上海世博会的良好祝愿和对中国政府倡导环保、可持续发展理念的赞赏。

颖川小筑 位于绿地东南侧的一幢四进三院二层宅院,为建设绿地时唯一保留的民居。颖川小筑始建于 1914 年,建成于 1917 年,宅主陈桂春。占地面积 3 000 余平方米,建筑面积 2 765 平方米,动迁时宅院内居住 80 余户 200 多人。绿地建成时宅院修缮一新,作为陆家嘴开发陈列室开放,以珍贵的资料、图片详细记载浦东新区改革开放,被评为浦东新区十佳景点之一。后陈列室迁至新建的浦东展览馆,2010 年 4 月,原在浦东新区华夏公园的吴昌硕纪念馆迁址于重新修缮的颖川小筑。纪念馆辟有吴昌硕生平陈列室、大师画室和作品展示厅。吴昌硕为海上画派巨擘,与陈桂春结识,曾在颖川小筑挥毫创作。

绿地草坪面积 6.5 公顷,为德国冷季型草种,四季常绿。绿地中点缀垂柳、白玉兰、黄杨、红枫等乔木、花灌木,两株百年榉树耸立于绿地北侧。绿地东南侧颖川小筑四周簇拥着 200 余株大香樟,形成茂密的香樟林。

2009 年 4 月,为提升生态功能,在绿地内主要道路两侧种植白玉兰、黄山栾树、无患子、银杏等 700 余株乔木。

【**重要活动**】

1997 年 10 月 18 日,中共中央总书记江泽民以及市委书记黄菊、市长徐匡迪等领导视察绿地,江泽民题词"努力把陆家嘴建设成为面向国际的现代化金融贸易区"。

2008 年 8 月,举办"精彩世博,文明先行"浦东市民迎世博活动。2009 年 5 月,举办"世博倒计时一周年"活动。

三、延安中路大型公共绿地

延安中路大型公共绿地位于上海中心城区，横跨黄浦区、卢湾区（今黄浦区）和静安区，占地面积 28 公顷。绿地园林景观优美，充分发挥城市生态环境功能，被誉为上海中心城区的"绿肺"。

绿地黄浦段、卢湾段原址为上海中心城区旧房危房高密度地区、城市热岛效应严重地区。市委、市政府为改善城市生态环境，缓解中心城区热岛效应，提高市民生活质量，结合旧区改造，动迁 1 万多户居民、400 余家企事业单位，千方百计筹措资金建设绿地，推动上海中心城区绿化建设。2000 年，绿地建设被列为市政府重大实事工程之一，为上海实施城市管理和环境建设三年行动计划重要组成部分。

绿地静安段被称作"城市山林"，为具有中国山水园林和历史文化和谐交融的典范，集观赏浏览、休闲娱乐于一体的开放式都市花园，2003 年被评为市"七不"文明绿地。2004 年绿地黄浦段定名为广场公园，同年被评为五星级公园。

【设计施工】

绿地黄浦段面积 16 公顷、卢湾段面积 7 公顷，位于市中心延安中路、成都北路交汇处。2000 年 1 月 20 日开工建设，2001 年 6 月 28 日一期、二期工程竣工开放，2003 年三期工程上海音乐厅所在地块竣工开放。

绿地静安段面积 3.48 公顷，位于大沽路以南，老成都北路以西，延安中路以北。2000 年 2 月开工建设，2001 年 7 月 1 日竣工开放。

绿地建设工程由加拿大蒙特利尔 WAA（Williams Asselin Askaoui）景观设计事务所负责总体规划设计，经招投标由上海市园林设计院承担工程施工图设计，上海市园林绿化建设有限公司承担工程施工，上海久盛绿化建设有限公司承担工程监理。

绿地设计以"水蓝树绿人亲"为理念，被形象地称作"蓝绿交响曲"。通过高密度、多品种植物材料和若干水面有机组合，形成茂密的森林、疏密相间的林中草地、缓缓的溪流、清澈的小湖和绿色的自然地质景观，调节人们的嗅觉、触觉、视觉和听觉，体验上海城市建设发展与自然和谐共存的靓丽景致。

绿地建设突出"蓝"与"绿"设计理念，以营造城市森林景观，唤起久居都市的人们保护水资源、保护植物生长空间、保护人类赖以生存的生态环境与自然和谐共存的意识,水和植物与上海这座大都市息息相关,要像爱惜自己生命那样善待它们。

【主要景点】

广场公园围绕延安路高架与南北高架交汇处分为 9 个区域,西南侧为四季园和感觉园,西北侧为地质园和干河园,东北侧为芳草园,东南侧为自然生态园和音乐园。

四季园　由春园、夏园、秋园和冬园组成,园内保留原医院的西班牙式庭院。

感觉园　分为视觉园、听觉园、嗅觉园、触觉园、味觉园等 5 个区域,通过系列空间设计组合,给人以轻松、情趣和惊奇等不同感受,让人领略不同的体验,终而形成人的第六感觉——知觉。

干河园　形似三角形,运用园艺象征性手法,表现在茂盛的树林中出现一条干枯的河流缓缓流向前方。其实,这条干河为颇受市民青睐的健身步道。

芳草园　以草坪为中心,周边绿树环抱,形成观赏、休闲空间。如空中俯视,其平面布局犹如一把吉他形状,静卧在芳草之中。园内设置几座展示现代生活气息的雕塑,平添几分情趣。

自然生态园　水自园内西侧高 6 米山坡上石亭下淙淙流出,沿弯曲河道,穿梭于毛竹林间、花木丛中,流向天鹅湖。河畔水杉、池杉的水中倒影颇具特色,杉木铺成的木栈道蜿蜒林中。人们可在河旁大朴树下观景平台上欣赏树林、水生植物以及野鸭等水禽,体验返璞归真的感受。

音乐园　文物保护建筑——上海音乐厅为园内主角,通过音乐厅建筑平移工程以及户外音乐广场、相关音乐的户外雕塑等,形成室内外互动的音乐乐园。

市民林　位于黄陂路东侧,为热爱绿化的上海市民捐款植树的纪念林。

城市山林　绿地静安段布局分为三部分,南部为展现历史文化空间,保留中共二大会址、平民女子学校等历史纪念性保护建筑,建有大型瀑布、曲折深潭、北美风格的凉亭等;中部为城市森林空间,地形高低起伏,绿化种植以高大乔木为主,配植各种花灌木及四季常绿草坪,形成高低错落、疏密有序、层次丰富的景观;北部为自然山水空间,建有高 10 米、长 150 米黄石堆砌的大型假山,设有瀑布,栽植名贵花木,东侧毛竹成林,辟有樱花路、榉树林荫道等,形成"城市山林"

景观。

根据景观设计，栽种植物春有白玉兰、含笑、垂丝海棠、丁香，夏有合欢、紫薇、广玉兰、栀子，秋有银杏、榉树、无患子、栾树，冬有白皮松、粗榧、蜡梅、山茶以及珍稀的七叶树、日本冷杉等。

感觉园300米轴线大道东窄西宽，中间是四季草花花坛，两侧种植山茶、珊瑚等树墙和高大挺拔的水杉，产生较为强烈的空间纵深感及延续性。自然生态园植物品种达200余个，形成良好的植物生态群落。药草植物专类园种植为人工模拟自然生态群落。林荫休息区种植榉树、合欢、银杏等乔木，坡上成片栽植毛竹、桂花、香樟、合欢等。

绿地8000平方米地下车库顶上种植混交密林，形成城市森林景观。周边以疏林草地为主，群植、孤植大规格乔木。草坪上种植华盛顿棕榈、银海枣、加拿利海枣、布迪椰子等热带植物，构成一幅南国风景图。

【重要活动】

2001年6月12日，中共中央总书记江泽民视察绿地。2003年8月30日，国务院总理温家宝视察绿地。同年，绿地人工湖里一只雌性白天鹅生下一个蛋，实属罕见。2004年3月，荷兰鹿特丹市赠送上海市的郁金香在绿地盛开。2005年植树节期间，绿地首次开展"认建认养"活动，认养树木400余棵。2007年10月，希腊雅典市市长一行参观绿地。

四、华山绿地

华山绿地位于长宁区华山路、春光路口，幸福路以东，居住区以南，华山路以西，春光坊以北，占地面积3.9公顷。为区政府和市绿化局建设的开放性绿地。

绿地原址有居民245户、企业19家，拆除建筑5.92万平方米，投资2.5亿元。

2003年，被评为四星级公园。

【设计施工】

绿地分为两期建设，一期面积1.2公顷，二期面积2.6公顷，2000年建成开放。

绿地规划设计定位为构建大都市"城市森林"，体现"久在樊笼里，复得返自然"的构思意境,让久居闹市的人们以绿地为邻,享受清新空气、满目翠绿。

绿地设计分别由日本综合计划研究所、上海市政工程设计研究院和上海市园林设计院承担,最终设计由园林设计院完成。绿地施工由上海园林绿化建设有限公司总承包。

【主要景点】

绿地有森林鸟啼、栈桥生趣、绿波引胜、叠瀑飞雾、碧野芳庭、秋色生辉、杉杉相映、童趣欢天等8个景点。

绿地功能分区有休闲广场、树林、溪流、山林和草坪等。以乔木为主,花灌木、地被和道路、景观小品等为要素,具有休闲、观赏、健身等功能特色。

绿化种植以乔木为主,占绿地面积逾70％,有针叶、阔叶混交林,常绿、落叶混交林,形成茂盛的森林主体植物群落。背景林以雪松、香樟、女贞、加拿利海枣等常绿树为主,色叶树有银杏、无患子、榉树、枫香等,观花植物有垂丝海棠、紫荆、紫薇、蜡梅等。绿地有植物140余种4 800多株。乔木与灌木比例为1：3.5,落叶树与常绿树比例为1：5.3。

五、太平桥绿地

太平桥绿地位于卢湾区(今黄浦区)黄陂南路以东、湖滨路以南、吉安路以西、自忠路以北,占地面积4.4公顷。比邻再现上海历史文化风貌的都市旅游景点——上海新天地,为上海中心城区较大规模的开放式绿地。

绿地原为旧式里弄住宅密集地块。为营造太平桥商住园区生态环境,2000年10月,市、区两级政府决定在该园区先建设人工湖和绿地,以环境带动旧区改造,由市、区两级政府和香港瑞安集团共同投资。11月10日启动动迁,12月23日完成,共迁出居民3 800余户2万多人、单位156家,拆除建筑8.7万平方米。

【设计施工】

2001年1月5日绿地建设动工,5月20日人工湖注水,6月8日竣工,9日开放。

绿地由上海市园林设计院和美国SOM公司合作设计。规划立意较高,旨在营造现代城市山水园林。以湖光山色为主体景观,运用现代园林设计理念,采取简练的"三分法"构图,即绿地沿长轴方向分成北面为湖滨游步道、中间为"太平湖"湖面、南面为山体的布局形式。

绿地特色之一,饶有趣味、因地制宜地将绿地的湖体分成真假水体两部分(因绿地被济南路分成东西两块),即西块绿地布置真水体,东块绿地布置假水体(用草地勾勒出湖体形象),真、假湖体一气呵成,令人联想为一片大水面。特色之二,西块绿地南部山体作为太平湖背景,富有特色和现代感,1.5万平方米的山体突破传统园林园路随地形起伏而变化的观念,为极具美国Pater Walk的设计风格,即各个山头相互独立、园路随山脚曲折而变化,游人如入"深山老林"之感。山顶仅植草坪,方便游人登高远眺。特色之三,湖面南部为天然石材铺装的湖滨游步道,沿游步道或坐观或漫步,尽赏美丽的湖光山色。湖西面有一处亲水平台式小广场,位于兴业路东端,使绿地与中共一大会址互为呼应,为瞻仰中共一大会址以及观湖佳处。

【主要景点】

绿地为一处环境优美、景色宜人的休憩场所,郁郁葱葱的绿地簇拥一汪潋滟的湖水,在沿岸花岗岩条石小道漫步,可领略秀丽的湖光山色,感受都市中自然的惬意。清新的湖光、山色、丛林为紧邻的中共一大会址增添色彩,人文景观与生态环境有机结合,互为延伸,展现上海旧城改造和城市绿化建设的一幅灿烂画卷。绿地主要景点有太平湖、石库门楼、观景台、慈善之星桥等。

太平湖 面积1.2万平方米,湖水最深处2.5米,湖水量2万立方米。湖岸多弯,状似葫芦,湖中有玉兰岛和合欢岛,湖底铺设美国天然黏土制成的防水毯。湖滨游步道长460米、宽20米,沿湖北依湖而筑,以宽敞石阶延至湖边,构成亲水平台。游步道旁间植香樟、垂柳,形成林荫道。

石库门楼 绿地西侧保留3幢石库门楼,建筑面积1 400平方米。与中共一大会址浑然一体,形成独特的历史文化环境氛围。

观景台 亲水平台式小广场,位于兴业路东端与湖西面连接,使绿地与中共一大会址互为呼应,为瞻仰中共一大会址以及观湖佳处,举办活动时可用作舞台。

慈善之星桥 即2006年1月竣工的太平湖上"蓝天下至爱慈善之星桥",桥旁立一座汉白玉碑和十余片紫铜书页,碑上镌刻"慈善之星赋",紫铜书页上铭刻上海市慈善基金会135位"慈善之星"名单。

绿化面积 3.2 万平方米,植有银杏、香樟、桂花、红枫等乔灌木 30 余种 1 250 株,铺植草坪 2.2 万平方米。观景台旁有株百岁古木。绿地点缀山石、建筑小品、灯饰等。山体以多种常绿、落叶乔木搭配,形成密林及优美的林冠线,选用植物有胸径 40～50 厘米的银杏,高达 5 米的杨梅、桂花,大规格的白玉兰和朴树、榉树、臭椿、栾树等。

绿地东南侧建有 1 万平方米地下车库,有 222 个泊位。

【重要活动】

2001 年 6 月 12 日,中共中央总书记江泽民,中央政治局委员、国务委员钱其琛视察绿地。16 日,中共中央军委副主席迟浩田视察绿地。9 月 20 日,上海国际旅游节活动在观景台举行文艺演出。10 月 5 日,上海国际旅游节举行主题活动玫瑰婚典。2002 年 5 月 18 日,上海科技周举行开幕式等。

六、不夜城绿地

不夜城绿地位于闸北区华盛路 209 号,华康路、华盛路以东,天目西路以南,共和新路以西,曲阜路以北,占地面积 4.3 公顷。

绿地为市政府重大工程项目之一,总投资 3.1 亿元,市政府城市专项补贴 1.6 亿元,其余部分由区政府筹措。2001 年 12 月,绿地原址动迁居民 1 035 户、个体工商户 63 户、企事业单位 53 家。2004 年 12 月绿地作为公园管理。

2006 年被评为三星级公园。

【设计施工】

2002 年 12 月绿地建成开放。

绿地由上海现代建筑设计(集团)公司、闸北区园林设计室联合设计,上海市园林工程有限公司负责施工。

绿地分为东西两部分,华盛路穿行而过。园林风格展现自然、大气、雅致,为不夜城地区重要的生态景观。

【主要景点】

绿地西部筑山,山北水树阵和山南"开闸扬波"水景均为跌落式水池,分别种植水杉、华盛顿棕,形成"树在水中,水在林中"特色景观。山顶建有木平台和扬波亭。沿山而下,有香樟林、竹林、银杏林,绿意盎然。

绿地东部由北向南为狭长形，平行布置人工山体和大草坪，山体与草坪间的挡土墙为文化景墙，设"继往开来"浮雕，形象描绘闸北近现代发展历程。山上种植雪松、银杏、香樟、无患子等乔木，山下大草坪视野开阔。

绿地中部由下沉式广场巧妙连接东西两部分，供市民休憩，设旱喷泉。

绿地有香樟、银杏、榉树、杜英等乔木 18 种 730 余株及地被植物。

七、凯桥绿地

凯桥绿地位于长宁区凯旋路、延安西路口，凯旋路以东，昭化路以南，延安西路高架以北，占地面积 4.3 公顷，其中绿化面积 3.6 公顷。

绿地原址为二级以下旧里和"365"危棚简屋旧区及厂房等，动迁居民 1 257 户、企业 12 家，拆迁住宅建筑面积 2.5 万平方米，非住宅建筑面积 2.46 万平方米，投资 3 亿元。2001 年，绿地建设工程被列为市政府实事工程之一。

2003 年被评为四星级公园。

【设计施工】

2001 年绿地建成开放。

绿地规划设计定位为构建一座具有中西文化结合特色的海派园林，总体风格以西式园林为主。功能定位以人为本，以树、花、草自然环境为本，构成具有休闲、观赏、健身等功能特色的开放性公园。

绿地设计由上海市园林设计院负责，施工由上海市园林工程有限公司总承包。

【主要景点】

绿地设置文化娱乐广场、生态保健区、老年晨练区、休闲散步区等。

文化娱乐广场　位于绿地中心，圆形，下沉式，外侧以高大乔木围合。广场为附近居民及社区文化活动场地，外围两侧布置一组花架，东北侧设置高低错落的立体花坛。

生态保健区　位于文化娱乐广场北侧，斜向道路南侧为规则式树阵即休闲硬地，方便游人在树荫下活动，北侧为自然式布置的乔、灌、花、草景观。绿化空间处理"一收一放"，使景观显得富有生气，让游人充分感受大自然带来的生活乐趣。东侧的艺术墙以多种形式记载长宁区历史变迁，增添文化气息。

老年晨练区 位于文化娱乐广场南侧,为附近居民休息、晨练场所。绿化配置以大树为主,设置休息廊及坐凳。该区地坪布置一条卵石曲径,供老年人健身活动。

休闲散步区 位于延安西路入口景观道路两侧。由石板小径构成自由流畅的平面曲线,小径两侧布置不同层次的植物。该区设置的卵石曲径与老年晨练区卵石曲径相连。

绿地利用植物多样性,建成符合自然生态的乔、灌、花、草、地被等相互搭配的人工植物群落,成片、成块种植体现疏林草地、树群、树丛等模拟自然景观,规则式大树种植与自然式栽植形式融为一体。植物主要有雪松、香樟、湿地松、日本柳杉、白玉兰、桂花、墨西哥落羽杉、毛竹等90余种14万多株。

八、新江湾城绿地

新江湾城绿地位于杨浦区国秀路300号。原址为废弃的江湾飞机场,在充分保护原有生态环境基础上,建设成为功能作用、生态效益兼备的大型公共绿地。

上海城投公司开发新江湾城的原则为"先地下后地上,先配套后居住,先环境后建筑",坚持先建设水系、公共绿化、城市道路的"熟地开发模式",以开辟生态绿化空间形成新江湾城区的整个生态骨架,强调环境、经济和生态多目标平衡,营造生态园区、低碳社区。

2005年始建绿地,以生态"保育"与"恢复"技术理念,体现人工再造自然景象。废弃的弹药库做成生态源湿地公园,生态廊道将园区绿地贯通连接,形成完整的绿地系统。绿地内湖面宽阔,水中构建人工岛屿,岛上植被丰富,岸边水生沼生植物多姿多彩,U型架空栈桥伸至湖中,具有"自然、野趣、宁静、粗犷"的景观特色。

绿化设计主要采用适应河岸环境、能够自然更替的当地植物,注重选择不同规格、树龄的阔叶落叶混交林形成具有地域性、多样性的生态群落。采用自然缓坡式柔性护岸,利用水生植物形成湿地,保护、修复和展示自然生态环境。由上海市园林设计院负责总体设计。

2009年,绿地采用公园管理模式。2015年7月20日,绿地纳入上海市公园名录,改名新江湾城公园。

第五节 "春景秋色"示范工程

2004—2009年,市绿化局开展为期6年的"春景秋色"示范工程建设,总结历年植物引种经验,重点推广应用体现"春景秋色"的色叶、观花乔灌木,贯彻落实"科教兴绿"战略,加快上海生态型城市建设。

2004年,共创建"春景秋色"示范点31块,在选址、新优植物选择、植物配置、施工技术、养护管理及技术培训等方面取得相应的技术积累。市绿化局为各区推广新优植物做好服务工作,对各区上报的示范点方案,组织专家进行评审、指导;由市绿化局科技处及市绿化指导站组织"春景秋色"工程设计技术交流活动,专设例会对上报的示范点方案进行研究,统一各区技术人员对"春景秋色"的认识;通过上海市绿化职业技能培训中心,组织专家讲解色叶、观花乔灌木的习性,使各区养护管理好新优植物;设立联络员例会,及时、动态地了解各区示范工程进展情况及横向对比,相互促进。

2005年,市绿化局委托上海市园林职工学校开展免费培训,首期"2005年上海市新优植物推广应用讲座"培训班在闵行区举办,来自闵行区绿化局、林业站,青浦区、松江区绿化署以及三区的绿化养护公司90余名学员参加培训。培训专题为新优植物应用回顾及实施要点、上海城市绿地"春景秋色"植物应用关键问题分析、上海地区部分适生园林水生植物及其应用、花境植物的养护管理、新优花灌木的栽培养护技术、园林树木栽培养护中应注意的几个问题等,培训与示范点现场讲评相结合。年底前,分设东、西、南、北4个点,覆盖全市各区县,对300余名有关人员进行免费培训。

2006年,市绿化局制定《"春景秋色"示范工程规划》《"春景秋色"示范工程建设导则》,以环城绿带、大型绿地、生态片林为重点,结合老公园改造,建设"春景秋色"示范点,逐步推进新优色叶、观花乔灌木应用,以点带面,推动全市绿化林业"春景秋色"建设。主要在公共绿地建设、老公园改造、居住区绿化调整和生态片林改造中,加大色叶、观花植物应用力度,形成一定规模、多样化的植物景观类型;在景观特色上,通过集中、规模化栽植色叶、观花乔灌木及开花地被,凸显春、秋季景观特色,达到"春花繁、夏有荫、秋变色、冬姿美"目标;在植物运用上,做好木兰科、漆树科、槭树科、无患子科、蔷薇科等植物的运用、栽植，形成景观亮点、特色；在技术措施上，围绕苗木栽植技术、养护技术的提高，植物配置手法、植物修剪技术的创新，编制《色叶、观花乔灌木应用技术指南》。

至 2009 年，全市共建设示范点 90 块，应用色叶、观花乔灌木 259 种（含品种）。重点示范区域通过规模化栽植色叶、观花乔灌木及开花地被，达到"春季繁花似锦、夏季绿树成荫、秋季色彩斑斓、冬季树姿优美"丰富的季相变化效果，主要有以多排银杏建成的青浦区外青松公路林带秋景，以宿根花卉营造的长宁区曹家堰绿地花境景观，以木兰科树木形成的卢湾区白玉兰绿地春花景观，以药草类宿根花卉展示的延中 L4 绿地东块药草园，以花期相近的海棠、日本早樱等观花灌木集中展现的闵行体育公园千米花道，以豆科植物展示的浦东豆香园等。

第六节　环　城　绿　带

20 世纪 90 年代，上海经济快速发展，城市化进程日益加剧。为抑制城市外围无序向外扩张，加快市区较薄弱的生态环境基础建设。1993 年 6 月，市长黄菊在市规划工作会议上提出，要抓紧规划在外环线外侧建设一条宽度至少 500 米，环绕上海市区的大型绿化带（即环城绿带），从根本上改善上海生态环境。1994 年 2 月，在市区周边构筑一道绿色屏障的跨世纪工程——环城绿带开始规划。1995 年 10 月，市政府成立上海市外环线建设领导小组，下设外环线环城绿带建设指挥部，启动环城绿带建设。1996 年 12 月，市编委同意市园林局建立上海市环城绿带建设处，2000 年 6 月更名上海市环城绿带建设管理处，具体负责环城绿带建设、管理工作。2004 年，环城绿带改称"外环生态专项"，绿化总量达3 600 余公顷，为上海成功创建国家园林城市做出重要贡献。

上海建设现代化国际大都市生态环境的标志性工程——环城绿带全长 98千米，总面积 6 208 公顷。主要分为 100 米林带、400 米绿带和主题公园等 3 种类型。形态为以"藤"为主的"长藤结瓜"式，"藤"指整个绿化带，即以 100 米林带、400 米绿带为主体结构的生态防护绿地；"瓜"指围绕"藤"的 8 座大型主题公园，即以绿地及配套设施结构供市民游览的生态休憩绿地。环城绿带建设主要有 100 米林带工程、400 米绿带工程（一期）和生态专项建设工程（即 400 米绿带工程〈二期〉〉等 3 个项目,涉及浦东新区和闵行、嘉定、宝山、徐汇、长宁、普陀等 7 个区。闵行体育公园、上海滨江森林公园、顾村公园及闵行七宝文化公园、华夏公园、金海湿地公园、高东生态园、黎安公园等 8 座大型主题公园分布在浦东新区、闵行区和宝山区。

一、四次规划

1994—2004 年,环城绿带历经上海市环城绿化系统规划、上海城市环城绿带规划、城市外环线绿带实施性规划和生态专项建设工程规划等 4 次规划。

【上海市环城绿化系统规划】

1994 年 2 月,上海市城市规划研究院上报《上海市环城绿化系统规划》。7 月,市建委批复同意后,市规划局、市园林局会同有关区县政府就环城绿带走向、绿地使用分类、实施步骤、开发模式等编制实施性详细规划,使环城绿带与整个城市规划,特别是楔形绿地有机结合。

规划原则 因地制宜,内外结合,环楔结合,能宽则宽,保证总绿量。

规划范围 外环线绿化隔离带外侧 500 米左右地区,涉及七区一县(浦东新区、闵行区、嘉定区、宝山区、徐汇区、长宁区、普陀区和南汇县)。现状用地为宅基地、耕地,长度占 47%;居住用地,长度占 17%;已规划工业、居住、港区等用地,长度占 36%。

规划控制与指标 控制规划范围内的现状宅基地,结合城镇规划布局,对宅基地上的住宅采取逐步动迁、保留和限制发展等措施;已征居住用地中,未动工的原则上改为绿化用地,已动工的视具体情况确定其使用终止期限;虹桥机场、地铁用地范围内的绿地率应大于 30%,沿外环线绿带宽不小于 100 米。

【上海城市环城绿带规划】

1994 年 8 月,市建委、市规划局、市园林局等完成《二十一世纪上海环城绿带建设研究报告》。市政府要求将环城绿带画到规划图上,尽快确定环城绿带控制线(即"绿线"),以进行控制。市规划院上报《上海城市环城绿带规划》。10 月,市规划局会同市园林局及有关区县政府相关部门审议规划后批复,原则同意环城绿带基本宽度定为沿外环线绿化隔离带外侧 500 米,要求严格控制环城绿带用地,将环城绿带规划纳入全市绿化系统规划。

环城绿带功能为抑制城市蔓延性盲目扩张,改善城市自然生态环境,保持城市与乡村间合理过渡,提高城市抵御自然、人为灾害能力,美化城市景观,创造有益、环境优美的游乐、休憩场所等。

规划原则　服从上海城市总体规划,与城市发展形态相结合;环城绿带500米基本宽度必须保证,有条件的地方适当加宽;根据土地使用实际情况,因地制宜,综合规划,发挥土地效益;与城市楔形绿地、结构性绿地有机结合,形成城市绿地系统。

用地分类及控制指标　公园用地占总用地17.7%,主要布置市级及地区级公园、植物园、动物园、野营基地、主题公园,其中绿化面积大于或等于80%,建筑面积小于或等于8%,控制建筑高度;体育设施用地占21.7%,主要布置高尔夫球场、赛车场、体育场,其中绿化面积大于或等于60%;低密度建筑用地占5.49%,主要安排低密度的别墅、休疗养院、夏令营基地,其中绿化面积大于或等于60%,容积率小于或等于0.25,建筑高度低于或等于10米;旷地型市政、交通用地占11.7%,主要规划机场、地铁车辆段、港口、污水厂、电厂,其中绿化面积大于或等于30%;林带、生产性绿化用地占37.9%,主要规划防护林带、观光农业、果园、苗圃、纪念林地,其中绿化面积应大于或等于90%;远期转变为绿带的用地占5.6%,近期严格控制发展,远期根据实际情况按上述用地内容布置。

规划布局　采取带形绿地与块状绿地相结合的形态,即"长藤结瓜"式的格局。分别在三岔港、南汇横沔、沪青平公路南侧、莘塘等地区布置4处大型主题公园;在外环线东段的唐镇以北、南段的周浦附近、西段的江桥、北段的吴淞等地区布置规模较大的环城公园,以及在城市居住区附近辟建若干规模较小的公园;在外环线外侧形成大、中、小相结合,分布合理的公园系统;在漕宝路以南外环线西侧开发一处体育中心;在闵行区、徐汇区、宝山区布置一定量的低密度建筑开发用地,利用环城绿带建设的优惠政策实行综合开发,以带动环城绿带的实施;针对上海缺少较大规模的花卉苗木生产基地,在环城绿带内辟建若干处苗圃、花圃等生产性绿化用地;开辟一些植树林地、纪念林地,为每年植树节提供植树造林场所。

【城市外环线绿带实施性规划】

1999年6月,市规划委员会批准《城市外环线绿带实施性规划》,以《上海城市环城绿带规划》为依据,根据实际情况进行调整、修正,结合不同区位特点,因地制宜、合理安排绿带内各区段用地。

用地原则 外环线外侧500米为外环绿带用地的基本宽度,结合现状情况,尽可能以自然地形为规划绿带的边界;在外环线外侧无法实施500米绿带时,可根据现状情况允许将绿带调整至外环线内侧;在外环线两侧均无法实施500米绿带的地区,可考虑加大邻近地区外环绿带的宽度和面积,以维持总量基本平衡;在外环线经过城市建成区的部分地段,无法实施100米林带时,可适当缩小林带宽度,至少保证25米以上;调整中,100米林带尽可能保留。有条件的地段,林带宽度适当放大,按规划实施块状绿地。重要地段的绿带用地严格控制,如外环线与高速公路、铁路等相交处,徐浦大桥两侧。结合城市结构绿地(楔形绿地、防护林带),形成大面积绿地,完善城市绿地系统。

用地形式 外环绿带的基本宽度为500米,其中沿江红线的100米必须是纯林地,不允许有其他用地性质介入,其余400米区域结合农业产业结构调整,可有多种用地形式。

【生态专项建设工程规划】

由于在100米林带和400米绿带(一期)建设中,遇到老宅基地和工业企业绕道建设,除少部分为农地外,大部分地块分布老宅基地和工业企业,建筑密度大,建设成本高。为更好进行后续建设,2004年对《城市外环线绿带实施性规划》进行调整,编制有关各区的《生态专项建设工程规划》。2007年4月,市规划局、市绿化局等联合发布《上海市生态专项建设工程规划建设指导性意见》及各区段《生态专项建设工程规划图则》,指导有关各区在《生态专项建设工程规划》基础上编制《生态专项建设工程控制性详细规划》。

规划功能 以生态为核心,与自然水系、湿地、田园风光等共同构成具有生态防护、景观观赏、休闲健身、文化娱乐、公共服务、防灾避难等多功能的城市公共绿地。

规划要求 生态防护绿地为整个绿带的"藤",是外环道路沿线宽度100~500米的林带和绿带。用地性质为生态防护绿地,是保护和构建中心城区周边的生态屏障。原则上为"纯林"结构,在防护功能基础上,营造四季色彩变化丰富的植物景观。规划中有服务点的地块,要结合周边环境合理布局,提升绿地的休闲、服务功能；生态休憩绿地为在生态防护绿地以外，用来设置休闲、文化、健身等设施，为市民提供交通便捷的郊外绿色休闲场所的地块。上海滨江森林公园、顾村公园、闵行体育公园以及闵行七宝文化公园等为生态休憩绿地的重要节点绿地。

二、三项工程

环城绿带建设的三项工程为以政府主导建设的100米林带工程，以社会化多元投资和综合开发方式建设的400米绿带工程（一期）和以有关各区为实施责任主体建设的生态专项建设工程（即"400米绿带工程（二期）"）。

【100米林带工程】

1995年12月，副市长夏克强出席在普陀区举行的环城绿带建设启动仪式，拉开环城绿带100米林带建设序幕。至2002年，全长98千米，面积达926公顷的100米林带建成。

【400米绿带工程（一期）】

2002年11月，环城绿带400米绿带工程（一期）建设启动仪式在宝山区杨行镇举行，市委副书记、常务副市长韩正出席。至2003年7月，400米绿带工程（一期）建成面积共2 704公顷，主要有生态林、生产林、经济林、纪念林、体育休闲园。

【生态专项建设工程】

生态专项建设工程即400米绿带工程（二期）。环城绿带100米林带工程和400米绿带工程（一期）建成后，2004年开始对环城绿带的剩余区域仍按原规划实施确有一定难度的用地进行调整，编制有关各区的《生态专项建设工程规划》，调整后的工程称"生态专项建设"（即"400米绿带工程〈二期〉"）。2005年12月，生态专项建设工程的第一个可行性报告《宝山区工程可行性报告》经市发展改革委批复同意，标志着生态专项建设进入实质性启动阶段。2006年6月，市政府召开生态专项建设推进暨目标责任书签订大会，副市长杨雄代表市政府与有关各区政府代表签订生态专项建设工程目标责任书，有关各区生态专项建设全面启动。

生态专项建设原则　以绿为主，"长藤结瓜，以藤为主"，功能复合型，系统整体性。以绿为主，突出生态优先、绿化优先，建设高绿地率和高乔木覆盖率工程；"长藤结瓜，以藤为主"。保证外环道路沿线宽度 100～500 米的林带和绿带作为主体结构，构建中心城区周边生态屏障；功能复合型。充分体现集生态防护、防灾避难、体育休闲、文化景观、社会服务等多功能于一体的复合型特征；系统整体性。生态专项建设作为城市绿地系统的"环"与"楔—廊—园—林"有机融合，强化城市绿化系统的整体生态效应。

三、绿化种植养护与配套设施

环城绿带三项工程的建设施工强调绿化种植的科学性、合理性。

【绿化种植养护】

种植密度　植物种植根据工程目标、立地条件和树种，确定树木的初值密度，一般保持 3～5 年生长期内植株间不造成树冠过分重叠及竞争生长，乔木初值密度不多于 220 株/亩。

配置结构与比例　植物配置总体结构以乔木为主体，适当配置灌木、地被和草坪，构成相对稳定具有树木形态变化和四季色彩变化的混交林，运用观花、观果、观叶植物形成丰富多彩的植物景观；常绿乔木与落叶乔木的比例为 2∶3，针叶树种与阔叶树种的比例为 1∶5；树种选择以上海地区适生树种为主，优先选择上海的乡土树种，适当引入生长表现良好的外来树种，速生树种配置比例低于15%，鼓励种植经济果林；每个区段内乔木树种不少于 40 种，成片种植观花、观叶植物；绿带边缘 20 米范围内及重要景观区域内覆盖地被植物，形成自然植被；选苗注重植株的自然形态和潜在生长势，乔木胸径 5～15 厘米，小乔木 3～7厘米。

养护　2002 年 6 月，环城绿带养护工作实施《上海市环城绿带管理办法》，明确养护经费由有关各区财政部门根据绿化量和绿化养护定额核拨；绿化养护单位按照市绿化局制定的环城绿带养护技术标准进行养护。2005 年 11 月，100米林带实行属地化管理，落实养护责任单位。

【配套设施】

配套设施为环城绿带的组成部分，即为市民提供服务的公共设施和用于绿带管理的功能设施。主要有园林建筑、绿带服务点、公厕、休憩和服务建筑、养护道班房、综合管理用房及防火监控塔等。园林建筑为依据景观需要建造的亭、廊等，建筑风格现代、简洁、大气，具有时代气息，体现上海"海纳百川"的城市文化精神。建筑与地形地貌、自然植被等相互呼应，有机融合。

2005年，外环生态专项的第一座防火监控塔在浦东新区川沙段建成。2006年11月，全市森林防火实战演练在外环生态专项浦东新区张江段举行。2010年4月，市护林防火办、市林业局、市消防局等在外环生态专项浦东新区段、宝山区段等林带联合举行全市森林防火实战演练，首次利用防火监控系统，完成"多点监控、跨区联动"演练。

四、区段特色

根据有关各区《生态专项建设工程规划》要求，至2010年外环生态专项各区段建设成效显著，逐渐形成各自特色。

【生态浦东，魅力南汇】

浦东新区段外环生态专项建设，着力展示开发浦东的主题和"生态浦东"对国际大都市新城区的独特诠释，建成大型主题公园——上海滨江森林公园和华夏公园、金海湿地公园、高东生态园；南汇地区段传承、发展果园特色，构筑绿色防护林带，创建宜人生态环境，依托老镇挖掘、打造休闲文化产业。

【动感创新，风采闵行】

闵行区段外环生态专项建设，展现发展、创新、文化等新气象。建成生态景观林带和闵行体育公园、黎安公园等大型主题公园，以及建设闵行七宝文化公园。

【友好花园，清新嘉定】

嘉定区段外环生态专项建设，结合新兴产业发展，精心设计、施工，建成展示嘉定清新环境、优美景色的生态景观林带。

【郊游野趣，园境宝山】

宝山区段外环生态专项建设，建成融体育、休闲等为一体，具有郊游野趣的城市森林生态景观林带和大型主题公园——顾村公园。

【运动保健，时尚徐汇】

徐汇区段以外环生态专项建设为契机，在黄浦江岸线建成新颖、时尚的滨江景观林带。

【绚烂园林，景观长宁】

长宁区段外环生态专项建设，利用外环线外侧有限空间建成生态景观林带，筑起一道绿色景观墙，为上海打造具有园林特色的西大门。

【社区服务，人文普陀】

普陀区段外环生态专项建设，建成融社区服务、休闲等为一体，体现人文色彩的生态景观林带。桃浦地区为建设环城绿带的启动段，成为全区人文景观新亮点。

有关各区生态专项建设，自 2006 年 6 月全面启动至 2010 年建成绿地面积 605 公顷，先后建成上海滨江森林公园、顾村公园、闵行体育公园以及建设中的闵行七宝文化公园等大型主题公园，总面积达 900 余公顷。同时，结出华夏公园、金海湿地公园、高东生态园、黎安公园等新颖绿"瓜"。

五、重要活动

环城绿带建设始终得到市领导、广大市民的关心、支持和参与。

1996 年 3 月，中共中央政治局委员、市委书记黄菊，市长徐匡迪等领导在普陀区桃浦镇环城绿带启动段冒雨植树，掀起环城绿带建设高潮。

1997 年 6 月，副市长夏克强、市政协副主席陈正兴等领导视察浦东新区三林段环城绿带；11 月，市人大常委会副主任孙贵璋、沙麟等领导视察环城绿带。

1998 年 2 月，黄菊、徐匡迪率市委、市政府等领导在环城绿带闵行段植树。3 月，副市长韩正及市建委等领导视察环城绿带。

2000 年 3 月，市妇联、市绿化局、市外环线环城绿带建设指挥部、闵行区政府在环城绿带闵行段顾戴路举行全市 2 000 余户家庭参加的"建设母亲林——家庭义务植树"活动。

2001 年 4 月，由国际生态协会宫协昭先生发起的"上海—横滨，新世纪友好生态林植树活动"在环城绿带浦东段迎宾大道举行，日本横滨市副市长藤井纪代子、宫协昭和市外办、市绿化局、浦东新区等领导以及中日志愿者共 400 余人参加。

2008 年 3 月，中共中央政治局委员、市委书记俞正声，市长韩正，市人大常委会主任刘云耕，市政协主席冯国勤，市委副书记殷一璀以及市建委、市绿化局、浦东新区等领导在外环生态专项浦东新区高东生态园参加义务植树活动,和建设外环生态专项的干部、职工一起种植百余棵白玉兰、香樟等。

2009年3月,在外环生态专项林带——闵行七宝大绿地举行2009上海市民千人义务植树活动,2 000余名来自全市各行各业的志愿者冒雨参加。

2010年3月,由市绿委办主办的2010上海市民千人义务植树活动在外环生态专项宝山区顾村公园举行。同月,由市环保局、上海世博会事务协调局、市绿委办和美国环保协会等主办的"世博绿色出行林"挂牌仪式及植树活动在外环生态专项徐汇区举行。

第七节　立　体　绿　化

20世纪80年代,华亭宾馆首次建设屋顶绿化。为补充上海中心城区平面绿化不足现象,市、区园林绿化管理部门在政策、资金、技术、管理等方面推进全市立体绿化建设由自发建设为主转向园林绿化部门引导建设为主。20世纪90年代,南北高架、延安中路高架建设高架悬挂绿化,静安、长宁区始建屋顶绿化,建国宾馆、海伦宾馆、上海图书馆新馆等建成大型屋顶花园。

1996年,上海中心城区推出多种立体绿化形式,徐汇区的墙面垂直绿化,引进五叶地锦、扶芳藤等新品种;静安区南京西路石门路人行天桥的棚架绿化,武宁南路电线杆的装饰花盆;黄浦区外滩、南京东路人行道的活动花坛、棚架花坛;卢湾区淮海中路交通护栏的花槽等。1997年,首次采用花灌木贴植,紫薇、紫荆等爬上墙面。该年,全市建成高架悬挂绿化70千米,墙面垂直绿化1.4万米,屋顶绿化2.33万平方米,檐口绿化1.36万米,窗阳台绿化933处。1998年,市标准《垂直绿化技术规程》颁布实施。

2003—2005年,建成明珠线(今地铁1号线)高架桥柱绿化800根。2006年,市绿化指导站调研屋顶绿化类型及植物组成结构,筛选适宜上海地区屋顶绿化的植物材料,制定适合屋顶绿化植物生长的介质指标。

2007年,市人大常委会通过《上海市绿化条例》,条例第17条规定"本市鼓励发展垂直绿化、屋顶绿化等多种形式的立体绿化。新建机关、事业单位以及文化、体育等公共服务设施建筑适宜屋顶绿化的,应当实施屋顶绿化",为中心城区推广立体绿化提供法律支撑。市、区政府运用生态效益补偿机制及节能降耗转移支付,实行立体绿化建设及维护奖励补贴制度,立体绿化可类似"准公共绿化",作为绿化认建认养的主体对象。闵行区将立体绿化补贴费用列入区财政预算,随市级补贴经费逐步增加,推进立体绿化建设。该年,全市建成屋顶绿化11万平方米,单体绿化面积1万平方米的有长宁区复新屠宰场、普陀区百联中环广场、松江区地铁9号线车辆段,知名的有静安区民立中学、黄浦区中福城、徐汇区龙华街道办事处、普陀区中鹰黑森林项目、闵行区政府大楼等。2008年,市绿化局发布《上海市屋顶绿化技术规范(试行)》,为规范屋顶绿化建设提供技术支撑。该年,建成屋顶绿化15万平方米。2009年,市绿委办发布《绿墙技术手册》,明确绿篱围墙类型及适用范围,绿墙的设计、施工、养护等,为区县绿化管理部门和建设单位提供技术支撑。该年,建成中环线高架桥柱绿化600根,全市建成屋顶绿化18万平方米;屋顶绿化工作纳入区县政府绿化工作整体评价考核。

2009—2010年,在迎世博600天环境整治和世博会期间,全市共建成立体绿化40万平方米。其中有闵行区、杨浦区的重点区域、景观道路和高架沿线的屋顶绿化、墙面垂直绿化,黄浦区的自行车棚架绿化,徐汇区柳州路、桂林路、中环线的立交沿口绿化,静安区、卢湾区的重要道路沿线的生态花墙、天桥绿化、窗阳台绿化、高架匝道绿化等多种形式的立体绿化,丰富了城市绿化景观。为宣传立体绿化,市绿化市容局、市建材行业协会合作举办"2009国际屋顶绿化(立体绿化)发展论坛",组织相关展览会,引导有关产业发展方向;市绿化指导站编撰《中国2010年上海世博会场馆立体绿化》,介绍8个场馆立体绿化案例,解析关键技术,为发展上海立体绿化提供参考。

2010年,全市建成屋顶绿化9.87万平方米,墙面垂直绿化3.02万米,檐口绿化9 942米,窗阳台绿化1 252处,高架桥柱绿化4 442根等;市标准《屋顶绿化技术规范》颁布实施;市绿化市容局将150万平方米立体绿化建设纳入上海市绿化专业"十二五"规划。

上海立体绿化类型主要有屋顶绿化、墙面垂直绿化、窗阳台绿化、檐口绿化、棚架绿化、高架悬挂绿化、高架桥柱绿化、天桥绿化及绿荫停车场、花灌木贴植等。植物材料主要有爬山虎、五叶地锦、扶芳藤、黄馨、十姐妹、山荞麦、油麻藤及紫薇、紫荆等。

第八节　道　路　绿　化

一、城市道路

20世纪50年代为上海城市道路绿化建设起步阶段,"文化大革命"时期处于停滞状态。80年代发展较快,1985年全市行道树达15万余株。1988年,上海园林绿化行业管理体制改革,实行市、区分工,下放部分事权,主要城市道路行道树划给所在区管理。1990年,全市行道树达22.6万株。

"八五"期间,全市道路绿化主要建设、改造杨高路、内环线绿化带等。1995年,全市行道树达33.02万株。

"九五"期间,全市道路绿化以建设"绿色廊道"为重点。1996年,全市行道树达40万余株;1998年,达48.17万株。2000年建成2条市级绿化景观道路,各区建成1～3条区级绿化景观道路,形成市、区两级绿化景观道路网络。

"十五"期间,全市道路绿化建设由"二环,三纵,四横,十射"生态景观绿色路线形成市级绿化景观道路框架,建设、改造南浦大桥—杨浦大桥沿线滨江景观绿化带。道路绿化建设将城市中的绿点、绿线、绿带、绿廊以及绿色敏感区、生态林等连接成城市"绿骨架""绿网络"。2003年,全市行道树达73.9万株,建成世纪大道、南干线、海宁路等绿化配套工程,形成"点成景、线成荫、片成林"绿色通道,改善和美化城市道路交通环境,为上海成功创建国家园林城市增绿添色。2005年,全市行道树达79万余株。

"十一五"期间,全市道路绿化建设以交通绿廊等为主体结构,绿化布局为"一横一纵、两环四射、五线十区",一横为延安路高架,一纵为南北高架,两环为内环线、中环线,四射为逸仙路、沪闵路高架,沪宁、沪嘉高速入城段,五线为南京路、淮海路、四川路、西藏路、世纪大道以及各区道路。2010年,全市行道树达100万余株,建成延安路高架沿线和黄浦江、苏州河沿岸绿化景观带绿化面积50余公顷,形成城市绿廊景观骨架,完善城市绿色网道系统。

二、公路

20世纪80年代,上海公路绿化里程1 914.9千米,占养护里程94.97%;行道树 103 万株,绿地面积 7.6 公顷;苗圃 11 个,面积 134.4 公顷。全市公路绿化以路肩两侧行道树为主,常绿乔木有香樟、女贞等,落叶乔木有悬铃木、水杉、意大利杨等。

"八五"期间,全市公路绿化与公路建设同步发展,新增绿化里程 143 千米,新种路树 16 万株,更新路树 38 万株,补植路树 55 万株,种植地被植物 60 公顷等。在普遍绿化基础上,对国道、干线公路进行美化,主要树种常绿乔木有香樟、女贞,落叶乔木有水杉、池杉等。高等级公路以及干线公路改变以往树种单一、等距排列等传统方式,营造乔、灌、花、草配置合理、层次分明、色彩丰富,"春有花、夏有荫、秋有色、冬有绿"景观。

"九五"期间,《上海市"九五"期间公路绿化规划》提出以建设生态城市为目标,公路绿化与公路发展相适应,因地制宜、合理配置、改善景观,构成安全、舒适、优美的公路交通环境。

1997 年,市委、市政府提出"美化城市环境,达到连接外省、市主要干道入城段净化、绿化、美化"要求,上海市公路管理处重点整治沪太公路(上海段)、沪宜、曹安、沪青平、沪莘枫、沪南公路等 6 条主要公路两侧 281 千米绿化带及公路边坡、分隔带等,经市文明办、市建委等多次综合检查,评价较高。

1998 年《上海市景观道路规划(1998—2000 年)》提出,"在出省干线公路两侧各建设宽 20 米的绿化带,在区县干线公路两侧各建设宽 10~20 米的绿化带,其他道路两侧各建设宽 5~10 米的绿化带"。为实施规划目标,规范公路绿化工程质量评定标准,市公路处制定《高速公路(快速道路)绿化工程质量评定标准(试行)》,在新建、改建公路时同步实施绿化建设,按照"高起点、高标准"要求,进行绿化设计、施工、验收等。该年竣工通车的外环线工程(一期)为全市公路绿化建设"高起点、高标准"典范,全长 42.67 千米,中央分隔带宽 6 米、两侧各宽 30 米建成绿化带,绿地面积 355 公顷。

1999 年,沪南、莘奉、浦星公路和远东、龙东大道,以及沪闵路、杨高路等两侧各宽 20 米绿化带建成。远东大道中央分隔带具"大色块、大气势"特点,两侧绿化带"点、线、面"结合,形成乔、灌、花、草立体配置。地铁 4 号线(北段)、沪杭高速公路松江至枫泾段和沪南、莘奉公路以及沪闵路等种植的树种抗性强,易养护,适应公路交通环境,形成"点成景、线成荫、片成林"绿色通道。沪闵路两侧于

1965年种植的香樟经补种、养护，成为全市公路的第一条香樟大道。

2000年，市市政局提出以高标准实施国家绿色通道工程，对连接外省、市的干线公路绿化进行调整和改造。市公路处投入2 500万元，用于沪宁、沪杭高速公路（上海段）绿化改造。沪宁高速公路（上海段）全长24.23千米，种植香樟、广玉兰等常绿乔木2.2万株，绿化面积47.6公顷。沪杭高速公路（上海段）全长46.67千米，种植香樟、水杉等乔木5.6万株，八角金盘、锦带等花灌木及草坪、地被植物等30余种，绿化面积80.32公顷。沪宁、沪杭高速公路（上海段）绿化调整和改造，对展现上海公路形象，改善城市生态环境等起到重要作用。

同年，上海公路用地的绿地面积达1 184.72公顷，为1990年的19倍，乔木达279万株，引进适应性强、绿化效果佳、养护简易的乔、灌木树种由1991年的30余种增至100多种。公路标准等级提高使公路横断面发生较大变化，公路绿化由单一树种逐步向多层次绿化发展，植物配置注重营造景观、色彩效果、富有韵律，中央分隔带绿化讲究色团组合布局，两侧绿化带以高大、多彩为特色，形成"乔、灌、花、草"立体配置等。随着公路绿化快速发展，种植树种不断增加，病虫害防治愈显重要，市公路处采取"预防为主，综合防治"对策，加强预测预报，建立生物制剂应用网，传播新信息、新技术，推广生物、无公害防治等。

"十五"期间，全市公路用地的绿地面积增至4 093.07公顷，为2000年的3.5倍。公路绿化建设要求不同树种合理配置，种植疏密得当，养护重视整形修剪、推广机械化和病虫害生物防治等。为加强有害生物监控预警，市公路处设立国省干线公路植保网络，市管公路署、各养护公司以及道班分别为一级、二级和三级网络单位，发现有害生物，及时制订应对措施，防止大规模发生。同时，联通市林业总站、市绿化指导站等植保网，解决"疑难杂症"等。

"十一五"期间，上海公路绿化工作重点由建设转向养护。至2010年年底，全市公路绿化形成"二环十六廊"格局，绿地面积达7 237公顷，占全市林地面积7%，乔木60余种767.2万多株。浦东新区公路署开展《粉碎枝叶堆肥研究》《公路绿带群落调查分析与调整优化研究》《绿化林业有害生物预警体系管理研究》等，提高养护管理水平。2008年，根据"迎世博600天行动计划"公路环境整治要求，市公路处开展高速公路绿化整治专项行动，针对每条高速公路绿化存在的问题，制定整治及改造方案。整治重点为收费站附近、中央分隔带、立交投影下、护坡绿化及隔离栏附近林带等。通过整治，全市公路绿化在世博会期间得到好评。

三、铁路

20 世纪 80 年代，上海铁路造林绿化专业单位为上海铁路林场，1998 年更名上海铁路分局林业绿化管理所（以下简称"上海林管所"），2001 年改制，对外称上海上铁园林绿化服务有限公司，对内称上海林管所。上海林管所承担铁路京沪线上海至常州东和沪昆线上海至嘉兴东沿线两侧（确权地界内）造林、育林、管护及沿线车站绿化、管护等任务与责任。下设莘庄、南翔、昆山、苏州等 4 个育林工区和莘庄、正仪、周泾巷等 3 个苗圃。上海林管所在市内承担沪宁、沪杭、老沪杭线等主要干线，南何、何杨、淞沪、北杨、新闵、吴泾、金山线等枢纽支线，新建的浦东铁路、沪宁城际、沪杭客专等沿线两侧造林绿化、车站景观绿化和单位庭院绿化等。

【造林绿化】

1978—1980 年，沪宁、沪杭线沿线两侧延续种植"三杉"（水杉、池杉和落羽杉）22.4 万株、女贞 3 000 余株及紫穗槐 32.3 万株。

1981—1985 年，沪杭线延续种植"三杉"4.6 万株，沪宁线完成种植任务。对沪宁、沪杭线上 70 年代种植的"三杉"林带进行整形修剪等养护。南何、何杨、北杨线等种植女贞 7 000 余株及紫穗槐 10 万株、红叶李 2 000 余株。

1986—1988 年，沪杭线完成"三杉"种植任务，新闵、金山、新日线等沿线两侧宜林地段共种植"三杉"6.7 万株、女贞 1.7 万株。

1989—1990 年，金山线黄浦江大桥铁路南、北引桥两侧及桥孔下种植"三杉"、紫穗槐等，绿化面积 2.1 公顷。上海工务段大桥管理所、南翔站、春申站、上海机车车辆配件厂、上海装卸机械厂、会文路幼儿园、上海工务段松江线路工区等完成车站景观绿化、单位庭院绿化任务。

1991—1995 年，新闵、金山线等延续种植"三杉"1.6 万株、紫穗槐 2.3 万株，对 80 年代种植的"三杉"进行整形修剪等养护。南何、何杨、淞沪、北杨、吴泾线等种植女贞、珊瑚树等 8.9 万株。

1996—2000 年，上海林管所根据上海铁路局绿化办营造"乔灌结合、里灌外乔、林带不断"标准化林带及站段庭院绿化的目标、标准和要求,在市内各条铁路沿线种植、补植"三杉"、女贞及珊瑚树、夹竹桃等共 14.1 万株,沪宁、沪杭线沿线种植珊瑚树 2 万株,上海、南翔、北郊、杨浦、上海西站、上海东车辆段、上海第二工务段等站段实施庭院绿化共 5 220 余平方米。

2001—2005 年,上海铁路局将造林绿化作为创建铁道部安全优质文明达标线项目之一。上海林管所以高质量要求,营造标准化林带和园林化车站,在沪宁线种植珊瑚树 8.2 万株,沪杭线补植"三杉"2 000 余株、种植珊瑚树 17.9 万株及女贞、夹竹桃等 2 万株,对"三杉"进行整形修整等养护。沪宁线上海西至江桥,沪杭线上海西至七宝、枫泾至七星桥成为乔灌结合、层次分明、丰满整齐的标准化林带样板。沪宁、沪杭线先后成功创建安全优质文明达标线。

2006—2010 年,上海林管所在京沪、沪昆两大干线以及何杨、金山线等支线补植"三杉"、女贞及珊瑚树、夹竹桃等 25.8 万株;上海南、虹桥、上海西站、上海动车客车段及南翔、北郊、何家湾、杨浦、闵行站等绿化面积共 60 公顷;市内沪宁城际铁路上海至安亭沿线两侧非高架地段造林 6.6 千米,绿化面积 6.89 公顷,种植女贞、广玉兰等乔木 6.7 万株和夹竹桃、红叶石楠等灌木 24.53 万株及铺植草坪 2.4 公顷;沪杭高速铁路虹桥至金山北沿线两侧包括虹桥、松江南、金山北站和春申至松江至横潦泾 3 座特大桥下以及金山北综合维修工区等非高架地段造林 34.77 千米,绿化面积 64.14 公顷,种植女贞、广玉兰等乔木 3.29 万株和杜鹃、红叶石楠等灌木 56.99 万株及铺植草坪 54.2 公顷等。

1978—2010 年,上海铁路造林绿化共种植树木 200 万株,其中,铁路沿线植树 160 万株,包括京沪、沪昆线等防护与景观合一、里灌外乔标准化林带 135 千米和新闵、金山线等"三杉"林带 60 千米;车站景观绿化、单位庭院绿化等植树 40 万株。

【林务林政】

上海铁路林务林政管理机构随体制不断变化,1978 年由上海铁路局工务处主管。1980 年,上海铁路局根据国家铁道部《铁路林业管理规则》,颁布《上海铁路局造林绿化管理办法》,提出造林绿化和养护管理的职责与技术要求等。1983年,林务林政下移至上海铁路分局工务科主管。1990 年,上海铁路局、铁路分局成立绿化委员会,下设办公室(以下简称"绿委办"),行使林务林政管理职能,接受铁道部绿委办和华东五省一市绿委办双重领导。1996年,上海铁路局获得华东五省一市绿化主管部门授予林政管理权益,根据国家和华东五省一市有关法律、法规、条例等,颁布《上海铁路局林业绿化管理规定》,提出铁路沿线逐步建成"适地适树,里灌外乔,生长茂盛,整齐美观的标准化林带"和"树花适宜,盆花结合,生长优良,一站一景的园林化车站"以及庭院化办公、生产、活动场所,规范种植、养护的技术与管理标准等。2005年,上海铁路分局撤销后,林务林政由上海铁路局绿委办主管。2006年,上海铁路局根据铁路运输发展和高速铁路运营情况,修订《上海铁路局林业绿化管理规定》,完善造林、育林和管护的技术与管理标准等。

四、河道

上海市水务局负责全市河道管理范围内防护绿地的建设、养护等,制定《上海市河道维修养护技术规程(试行)》《上海市河道维修养护定额(试行)》以及《上海市星级河道评定办法》。

20世纪80年代后,全市河道绿化建设主要为以行业管理为主和以直管工程为主的项目,市水务局实行长效、常态管理,加强监督、指导。

2001年3月,市水务局成立绿化工作领导小组,下设办公室。同年,国家水利部组织国家水利风景区评审,上海成功创建松江生态水利风景区、淀山湖风景区、碧海金沙水利风景区、浦东新区滴水湖水利风景区等4个国家级水利风景区。

2006年8月,市水务局完成太浦河、红旗塘、栏路港及黄浦江上游干流段等绿化信息核查。

【行业管理为主项目】

苏州河综合整治和沿河绿化及亲水平台绿地建设　1996—2002年一期工程,有关部门和沿河各区结合环境整治,拆迁货运码头19处,拆除废弃码头144处;结合旧区改造、码头搬迁、防汛墙改造等,建成滨河景观绿化带及涵养林13.2千米,其中亲水平台2千米,绿化面积8.8公顷,苏州河两岸环境面貌明显改观。2003—2005年二期工程,沿河两岸建成滨河景观绿化带17.3千米,大型公共绿地12块,绿化面积22.4公顷;改建苏州河上游垃圾临时堆场10处,造林15.07公顷;建成梦清园、苏州河展示中心等。

中心城区骨干河道、近郊六镇黑臭河道整治及沿河绿化建设　2000—2010年，共建成沿河绿化1 100公顷，其中中心城区260公顷，近郊六镇840公顷。

"万河整治行动"——郊区中小河流生态恢复及沿河绿化建设　2006—2010年，全市郊区中小河道共建成沿河绿化5 700公顷。

郊区城镇化地区黑臭河道治理及沿河绿化建设　2008—2010年，全市郊区城镇化地区黑臭河道整治，共建成沿河绿化170公顷。

【直管工程为主项目】

黄浦江市区段"208"和"110"工程　1986年，国务院批准上海市黄浦江及支流208千米防汛墙加高加固工程，1988年10月开工，至2005年汛前，全市按千年一遇设防标准建成黄浦江下游208千米防汛墙和新建市区110千米防汛墙。同时，陆续建成沿江5区（宝山、杨浦、徐汇、闵行、奉贤区）防汛墙6米保护范围内绿化面积共42.3公顷，闵行区紫竹园区二级挡墙绿化创建城市堤防绿化新模式。

太浦河（上海段）工程　1992年，市园林局实施太浦河（上海段）绿化。1997—1999年，市园林局再次实施太浦河绿化，建成堤防绿化面积66公顷，堤防绿化宽度22～27米。2000—2004年，利用沿河滩地、堤防保护地建成太浦河纪念碑、青年林等绿地面积63.7公顷。2008年，利用白鱼荡滩地建成一处面积7公顷的湿地公园。

治太"2＋1"工程　1997年，为实施太湖流域综合治理，国务院决定实施拦路港、红旗塘工程，将黄浦江上游干流段防洪工程列入太湖流域综合治理工程。1999年11月，治太"2＋1"（拦路港、红旗塘＋黄浦江上游干流段）工程开工。2004年5月建成堤防绿化工程，其中拦路港堤防绿化宽度13～15米，绿化面积72.4公顷；红旗塘14～16米，54.3公顷；黄浦江上游干流段15～17.5米，75公顷；以及大泖港4～6米，3.4公顷。2007年7月，治太"2＋1"工程竣工。

黄浦江沿江绿地调整改造工程　黄浦江沿线绿地调整改造工程为"迎世博"绿化景观改造600天专项行动组成部分，以黄浦江两岸沿线绿化建设为主，包括沿岸两侧500米区域绿地调整改造，涉及宝山、杨浦、徐汇、闵行区等。2009年3月开工，5月完工，绿化面积共2.8公顷。

苏州河墙前绿化工程　2009年，为迎接上海世博会，苏州河堤防进行绿化、美化,南岸利用防汛墙底板基础建成 50～80 厘米宽度的花槽,种植水生植物,绿化面积共 7 100 余平方米。

五、轨道站点复绿

为迎接上海世博会,全市开展加强市容环境建设和管理 600 天行动,轨道交通站点及站域周边进行绿地恢复建设,优化、提升站域周边环境品质和景观质量。

市绿化市容局组织实施轨交站点绿地恢复工作,审定站域周边绿地设计方案。申通地铁集团负责相关资料整理及场地恢复,按时间、节点要求,向绿化部门移交可绿化场地及施工期间协调工作。各区绿化管理部门负责落实设计方案,按要求完成绿化施工及建成绿地养护。

轨交站点绿地恢复建设以整体协调、功能优先、以绿为主为原则,即绿化与站点及沿线环境、绿化与站点出入口地面建筑及周边环境整体协调;优先考虑站点作为人流集散场所功能要求,便捷人们穿行、非机动车停放等;扩大站点绿地率,提高绿视率,提升城市环境品质和景观质量。

轨交站点绿地恢复主要工作为前期准备。重要站点设计方案由市绿化市容局会同市相关部门审定,次重要站点由市绿化市容局会同申通地铁集团审定,其他站点由各区绿化管理部门会同沿线轨道交通发展公司审定。区绿化部门完成方案设计、报批、施工手续办理等环节,轨交发展公司做好绿化与站点设施的衔接,绿化部门会同地铁部门综合考虑每个站点特点,明确绿地总体布局,制订实施方案、设计要求。合理配置开花、色叶乔灌木,花坛花境及园林小品。符合《绿地设计规范》《园林植物栽植技术规程》要求施工。区绿化管理部门负责建成绿地养护;苗木选用。因地制宜选用新优植物,大乔木胸径 8 厘米以上,小乔木 5 厘米以上,花灌木花期长,绿篱耐修剪,地被易管理,草坪绿色期长。苗木均价 150～350 元/平方米。

轨交站点绿地恢复涉及全市轨道交通 7 条线路 117 个站点(含 1 个高架区间),恢复绿地面积 64 公顷。沿线涉及浦东新区、黄浦、徐汇、卢湾、静安、杨浦、普陀、长宁、闸北、虹口、宝山、嘉定、闵行等 13 个区。其中 29 个站点位于《上海市迎世博优化绿化景观专项规划》的重点区域和重要线路,恢复绿地面积 8 公顷,占 12.5％;19 个站点位于次重点区域和次重点线路,恢复绿地面积 5 公顷,占 7.8％;69 个站点位于其他区域,恢复绿地面积 51.2 公顷,占 79.7％。

2009 年 2 月,轨交站点绿地恢复工作完成签约及图纸等相关资料移交;3—6 月,完成站点绿化方案设计、审核及移交绿化场地。至年底,轨交站点绿地恢复全部完成。

第二章　园林绿化管理

　　1978 年始,市园林局直接管理全市大、中型公园,市区主要干道行道树、街道绿地及市属园林企事业单位。1983 年,颁布《上海市古树名木保护管理规定》。20 世纪 80 年代中后期,行道树、街道绿地及多数公园先后下放各区管理。1987 年,颁布《上海市植树造林绿化管理条例》。

　　90 年代初期,市园林局工作重心逐步以宏观管理为主,实行事权下放,政企分开,组建上海园林集团公司。1994 年,颁布《上海市公园管理条例》。

　　"九五"期间,全市园林绿化工程设计、施工率先推行招投标制度,延安中路大型公共绿地、世纪大道绿化等设计方案进行国际招标,新虹桥中心花园、徐家汇公园等进行社会公开招标。全市园林绿化建设管理市场逐步形成政府管理市场,市场引导企业的政策传导机制,组建上海市建设工程交易中心园林绿化分中心等有形市场及中介组织,开创公开、公平、公正的园林绿化建设管理市场。

　　21 世纪初,为适应市场经济发展,上海园林绿化管理部门深化体制改革,逐步形成园林绿化行业管理体系。市绿化局对全市园林绿化系统实行行业管理,强化绿化规划、中长期计划、法制建设,开展"白玉兰杯"绿化竞赛活动,创建、评定"星级公园"等。2002 年,颁布《上海市古树名木和古树后续资源保护条例》。2003 年,市绿化局直属 4 个事业性公园完成管理层和作业层分离,20％以上绿化养护工作量实现市场招投标。2007 年,颁布《上海市绿化条例》。

第一节 公 园

20 世纪 50 年代,上海市工务局园场管理处制定的《公园业务标准》、上海市园林管理处制定的《上海市公园管理细则》,在"文化大革命"期间被否定,1978年后逐步恢复公园管理。

1981 年,上海市公园管理处成立后,制定及修订公园的规划、游园等规范。1983 年推行责、权、利相结合的经济承包责任制。1984 年,提出"园容第一,游客至上"公园业务指导思想,开展创建文明公园活动。1994 年 10 月 1 日始施行《上海市公园管理条例》。

一、体制改革

《上海市公园管理条例》明确规定,市政府园林管理部门为全市公园行政主管部门,区县政府园林管理部门为该辖区区县公园行政主管部门,业务受市公园行政主管部门指导。全市公园实行市、区二级管理。

2001 年 9 月,市政府同意《全面推进绿化行业"管理层与作业层分开"的实施方案》,全市园林绿化行业实行改革以建立统一开放、有序竞争的养护作业市场为重点,转变政府职能,精简管理层,实行企业化运作,提高城市园林绿化资金使用效率和管理水平。12 月,召开全市推进园林绿化行业改革工作会议启动改革,上海共青森林公园等 4 个市属公园成立公园管理处。

2002 年 3 月,市绿化局首次召开园林绿化行业养护招标信息发布会,推出上海共青森林公园等 9 个养护标段,绿地总面积为 29.73 公顷,行道树 1 371 株,向全市具有养护资质的企业公开招标。养护内容包括绿化养护、设施维护、安全保卫、环境保洁、厕所管理、水面清洁、行道树修剪等。

2003 年,全市 19 个区县(除崇明县、青浦县外)园林绿化部门及上海共青森林公园、上海植物园、上海动物园、上海古猗园等 4 个市属公园均实施"管理层与作业层分开"改革。全行业管理人员精简 20% 以上,4 座市属公园、闸北区实施"买断工龄,国有转民营",卢湾区、宝山区转制职工由区国资委归口管理。至2004 年 6 月,全市逐渐形成统一开放、有序竞争的绿化养护作业市场,公园管理体制实现事企分开、管理层与作业层分离。

市、区园林绿化管理部门体制改革后,市绿化局管理全市园林绿化工作,区县绿化局、绿化署、园林处、环保市容局等管理该区域园林绿化工作,公园、公共绿地、行道树等管理方式由行政指令转为合同管理。至 2010 年,上海公园管理体制主要有 5 种类型。

由园林绿化专业政府部门主管,委托管养分开后由转制企业负责日常养护管理的公园共有 108 座(含 6 座市属公园),占全市公园总数的 73.0%,养护经费纳入市、区财政。公园通过茶室、餐馆、小卖部等经营及出租收入,部分弥补养护经费不足。

由街道(镇)主管,委托相关单位及企业负责日常养护管理的 21 座公园,占全市公园总数的 14.2%,养护经费纳入街道(镇)政府财政。有虹口区凉城、霍山、爱思、丰镇、昆山公园,长宁区新泾、虹桥河滨、延虹、凯桥、华山公园,闵行区华漕、航华公园,宝山区淞南公园,金山区金山、张堰、亭林、古松、枫溪公园,青浦区珠溪园,嘉定区安亭公园,松江区泗泾公园。

由市市政委、市文管委、市建交委、上海市苏州河环境综合整治领导小组办公室等政府部门主管,委托相关单位及企业负责日常养护管理的 7 座公园,占全市公园总数的 4.7%,有黄浦区黄浦公园、豫园,普陀区梦清园,徐汇区龙华烈士陵园,宝山区宝山烈士陵园、嘉定区儿童公园,浦东新区名人苑。

由区属开发类公司、土控公司、城投公司等国有企业主管,公园管理公司负责日常养护管理的 12 座公园,占全市公园总数的 8.1%,养护经费主要为公园管理公司经营收入。有闸北区大宁灵石公园,长宁区新虹桥中心花园,浦东新区滨江大道、世纪公园、陆家嘴中心绿地和上海野生动物园,虹口区鲁迅公园,杨浦区黄兴公园,青浦区大观园,徐汇区漕河泾开发区公园,普陀区真光公园,闵行区闵联生态园。

由民营企业经营、管理的普陀区祥和公园,宝山区大华公园等。

二、园务管理

1997 年全市公园开展创建"优美、文明"环境达标活动,1998 年开展创建"双优"公园活动,1999 年举办以市场机制运作,尝试园林与旅游结合的'99 上海菊花展,2000 年开展"春季百日优质服务竞赛""秋季尊老社会一条龙服务"等活动。

2002 年,全市公园以创建、复查星级公园为抓手,结合改造,扩大花境、地被、观赏草、水生植物和色叶乔木等新优植物及新技术应用,改善园林景观,提升养护水平。

2003 年,为解决部分公园"三不"(不安全、不方便、不热情)问题,市绿化局推出便民利民措施:设立每周一次主任(经理)接待日,倾听游客意见;在开放式大型公共绿地中不得使用电喇叭、哨子,减少扰民噪声;保持公园、大型公共绿地内厕所的清洁卫生,厕所开放时间适当提前与延长等。

2004 年,市绿化局强化以游客为中心、人性化服务、公园姓"公"为园务管理重点,公园服务质量明显改善。4 月 1 日始,全市公园开放时间夏令(4 月 1 日—9 月 30 日)5:00—18:00(其中 7—9 月 5:00—19:00),冬令(10 月 1 日—3 月 31 日)6:00—18:00。一些不实行通用月票、早锻炼卡的公园根据实际情况自行制定开放时间。

2005 年始,为迎接上海世博会,市绿化局启动老公园改造工程,重点为 20 世纪 90 年代前建成的公园。同年,市绿化局认定第一批 32 座镇级公园,明确镇级公园的划定、管理部门,规划、建设、养护等内容;奉贤海湾、崇明东平、松江佘山等 3 座国家级森林公园纳入市绿化局(市林业局)管理范围。

【治安管理】

1983 年后,上海动物园、中山公园、上海大观园、共青森林公园等先后成立治安派出所,其他公园治安工作仍由治安组负责。公园免费开放后出现一些影响治安的现象,流动商贩、推销人员入园经商,外来人员滞留园内,赌博、偷盗、算命等违法行为屡有发生;青少年入园踢球、捕鱼(蝌蚪)等不文明游园行为有所增加,未成年人单独游园存在安全隐患;公园门口乱停车、乱设摊等。公园管理部门采取一系列保障治安的措施,将其作为共享空间纳入社会综合管理范畴,由市、区两级政府统一协调各级公园管理部门与城管、公安、社区等实行治安联防制度;推进"公园—社区—志愿者"三位一体管理模式,发挥媒体舆论宣传、监督作用,倡导文明游园;强化规范服务,引导游客遵守游园守则,保障游客安全等。

【经营管理】

在全市园林绿化行业实行管养分开改革中,由于政策配套、资金保障及市场培育等因素,造成一些区县将由政府投资建设管理的公园资产转为企业经营性资产,以及受"以园养园"影响,一些公园经营内容不符合公园公益性质、功能定位,偏离市民、游客消费需求,有高档餐饮、酒吧、商务楼、会所、学校、旅社、别墅、浴场、菜场、建材市场、美容整容医院等。出现这些现象的主要原因为养护经费投入不足,至 2010 年,全市绿化养护费用执行综合配套定额,一级、二级、三级绿地每平方米定额分别为 11 元、9 元、7 元,经 2010 年全市绿化养护费用调查,实际上平均每平方米仅为 5.4 元。

【门票管理】

1999 年 9 月 1 日始,全市 43 座公园门票、月票价格调整,门票原 0.50 元调至 1.00 元,1.00 元调至 2.00 元,1.50 元调至 3.00 元;月票原 5.00 元调至 10.00元,退休人员月票原 1.00 元调至 2.00 元。

2001 年,市物价局、市绿化局发文规定,园林门票、临时展览门票、淡旺季门票、联票、通用和定点月(季、年)票价格实行政府定价或政府指导价;园中园门票、游乐项目及其他服务项目的价格由园林单位自定;全市园林票价管理分为市级和授权区县级两部分;离休干部、现役军人、残疾人持证免费入园,70 岁以上老人享受优惠,成人免费携带 1.2 米以下儿童 1 名入园;团体票价优惠由园林单位自定。同年,对现役、伤残军人,军队离退休干部参观和游览景点实行免票优待。

2002 年,市物价局、市绿化局联合下发《关于本市票价分级管理园林名单》,明确市级管理票价的园林、授权区县管理票价的园林和免费开放的园林。

2004 年,全市向公众开放的收费观瞻场所,对持证的现役、伤残军人,军队离退休干部及革命烈士家属实行免票优待。

2005 年 5 月 1 日始,全市公园除上海动物园、上海野生动物园、上海大观园、佘山国家森林公园和豫园,对 70 岁以上老人凭证免费入园。

【保险转嫁损失风险管理模式】

2006 年,市绿化局采用国际通行的保险转嫁损失风险管理模式,在全市 144座公园推行公园绿地公众责任保险,保障公众游园时的合法权益。3 月,市绿化局委托上海至诚保险经纪有限公司(以下简称"至诚公司")负责全市公园绿地公众责任保险项目。至诚公司会同平安保险公司、太平洋保险公司、安信保险公司等组成共保体,以区县为单位统一投保。由至诚公司根据各公园绿地具体情况核算、收取保险费,出具保监会中介服务统一发票,各保险公司出具保险凭证及服务手册。市属公园、区县公园及企业管理公园的保险费用各自承担。

【"三级巡查"制度】

2004 年 7 月始,市绿化局在全市公园推行规范服务巡查制度(以下简称"三级巡查"),纳入市局对各区县"白玉兰杯"专业考核内容。"三级巡查"即公园园长日巡查制,每天巡查公园,纠正存在问题,建立工作台账;区局主管业务科室周查制,每周巡查所辖公园,检查园长台账,做好巡查记录;区局分管副局长半月查制,每半个月巡查所辖公园,检查台账、巡查记录。同时,市局主管部门设随机抽查制,每 1～2 个月检查台账、巡查记录,做好抽查记录。市局抽查与考核挂钩,根据台账、巡查记录,检查落实情况等综合评定,一年内进行若干次区县以及公园名次排定。为深化"三级巡查"制度,市绿化局两次修订内容,不定期抽查运行效果,探索条件成熟的镇级公园、国家级森林公园推行"三级巡查"的可行性等。

三、星级公园创建评比

2001 年,为提升全市公园园容园貌水平,促进公园管理科学化、现代化,为市民、游客提供一个优美、舒适、宁静的公园环境,市绿化局制定《上海市星级公园评定办法(试行)》。星级公园分为二星、三星、四星、五星等四个等级。星级公园评定依据"公开、公平、公正"原则,采取专家评审、社区参与和游客测评相结合方式,实行指导与评审分离。评定内容为规划、档案管理,绿化景观管理,园容卫生管理,设施、设备管理,经营服务管理,安全保卫管理以及结合文明公园创建等。评定申请、晋升,按照管辖范围、星级逐级进行。

2002 年始,全市公园每年开展星级公园评定工作。同年 7 月,首批评定星级公园 10 座,其中五星级公园 4 座:静安公园、世纪公园、豫园、大观园;四星级公园 2 座:古猗园、莘庄公园;三星级公园 4 座:三泉公园、秋霞圃、永清苑、襄阳公园。

2004 年,市绿化局制定《上海市星级公园评定办法》;2009 年修订将评定工作改为每两年一次。

2010年,全市共有星级公园94座(含1座镇级公园),其中五星级公园15座、四星级公园24座、三星级公园42座、二星级公园13座。

四、公园免费开放

1994年,市园林局启动公园免费开放,首次开放有黄浦、闵行、彭浦、衡山、昆山公园等23座。2002年,66座公园免费开放,占全市公园总数的50%。2004年3月始,上海植物园、共青森林公园、古猗园、曲水园、复兴、长风、鲁迅、桂林、人民、黄兴、滨海、闵行体育公园等24座收费公园试行每月10日免费开放。

2005年4月1日始,全市除豫园、上海古猗园、秋霞圃、醉白池公园、曲水园、上海大观园、桂林公园、上海方塔园、汇龙潭公园、澹园、上海动物园、上海植物园、上海野生动物园、上海共青森林公园、世纪公园、龙华烈士陵园等16座古典园林、仿古园林和专类园实行收费外,其余122座综合性公园、社区配套公园实行免费开放(大宁灵石公园、黄兴公园、梅园等待准备工作就绪后即免费开放)。同时,停止上海植物园、上海共青森林公园、上海古猗园、曲水园、复兴公园等试行每月10日免费开放,进一步规范收费公园对特殊对象(70岁以上老人、残疾人、现役军人、离退休干部和1.2米以下儿童及其他特殊群体)减免票优惠。

表2-1　　　　　　　　　2010年上海城市公园情况表

	名　　称	星级	面积 (公顷)	建成开放日期	地　　址
市属 公园 (6)	上海植物园	★★★★★	81.86	1978年4月1日	龙吴路1111号
	上海动物园	★★★★★	74.3	1954年5月25日	虹桥路2381号
	上海共青森林公园	★★★★★	129.67	1986年	军工路2000号
	上海古猗园	★★★★★	8.68	古典园林	沪宜公路218号
	上海滨江森林公园	★★★★★	300	2007年3月28日	高桥镇凌桥高沙滩3号
	上海辰山植物园	★★★★★	207.63	2010年4月26日	佘山镇辰花路3888号

	名　　称	星　级	面积（公顷）	建成开放日期	地　　址
区属公园(148)	人民公园	★★★★	9.82	1952 年 10 月	南京西路 231 号
黄浦区（7）	黄浦公园	—	2.06	1868 年	中山东一路外滩
	蓬莱公园	★★★	2.76	1953 年 10 月	南车站路 350 号
	豫园	★★★★★	1.9	古典园林	安仁街 218 号
	上海古城公园	★★★★	3.88	2002 年 5 月	人民路 333 号
	广场公园	★★★★★	16.63	2001 年 6 月 28 日	金陵西路 50 号、巨鹿路 135 号
	九子公园	★★	0.77	2006 年 1 月 22 日	成都北路 1018 号
卢湾区（5）	南园公园	★★★★	1.58	1957 年 10 月 15 日	龙华东路 800 号
	绍兴公园	★★	0.24	1951 年 5 月 28 日	绍兴路 62 号
	淮海公园	★★★	25.64	1958 年 7 月 1 日	淮海中路 177 号
	复兴公园	★★★★	7.69	1909 年 4 月 17 日	雁荡路 105 号
	丽园公园	★★★	1.7	2003 年 6 月	丽园路、蒙自路口
徐汇区（10）	龙华烈士陵园	★★★★	18.47	1995 年 7 月 1 日	龙华西路 180 号
	桂林公园	★★★★	3.55	1929 年	桂林路 128 号
	康健园	★★★	9.57	1937 年	桂林路 91 号
	漕溪公园	★★★★	3.13	1931 年	漕溪路 203 号
	东安公园	★★★	1.87	1984 年 5 月 1 日	中山南二路 811 号
	光启公园	★★	1.32	1978 年 5 月 1 日	南丹路 17 号
	襄阳公园	★★★	2.21	1942 年 1 月 30 日	淮海中路 1008 号
	衡山公园	—	1.19	1925 年	广元路 2 号
	漕河泾开发区公园	★★★	4.42	1998 年 12 月	田林路 358 号
	徐家汇公园	★★★★★	8.65	2001 年 9 月 22 日	衡山路 839 号
长宁区（12）	中山公园	★★★★	20.96	1914 年 7 月 1 日	长宁路 780 号
	虹桥公园	★★★	1.89	2005 年	遵义路 101 号
	天原公园	★★★	0.93	1986 年 1 月 1 日	水城路 735 号
	华山儿童公园	★★★	0.27	1952 年 5 月 1 日	华山路 1575 号

续 表

名　　称	星级	面积（公顷）	建成开放日期	地　　址
水霞公园	★★★	1.18	1992 年 1 月 1 日	仙霞路 505 号
天山公园	★★★★	6.8	1959 年	延安西路 1731 号
新虹桥中心花园	★★★★	13	2000 年 9 月	延安西路 2238 号
长宁区（12）新泾公园	★★★	2.23	2002 年 4 月 20 日	天山西路 455 号
凯桥绿地	★★★★	4.3	2001 年	凯旋路 760 号
华山绿地	★★★★	3.9	2001 年	华山路 1500 号
延虹绿地	★★★	3.2	2003 年 12 月	虹桥路、古北路口
虹桥河滨绿地	★★★	2.56	2004 年 1 月 1 日	长宁路 1898 号西侧
静安公园	★★★★★	3.36	1955 年	南京西路 1649 号
静安区（3）西康公园	★★	0.56	1951 年 5 月 28 日	西康路 255 号
静安雕塑公园	★★★★★	6.49	2008 年 2 月 9 日	北京西路 500 号
普陀公园	★★★	1.40	1954 年 1 月 1 日	光复西路 255 号
长风公园	★★★★★	36.36	1959 年 10 月 1 日	大渡河路 189 号
兰溪青年公园	★★	1.26	1984 年 5 月 1 日	兰溪路 152 号
曹杨公园	★★★	2.26	1954 年 5 月 1 日	枫桥路 50 号
管弄公园	★★	1.25	1991 年 5 月 1 日	管弄路 29 号
宜川公园	★★★	1.88	1986 年 5 月 1 日	宜川路 99 号
沪太公园	★★★	1.47	1988 年 5 月 1 日	新村路 37 号
普陀区（17）甘泉公园	★★★	3.16	1997 年 12 月	西乡路 100 号
真光公园	★★	1.52	1999 年 12 月 28 日	真光路 1865 号
梅川公园	★★	1.13	1999 年 12 月	武宁路 2361 号
海棠公园	★★★	1.49	1998 年 12 月	武宁路 2650 号
未来岛公园	★★★	2.7	2000 年 12 月	绥德路 378 号
长寿公园	★★★★	4.11	2001 年 1 月 18 日	长寿路 260 号
清涧公园	★★★	1.96	2004 年 7 月	金鼎路 658 号
梦清园	★★★	8.6	2004 年 7 月	宜昌路 66 号
祥和公园	★★★	3	2001 年 10 月	真光路 1121 号甲
武宁公园	★★	6.52	2010 年 4 月	中宁路 107 号乙

	名　称	星　级	面积（公顷）	建成开放日期	地　址
闸北区（7）	闸北公园	★★★★	13.35	1930 年	共和新路 1555 号
	交通公园	★★	1.58	1954 年	新马路 262 号
	岭南公园	★★★	3.83	1989 年 10 月	汾西路 580 号
	彭浦公园	★★★	2.88	1984 年 12 月 28 日	场中路 2150 号
	三泉公园	★★★	2.48	1997 年 12 月	保德路 1200 号
	大宁灵石公园	★★★	56.36	2002 年 5 月	广中西路 288 号
	不夜城绿地	★★★★	4.3	2002 年 12 月	华盛路 209 号
虹口区（9）	昆山公园	—	0.3	1892 年	昆山花园路 13 号
	和平公园	★★★	16.34	1959 年 4 月 22 日	天宝路 891 号
	曲阳公园	★★★★	6.74	1997 年 12 月	中山北一路 880 号
	凉城公园	—	1.37	1995 年 6 月 1 日	车站北路 566 号
	鲁迅公园	★★★★	28.63	1896 年	四川北路 2288 号
	爱思儿童公园	★★★	2.49	1955 年 6 月 1 日	海伦路 499 号
	霍山公园	★★★	0.37	1918 年	霍山路 118 号
	江湾公园	★★★	1.1	1996 年 9 月	新市北路 1505 号
	四川北路公园	★★★★	4.24	2002 年 9 月 28 日	四川北路 1428 号
杨浦区（13）	杨浦公园	★★★★	21.71	1958 年 1 月 24 日	双阳路 369 号
	惠民公园	★★	0.8	1959 年 11 月	惠民路 724 号
	平凉公园	★★	1.36	1958 年 1 月 20 日	平凉路 1738 号
	波阳公园	★★★	0.9	1931 年	波阳路 200 号
	复兴岛公园	—	4.19	1951 年	共青路 386 号
	内江公园	★★★	1.55	1984 年 10 月 1 日	控江路 261 号
	延春公园	★★★	1.29	1987 年 10 月 1 日	营口路 20 号
	松鹤公园	★★★	1.4	1986 年	抚顺路 240 号
	工农公园	★★	1.6	1992 年 12 月 28 日	包头路 929 号
	民星公园	★★★	3.28	1994 年 4 月 28 日	嫩江路 1111 号
	黄兴公园	—	62.4	2001 年 6 月 1 日	营口路 699 号

	名　称	星　级	面积（公顷）	建成开放日期	地　址
杨浦区（13）	四平科技公园	★★	7.03	2003 年 12 月 31 日	四平路 1777 号
	江浦公园	★★★	3.85	2005 年 3 月 28 日	长阳路 1111 号
宝山区（13）	永清苑	★★★	2.98	1996 年 11 月 18 日	双城路 490 号
	临江公园	★★★	10.77	1956 年 8 月	友谊路 1 号
	友谊公园	★★★★	4.73	1990 年	宝林路 555 号
	宝山烈士陵园	★★★	1.6	1956 年	宝杨路 599 号
	泗塘公园	★★★	4.5	1993 年	爱晖路 710 号
	罗溪公园	★★★★	7.4	1990 年 10 月 1 日	罗店镇市一路 130 号
	大华行知公园	—	5.80	2002 年 5 月 1 日	真华路 1105 号
	月浦公园	★★★	1.8	1985 年	龙镇路 6 号
	淞南公园	★★	6.71	1995 年	淞发路 528 号
	吴淞炮台湾湿地公园	★★★★★	120	2007 年 10 月	塘后路 206 号
	罗泾公园	★★★	7.7	2007 年	潘沪路 298 号
	共和公园	★★★★	4.23	2008 年 12 月	场北路 408 号
	顾村公园	★★★★★	180	2009 年 10 月 1 日	沪太路 4788 号
闵行区（10）	闵行公园	★★★	6.06	1988 年 10 月 1 日	沪闵路 249 号
	莘庄公园	★★★★★	3.88	1930 年	莘庄镇莘浜路 421 号
	吴泾公园	★★★	4.5	1998 年 12 月 28 日	剑川路 2 号
	红园	★★★	4.08	1960 年 7 月 1 日	江川路 354 号
	古藤园	★★★	0.49	1999 年 12 月	临沧路 148 号
	华漕公园	—	3	2002 年 5 月	东华美路 5 号
	闵行体育公园	★★★★★	84.2	2004 年 1 月 18 日	新镇路 456 号
	航华公园	★★★	4.46	2000 年 12 月 27 日	航新路 600 号
	闵联生态公园	★★	40	2004 年 7 月	东川 3366 号
	黎安公园	★★	9.47	2006 年 8 月	秀文路 118 号
嘉定区（4）	汇龙潭公园	★★★	4.84	1979 年 5 月 1 日	南大街 183 号
	秋霞圃	★★★★★	3.32	古典园林	东大街 314 号

	名　　称	星　级	面积（公顷）	建成开放日期	地　　址
嘉定区（4）	儿童公园	★★★	4.01	2004 年 5 月	梅园路 267 号
	安亭公园	★★★	6.96	1995 年 5 月	安亭镇墨玉路 267 号
浦东新区（21）	梅园公园	★★★	1.76	1987 年 9 月	乳山路 180 号
	滨江大道绿地	★★★	全长2 500 米	1993 年 12 月 23 日	滨江大道 2967 号
	陆家嘴中心绿地	★★★★	9.7	1997 年 7 月 1 日	陆家嘴东路 15 号
	上南公园	★★★	3.8	1996 年 5 月	德州路 198 号
	蔓趣公园	★★	3.28	1988 年 10 月 1 日	洪山路 201 号
	南浦广场公园	—	3.28	1997 年 10 月	浦东南路 2277 号
	塘桥公园	★★★	3.73	2001 年 12 月	东方路 1260 号
	长青公园	—	2.06	1985 年 10 月 1 日	长青路 11 号
	济阳公园	★★★	3.3	1995 年 1 月 1 日	耀华路 600 号
	临沂公园	★★★	2.21	1992 年 1 月 1 日	东方路 3683 号
	名人苑	★★	9.53	1997 年 11 月	张杨路 2988 号
	泾东公园	★★★	2.08	1988 年 10 月	罗山路 200 号
	泾南公园	★★★	2.24	2001 年 12 月	羽山路 850 号
	金桥公园	★★★	11	2000 年 12 月 28 日	台儿庄路 362 号
	川沙公园	★★★★	5.3	1985 年 12 月 1 日	川沙路 5111 号
	高桥公园	★★★	4.64	1990 年 6 月 1 日	高桥镇通园路 269 号
	世纪公园	★★★★★	140.3	2000 年 4 月 18 日	锦绣路 1001 号
	古钟园	★★	3.87	1982 年	惠南镇卫星西路 11 号
	上海野生动物园	★★★★★	153	1995 年 11 月 18 日	南六公路 178 号
	豆香园	★★★	3.6	2006 年 6 月 28 日	灵山路 412 号
	江镇市民广场公园	★★★	3.2	2003 年	晨阳路川南奉公路口
金山区（7）	滨海公园	★★★★	6	1986 年 6 月 1 日	石化街道新城路 16 号
	荟萃园	★★★	1.26	1993 年 10 月	石化街道大堤路 208 号

名　　称	星　级	面积（公顷）	建成开放日期	地　　址
金山公园	★★★	2.27	1983 年 7 月	朱泾镇公园路 96 号
亭林公园	—	1.16	1906 年	亭林镇华亭路 77 号
金山区（7）　古松园	—	0.05	1986 年 10 月 15 日	亭林镇复兴东路 106 号
枫溪公园	★★★	1.94	1985 年 12 月 20 日	枫泾镇新泾路 45 号
张堰公园	★★	3.73	1958 年	张堰镇花贤路 20 号
醉白池公园	★★★★	5.11	古典园林	人民南路 64 号
上海方塔园	★★★★★	11.5	1982 年 5 月 1 日	中山东路 235 号
松江区（4）　泗泾公园	—	5.53	1999 年 9 月 28 日	泗泾镇江川北路 188 号
思贤公园	★★★★	9.67	2001 年 7 月	思贤路、人民北路口
上海大观园	★★★★★	137.93	1988 年 10 月	青商路 701 号
青浦区（3）　曲水园	★★★★	1.82	古典园林	公园路 612 号
珠溪园	—	3.53	1957 年 5 月	朱家角镇祥凝浜路 332 号
奉贤区（1）　古华公园	★★★★★	10.7	1986 年 10 月	南桥镇解放中路 220 号
瀛洲公园	★★★	4.7	1984 年 6 月	城桥镇鳌山路 679 号
崇明县（2）　新城公园	★★★★★	15.8	2010 年 7 月	城桥镇江帆路 379 号
合计	154			

第二节　绿　　地

　　20 世纪 90 年代，上海公共绿地建设进入快速、持续发展阶段。浦东滨江大道、陆家嘴中心绿地相继建成，延安中路大型公共绿地、华山绿地、太平桥绿地、不夜城绿地等先后动工，市中心 500 米绿化服务半径盲区逐步消除，中心城区生态、景观效应日渐显现。随之而来的绿地养护愈显重要，逐渐摆上公共绿地管理的议事日程。

一、养护管理

1998年后，根据市政府提出"建管并举，重在有质"的要求，市绿化局开展"白玉兰杯"绿化竞赛，提升公共绿地养护质量及管理水平。全市加大绿地调整改造、养护管理力度，充实大树，丰富层次，增加绿量；适度抽稀，增添色彩，提升档次与品位。开展创建优美绿地；新植、补种行道树2.8万余株，新树种有红花刺槐、榉树、马褂木、栾树等；种植悬铃木、香樟、广玉兰、雪松、银杏、刺槐等大树1.7万余株；新毛虫防治工作达到初步控制目标。

2001年后，全市公共绿地养护管理工作围绕亚洲太平洋经济合作组织会议环境整治全面展开，浦东新区、黄浦、卢湾、徐汇、静安等中心城区在大树种植、绿地改造、破墙透绿、屋顶绿化等方面成效显著。新建绿地194.7公顷，补种行道树4 600余株，内环线内破墙透绿2.5万余米，屋顶绿化2.27万余平方米，垂直绿化9 500余平方米。

二、考核管理

2010年，市绿化指导站受市绿化市容局公共绿地管理处委托，根据市绿化市容局《2010年区县重点工作绩效考核方案》，对全市各区县街道绿地进行考核，共抽查221块街道绿地，其中中心城区组120块、郊区组101块，一级绿地72块、二级绿地72块、基本等级绿地77块。

考核内容为景观面貌、植物生长势、绿化养护质量、科技兴绿和长效机制推进；原则为突出重点、注重实效，城乡统筹、分类考评。由市绿化养护技术管理专家库随机抽取专家和市绿化指导站技术人员共同考核，以现场抽查、区县园林绿化管理部门自查以及资料考核为主。考核结果由专家考评分（70分）和日常考评分（30分）两部分构成。

总体情况良好为城区组普陀、卢湾、徐汇、虹口区，郊区组松江、奉贤、宝山区；景观面貌良好为普陀、虹口、静安、宝山区；植物生长势良好为普陀、虹口区；养护管理良好为普陀、虹口、卢湾、徐汇、静安区；科技兴绿和长效机制推进项目覆盖全，实效显著为闵行、徐汇、奉贤、松江区。

市级重点区域较好为人民广场、外滩、静安寺、新天地、徐家汇、铁路上海南站、中山公园、五角场、陆家嘴;市级重要道路较好为衡山路—宝庆路—常熟路—华山路—万航渡路、延安路、瑞金路、石门路、北京路、南京路、淮海路、肇嘉浜路—徐家汇路—陆家浜路、世纪大道、长宁路;街道绿地较好为黄浦区南浦大桥绿地,静安区永源浜绿地,卢湾区世博林绿地、肇嘉浜路绿地,徐汇区肇嘉浜中央绿带、石家浜绿地,普陀区明珠园绿地、大上海花园沿苏州河绿地,杨浦区中山北二路东侧绿地,虹口区中山北二路南侧绿地,浦东新区砂岩广场绿地,闵行区莘建路绿地,宝山区馨兰园绿地,松江区思贤路绿地,嘉定区石冈门绿地,奉贤区电影院东侧绿地,金山区卫零路龙胜路口绿地、东礁苑绿地,崇明县运粮河(二期)绿地等。

表 2-2　　　　　　　　　　　　2010 年上海市优美绿地情况表

黄浦区(19 块)

1	黄陂北路威海路绿地	黄陂北路(威海路)
2	人民广场绿地	人民广场
3	武胜路黄陂路绿地	武胜路—黄陂北路
4	苏州河绿地一期	苏州路北侧乍浦路
5	大桥 C 块绿地	南浦大桥下
6	大桥 A 块绿地	南浦大桥下
7	南外滩 2 号绿地	中山南路(白渡路)
8	南外滩 3 号绿地	中山南路(毛家园路)
9	大观园绿地	西藏中路—北京西路
10	金鹿苑	金陵路—巨鹿路
11	玉兰园	重庆南路—南昌路
12	民防大厦绿地	复兴中路—瑞金二路
13	世博林一期	鲁班路—中山南一路
14	顺昌路绿地	徐家汇路—顺昌路
15	四明里绿地	淮海中路—重庆中路
16	淮茂绿地	淮海中路—茂名路

续　表

17	明德里绿地	延安中路(明德里)
18	打浦桥环岛绿地	徐家汇路肇嘉浜路
19	南昌路茂名路绿地	南昌路—茂名路

徐汇区(10块)

1	乌中小游园	淮海中路—乌鲁木齐北路
2	华亭小游园	漕溪路—中山西路
3	北潮港绿地	兴国路—湖南路
4	石家浜绿地	钦州路(漕宝路)
5	上海南站广场绿地	上海南站
6	教堂绿地	漕溪北路—蒲西路
7	老鹰绿地	钦州路—田林东路
8	徐家汇广场绿地	徐家汇广场(肇嘉浜路)
9	北杨河小游园	龙川北路—罗香路
10	高安路绿地	衡山路—高安路

长宁区(4块)

1	欢迎景点	延安西路—虹桥路
2	芙蓉江路绿地	芙蓉江路(天山路)
3	松园景点	中山西路—虹桥路
4	江苏路绿地	延安西路—江苏路

静安区(13块)

1	北常绿地	北京西路—常德路
2	延富绿地	延安路—富民路
3	青海路绿地	南京西路—青海路
4	玫瑰园	南京西路(铜仁路)
5	康余绿地	康定路—余姚路
6	昌平路江宁路绿地	昌平路—江宁路
7	昌平路西康路绿地	昌平路—西康路

8	苏州河三期绿地	西苏州河（安远路）
9	万航渡路绿地	万航渡路—武宁南路
10	武宁南路八米绿地	武宁南路—武宁路
11	外事办绿地	南京西路—铜仁路
12	友谊会堂绿地	南京西路南侧（友谊会堂）
13	昌新绿地	昌化路—新闸路

普陀区（13 块）

1	希望园	延长路—子厂路
2	怒江花园	大渡河路—怒江北路
3	川河园	大渡河路—铜川路
4	清涧园	真光路—金鼎路
5	杨柳青路绿地	杨柳青路—枣阳路
6	九真园	曹安路—真光路
7	榆宁园	武宁路—兰溪路
8	万里八卦园	富平路南侧
9	李村路绿地	李村路—梅岭南路
10	明珠园	光新路—中山北路
11	岚灵园	灵石路—新村路
12	志丹园	志丹路（甘泉公园）
13	桃浦园	桃浦西路—古浪路

虹口区（4 块）

1	商务中心绿地	中山北二路—曲阳路
2	森林广场绿地	中山北路—曲阳路
3	海伦西路横浜桥绿地	海伦西路（四川北路）
4	ACE 商售中心绿地	中山北二路—曲阳路

杨浦区（1 块）

1	中山北二路政本路绿地	中山北二路—正本路

闵行区（14 块）

1	馨园	莘凌路—莘沥路
2	黄道婆绿地	沪闵路—莘松路
3	莘建路街心绿地	莘西路—莘建路
4	闵行区中心绿地	莘建东路—广贤路
5	淀浦河党校绿地	水清路—东淀浦河
6	东川路沪闵路绿地	东川路—北沪闵路
7	东川路南沪闵路绿地	东川路—南沪闵路
8	母亲林	沪闵路—广贤路
9	沪闵路区政府绿地	沪闵路北侧
10	新华园	瑞丽路—西宾川路
11	莘城中央绿地	名都路—珠城路
12	莘庄地铁南广场绿地	莘朱路—梅陇西路
13	莲浦后花园	沪闵路西侧淀浦河
14	莘庄地铁北广场绿地	沪闵路南侧莘建路

闸北区（3 块）

1	大统路绿地	大统路—天目路
2	虬江路宝山路绿地	虬江路—宝山路
3	江场路万荣路绿地	江场路—万荣路

宝山区（5 块）

1	四季春绿地	友谊路—友谊支路
2	白玉兰广场绿地	海江路—牡丹江路
3	牡丹江路水产路绿地	牡丹江路—水产路
4	半步园	牡丹江路东侧
5	双城路绿地	牡丹江路—双城路

嘉定区（5 块）

1	影剧院绿地	青河路—城中路
2	青河路广场绿地	青河路—北大街

3	葛家宅绿地	城中路—沪宜路
4	紫藤园	博乐路—环城河旁
5	古城墙绿地	青河路—西城河北

金山区（6块）

1	梅州街心花园	隆安路
2	随塘河绿地	新城路—大堤路
3	新山龙广场绿地	卫零路—山龙街
4	东园礁绿地	东礁街
5	卫零路广场绿地	沪杭路—卫零路
6	金一东路开放绿地	金一东路（沪杭路）

松江区（5块）

1	祥和园	古阳路—思贤路
2	老自来水厂绿地	波塘桥—中山路
3	水绘园	荣乐路—古阳北路
4	其昌公园	其昌路—古阳路
5	菜花泾绿地	中山二路—古阳路

青浦区（2块）

1	宝安路绿地	城中东路—青松路
2	斧韵绿地	公园路—欧洲街

浦东新区（6块）

1	东方路30米绿地	东方路—潍坊路
2	杨高路云山路绿地	杨高中路—云山路
3	杨高路金海路绿地	杨高路—金海路
4	国际会议中心绿地	国际会议中心
5	行政中心跨线桥绿地	浦东新区区政府
6	世纪大道紫荆园	世纪大道—乳山路

奉贤区(2 块)

1	文化广场绿地	南桥路—解放中路
2	南亭公路沪杭公路绿地	南亭公路—南桥路

崇明县(1 块)

1	南门广场绿地	南门路—南门支路

三、"世博"绿化保障

【前期保障】

2008 年 9 月,全市启动绿化景观优化、公园品质提升两项"世博"保障工作。针对重点区域、主要道路两侧绿化存在绿量不足,景观不连续;一些位于人流量集中的绿地面貌较差;部分绿地植物配置不合理,季相变化不明显等现象,编制《绿化景观优化规范》《公园品质提升规范》,对绿地整治、绿地改造、花卉布置、立体绿化、行道树、公园等提出具体标准,计划工作量细化到具体地块,明确每块绿地调整、改造面积,更换树种的数量、规格等;花卉布置明确做到"五定",即定地点、定规模、定数量、定品种与花色、定生产企业,各项工作力求做细做实。至世博会开幕前,全市共累计完成绿地整治 2 829 公顷,绿地调整、改造 823 公顷,立体绿化 42 万平方米,行道树设施更新 7.37 万余套,以及完成 117 个地铁站点绿化恢复工作,使全市园林绿化面貌明显提高,一些绿地中常见的地被空秃、缺株死树、卫生保洁等现象逐渐改善;绿化景观质量明显提升,营造一批绿化特色道路,其中有延安路、肇嘉浜路、中山南一(南二)路、浦东南路、周家嘴路等,重点区域、主要道路基本形成季相丰富、结构合理、生物多样、特色鲜明的城市绿化新景观。

优化绿化景观　强化绿地养护管理,消除绿地失管失养现象。优化、提升绿地 500 公顷,新增立体绿化 20 万平方米,新增、提升花坛、花境 20 万平方米。调整高架悬挂绿化,增补城市快速干道、高速公路绿化,形成连续绿化景观。布置"世博"主题绿化景点、组合容器花卉等。

提升公园品质　改造 33 座老公园,完善设施,提高服务水平。世博会期间,在 20 座综合公园开展园艺、文化、生态等主题游园活动。实施世博园区周边道路绿化景观工程,在全市重点区域结合周边环境设置立体花坛、景观小品等主题绿化景点,布置组合容器花卉、悬吊花球等,营造欢乐、喜庆氛围。结合世博会氛围布置公园主题景点,开展迎世博主题游园活动,打造公园亮点。

【园区内保障】

世博园区实施属地化管理有 6 个片区,分两大部分。第一部分为永久绿化和园林景观部分,主要有世博公园、后滩公园、白莲泾公园、宝钢大舞台、庆典广场、音乐喷泉和 3 座水门轮渡码头等一大批永久性绿化设施和建筑;第二部分为园区行道树、立体绿化和临时景观绿化部分,主要有长达 24 千米、涵盖 18 条马路的 4 700 余株行道树项目、宝钢大舞台墙面绿化、A3 公建花墙立体绿化项目、园区内 4.5 千米围墙绿化、10 个主题绿化景点,以及 2 万平方米绿化改造、主要道路两侧摆放 2 000 个花箱、800 个灯杆挂花,700 平方米单体花墙、花柱和高架步道 34 个景点临时景观绿化,总量达 100 余公顷。

世博会筹备、运行期间历经春、夏、秋三季长达 200 多天,园林(集团)公司按照上海市"绿化养护一级标准",编制《世博公园绿地养护标准》《世博景观绿地养护标准》《有害生物入侵应急预案》等规范、规程及营运手册;绿化养护团队对每天数十万大客流影响植被生长、建设周期短暂带来景观建设难度、大量新移植乔灌木面临有害生物侵袭等问题,根据不同植物生长特性制定个性化养护对策,推行精细化养护作业,利用生物防控、以虫治虫,做到公园、绿地保持优良面貌。

绿化管理团队参照城市管理网格化管理手段,园区内划分为 20 个网格。其中以世博公园、后滩公园、白莲泾公园为界划分为 3 个大网格,由网格保障员负责。3 个大网格细分为 16 个单元小网格,由网格巡查员负责。行道树组分 4 个小组巡查道路树木情况。管理干部及 160 名一线养护工作者实施 24 小时三班两运作,精心养护园区内百余公顷绿化。其中世博公园 184 天更换 3 次草花,一个晚上种植 5 万余盆,使园区内每天鲜花盛开。

绿化养护团队每天出动 2 辆浇水车、10 名工人昼夜浇水,及时清理、修复行道树树穴,加固、更换维护杉木桩,每天巡视、检查树木生长情况,保障行道树良好面貌。各区园林绿化部门及专业骨干企业组成若干支突击队伍,保障园区 10 余公顷临时景观绿化。

2010 年 9 月,为迎接国庆节和中国馆日,改造世博中心前草坪,种植 9 块草花色块(矮牵牛、孔雀草、蓝花鼠尾草、香彩雀、孔雀草、悬崖菊等);文化中心前草坪进行菊花造景;在中国馆周围主要道路,上南路、周家渡路花箱种植400余株牡丹;在世博中心会议厅、宴会厅放置牡丹,展示民族特色、喜庆气氛。

由于精心养护、真诚服务,世博公园A6服务点获得上海世博局首批"服务示范岗""青年文明岗"荣誉称号,绿地公园片区被世博局评为"先进片区",园林(集团)公司副总经理、世博绿地公园片区部副部长朱卫锋荣膺世博系统2010年全国绿化劳动模范。

【园区外保障】

绿化景观　世博会开幕后,绿化管理部门加大巡查力度,成立5个巡查小组,每周2~3次对重点区域花卉景观、街头绿地、行道树及公园游园情况进行巡查,发现问题反馈绿化市容应急指挥平台及时整改。国庆期间针对重点区域、重要道路绿化景观,安排4批次巡查,确保绿化动态面貌良好。针对夏季高温、台风较多状况,各区重视绿化浇水养护,确保苗木长势良好;加强巡查路口、风口新种乔木及易倒伏树木,采取疏枝抽稀、竖桩绑扎等防台加固措施,对"圆规""狮子山"等台风信息,及时做好应急抢险工作。各区结合区域自身特点,建立条块清晰、责任明确的绿地保洁机制,落实绿地保洁队伍,每块绿地至少做到每天早晚保洁两次。对于重点区域道路沿线绿地,加大保洁力度和频率,确保绿地基本不发生严重的垃圾事件。积极预防绿化树木病虫害,加强"世博"周边区域重点道路、重点区域监测防控。在"世博"运营期间,根据监测数据投放相应数量天敌(周氏啮小蜂、花绒寄甲),控制园区害虫危害,在重点时段对重点区域、重要线路有害生物实施周巡视制;全市常发性重点有害生物发生量较往年均有所降低,全年未出现有害生物成灾情况发生,保障"世博"期间全市绿化景观生态安全。

花卉景观　世博会运行期间,全市花卉景观围绕人民广场、世博园区周边、外滩、陆家嘴、世纪广场、徐家汇、静安寺、五角场、机场、火车站等10个重点区域,西藏南路、陆家浜路、瑞金南路、河南南路、中山南路、中山南一路、中山南二路、济阳路、上南路、浦东南路、耀华路等11条出入世博园区主要道路和6条重要景观线路(延安路—世纪大道、南京路、淮海路、中山东一〈二〉路、徐家汇路—肇嘉浜路—虹桥路、衡山路—宝庆路—华山路—万航渡路—武宁路)加大花卉布置力度,及时做好花卉更换。5—9月,全市花卉量保持1 850万盆,呈现点上花卉成景、线上花彩缤纷、面上花团锦簇的整体效果。花卉布置精彩纷呈，西藏南路、浦东南路、瑞金南路等主要道路花卉布置主题鲜明，天桥花卉布置、隔离带花箱布置等形式新颖。花卉景观整体布置在方案设计、花材选择、花色搭配、夜间效果、施工管理等方面体现较高的园艺水平。围绕开幕开园、中秋国庆、闭幕闭园等重要节点，突出"世博"元素，国庆、民族元素，先后组织 3 次大规模绿化景观布置及更换花卉工作，累计花卉用量 7 000 万余盆。国庆节期间，全市花卉量达 2 000 万余盆，在人民广场、淮海路、浦东南路及部分地铁站点区域布置 2 500 余盆三角花；浦东新区在长清路世博园区 7 号门前增加"海洋世界"，徐汇区在滨江绿地增加"枫叶""立体海鸟"，杨浦区在翔殷路、控江路、大连路增加"香茶溢香"主题绿化景点；延安路沿线增加大世界、电力医院、嘉顿广场等建筑立体花卉布置，成为节日亮点。

公园文化 全市改造 35 座老公园（杨浦公园、松鹤公园、平凉公园、管弄公园、月浦公园、彭浦公园、瀛洲公园、合庆公园、康健园、上海大观园、济阳公园、上南公园、工农公园、复兴岛公园、波阳公园、民星公园、淮海公园、曹杨公园、上海方塔园、天山公园、滨海公园、交通公园、内江公园、秋霞圃、上海滨江森林公园、罗溪公园、上海古猗园、上海植物园、上海动物园、上海共青森林公园、梅园、长风公园、兰溪公园、南园、长青公园），改善基础设施，提升公园文化内涵。

全市 20 余座公园（桂林公园、静安雕塑公园、人民公园、复兴公园、中山公园、大宁灵石公园、鲁迅公园、杨浦公园、长风公园、世纪公园、闵行体育公园、马陆葡萄主题公园、上海大观园、柑橘园、醉白池公园、上海植物园、上海动物园、上海古猗园、上海共青森林公园、上海野生动物园）举办丰富多彩的公园主题活动。

2010 年 4 月 2 日—5 月 10 日，上海植物园举行以"世博'卉'，汇世界花卉"为主题的 2010 上海花展，展出 100 多个世博会参展国国树国花、代表性植物及郁金香、樱花、牡丹、兰花等花卉品种，专设"世博参展国巡礼"展区，以"东方之冠""有'凤'来仪"两个景点表达对 2010 年上海世博会的期盼和喜悦之情。上海动物园、上海野生动物园"世博大熊猫"展，上海滨江森林公园杜鹃花展、人民公园荷花展、上海共青森林公园百花展、杨浦公园图片展等主题活动，展示公园自身特色及中国传统文化，丰富市民、游客精神文化生活，营造"世博"期间欢乐祥和氛围，游园秩序安全有序。

5月1日至10月10日，全市公园游客量6 570万余人次，其中收费公园704万余人次。"世博"期间，开展全市公园安全大检查，重点检查饲养狮、虎、豹、熊、狼等猛兽的公园和涉及大型游乐设施的公园，强化安全管理，确保公众游园安全。

【绿化景观督查】

为保持世博会期间重点区域、重要道路绿化景观面貌的长效性，以优美的绿化景观迎接来宾，市绿化市容局组织技术人员成立督查工作组，定期、定点、定人对世博会期间重点区域、重要道路绿地进行督查，定期通报督查结果，保持良好的绿化景观面貌。

组织 世博会期间重点区域、重要道路绿化景观督查由市绿化市容局公共绿地管理处牵头，市绿化指导站负责实施，成立督查小组负责日常协调、督查管理、信息报送、车辆调度等。

时间 2009—2010年5月、2010年5—10月。其中2010年4月、5月；9月、10月重点区域及重要道路每周督查2次，其余时段每周1次，郊区进行不定期督查；2009—2010年4月20日前，以迎世博重点区域、重要线路花卉景点布置为主要内容，主要督查景点布置进度及施工质量；2010年5月1日—10月31日，以绿地、行道树、花卉景点面貌维护情况为主要内容，每周督查1～2次。

范围 主要涉及12个中心城区，适当兼顾郊区。中心城区主要范围为世博园区周边1 000米区域、10个花卉景点重点区域、11条出入世博园区花道、6条重要线路以及高架桥荫绿化。郊区主要范围为区县政府所在地以及高速公路出入口处等绿地。主要督查纳入范围的绿地、行道树、花卉景点的养护管理情况等。

方法 实行现场实地巡查，全面覆盖督查范围内绿地、行道树、花卉景点，以照片、文字形式做好督查记录。根据现场督查及整改落实情况，对区县进行评分，总分为4.00分，分为总体情况、存在问题和整改落实三方面，所占分数依次为2.00、1.50和0.50。督查分城区组、郊区组进行，城区组为黄浦、静安、卢湾、徐汇、普陀、长宁、杨浦、虹口、闸北区，浦东新区（含原南汇区）等10个区；郊区组为闵行、金山、松江、嘉定、宝山、青浦、奉贤区，崇明县等8个区县。

对象与标准 绿地要求"八无三规范"，即无垃圾、无大型杂草、无黄土裸露、无设施破损、无积水、无死树枯枝、无明显病虫危害、无明显漂浮物（水体）和绿化种植规范、植物修剪规范、养护作业规范；行道树要求"一无二好三规范"，即无明显病虫危害和树木长势良好、树冠美观完好及树穴覆盖规范、树木修剪规范、竖桩绑扎规范；花卉景点要求，无缺株倒伏、基本无枯枝残花、开花期一致、观赏期长，围护设施完好无损、构架安全、排水通畅，基本无垃圾、无有害生物危害状。

结果 19个区县园林绿化管理部门以及养护单位为保持全市绿化景观面貌持续优美的总体情况良好，即绿化景观面貌持续优美、面上整洁、植物长势较茂盛、养护管理到位、安全防范措施有效。其中，黄浦区、浦东新区在树木新型加固装置运用上做了较有成效的尝试；黄浦、静安、卢湾、徐汇、普陀、闵行区等绿地、行道树、花卉景点的景观面貌较为优美、植物长势较为茂盛、养护管理较为精细；浦东城区在花卉景点布置上具有形式丰富、用花量大、面貌良好等特点；浦东新区、嘉定、闸北区等需加强对绿地、行道树、花卉景点的养护管理；黄浦、静安、卢湾、普陀、闵行、金山、松江、宝山区等整改落实情况较好；徐汇、杨浦、虹口、青浦、奉贤区、浦东郊区和崇明县的整改落实情况尚可；长宁、闸北、嘉定区、浦东城区等需抓紧落实整改。

反馈与发布 督查结果按格式记录督查范围内案例及问题，含文字材料、照片；督查中发现紧急情况即告有关区县园林绿化管理部门，每周针对突出问题发送整改通知单，针对一般问题发送反馈意见。区县根据区域类型、事件紧急程度有步骤、有计划及时处置、整改，处置情况须回复市绿化指导站；每周定期向市绿化市容局主管部门通报督查情况信息，每月定期将督查及整改情况汇编成"督查简报"发布，发布平台为市绿化市容局内网 BizShare 系统。

至2010年10月，督查工作组督查130余次，覆盖18个区县，发现问题点800余个；督查情况通过平台及时传送有关区县，定期编写工作简报11期及19份快报，召开6次例会，举办4次工作推进会。

表 2 - 3 世博会期间绿化景观督查巡查范围情况表

巡 查 范 围		
重 点 区 域	重 点 道 路	其他区县
外滩区域 人民广场区域 世博园区周边区域（浦西）	中山东一（二）路、西藏南路（延安路—陆家浜路）、河南南路、南京东路、延安路（黄浦江—华山路）、内环线（南浦大桥—沪闵路）、陆家浜路、瑞金南路、河南南路及区域内道路	青浦、嘉定

续 表

重 点 区 域	重 点 道 路	其他区县
上海南站区域 徐家汇区域 静安寺区域	沪闵高架(内环—外环)、衡山路、肇嘉浜路、虹桥路(华山路—内环)、内环(沪闵路—延安路)、南京西路、淮海路、宝庆路、常熟路、华山路、武宁路	崇明、宝山
五角场区域 火车站区域 虹桥机场、浦东机场 (两机场每周安排一个)	南北高架(陆家浜路—闸北内环)、内环线(南北高架—杨浦大桥)、延安西路(华山路—外环)、虹桥路(内环—外环)、内环线(延安路—闸北南北高架)	松江、奉贤
世博园区周边区域(浦东) 陆家嘴区域 世纪广场区域	龙阳路(黄浦江—杨高南路)、杨高南路(龙阳路—川杨河)、济阳路(川杨河—耀华路)、耀华路、世纪大道	金山

表 2－4　　　　　　　世博会期间绿化景观督查重点区域情况表

重点区域	区 域 界 线
人民广场	南京西路—西藏中路—金陵中路—黄陂南(北)路
世博园区周边	耀华路—西营路—成山路—东明路—东方路—浦建路—董家渡路—中华路—大林路—西藏南路—徐家汇路—瑞金南路—黄浦江
外 滩	东大名路、东长治路、中山东一路、中山东二路
陆家嘴	黄浦江—浦东南路—东昌路
世纪广场	杨高中路—张家浜—锦绣路—民生路
徐家汇	上海体育馆周边区域、徐家汇广场
静安寺	延安中路—常熟路—愚园路—常德路
五角场	国定路—国定东路—国和路—政立路—淞沪路—政通路
机 场	虹桥机场区域;浦东机场区域
火车站	桂林南路—石龙路—柳州南路—沪闵路;天目西路—大统路—中兴路—恒丰路

四、绿地建设资金补贴

2007 年 3 月,为规范公共绿地新建、改建、扩建资金的补贴,加强资金监管,提高资金使用效益,市绿化局依据市建交委《上海市城建资金使用管理暂行规定》以及市绿化局《上海市绿化林业专项资金管理办法》,制定《上海市公共绿地建设资金补贴暂行规定》。

资金来源主要为上海城市建设投资开发总公司筹措的资金性质为拨款的城建资金，以及历年绿化发展补贴积存在各区县专户内的资金。

资金适用范围主要为开放性集中公共绿地的新建和扩建、纳入统计范围及管理的市属和区县属城市公园改造项目与市建交委和市绿化局批准补贴的其他绿化建设项目。

资金补贴标准主要为新建、扩建公共绿地补贴工程总价的 10%～30%；区县属公园改造补贴 30%～50%；市属公园改造补贴 100%。

资金管理按照国家基本建设程序以及《上海市绿化林业建设项目管理办法》对公共绿地新建、改建、扩建项目的要求执行。由市绿化局计划建设处负责项目的立项审批和报批，编报和下达年度投资计划，审核补贴项目和补贴标准；公共绿地管理处负责公园改造的牵头、协调、推进工作，编制公园改造计划，提出补贴内容和补贴标准；市绿化局总工室负责新建公园、开放性集中公共绿地、公园改造方案的审核。

资金操作程序主要为项目申报、项目确定和补贴标准确定。项目申报由各区县绿化管理部门和局直属单位将开放性集中公共绿地的新建、扩建项目上报局计建处，公园改造项目上报局绿管处，经局分管领导审定后，列入当年建设计划及纳入考核。补贴标准根据项目可行性报告中资金补贴申请，局计建处提出资金补贴意见，局绿管处提出资金补贴计划，报局分管领导审定批复。

资金监管按照《上海市绿化林业专项资金管理办法》对公共绿地新建、改建、扩建项目的资金管理要求实行监管。区县绿化管理部门负责对各自区域建设资金实行监管，确保专款专用。市绿化局会同相关部门对区县建设项目资金使用情况组织审计。

五、大绿地建设资金清理

2009 年，市审计局对全市绿地建设专项资金进行专项审计调查，根据审计意见和市政府关于尽快清理大绿地专项资金要求，市建交委、市绿化市容局、市财政局共同梳理核查历年大绿地建设项目的建设进度和市补贴资金拨付情况。

项目梳理 30 个，其中市财政局拨款未销项项目 22 个，已销项但专项审计调查提出要核实面积的项目 2 个,市城建基金办历年拨款未销项项目 6 个;3 个项目市承担工程建设费,26 个项目按绿地面积对区补贴,1 个项目定额补贴(即生态专项,涉及 3 个区和前期费)。30 个项目共安排市补贴资金 45.94 亿元。

至 2010 年 10 月,列入计划 44.93 亿元;累计拨付 38.39 亿元,其中市财政拨款 28.60 亿元,市城建基金办拨款 9.79 亿元;尚余计划资金 6.54 亿元,其中市财政 6.12 亿元,市城建基金办 0.42 亿元。

经测算,需拨付资金 22 634.63 万元,退回资金 62 409.37 万元。资金退回主要有四方面因素:规划红线内实测绿地面积减少;市政项目建设占用,导致部分绿地调整或无法实施;动迁原因导致绿地(或部分区域)无法实施,或面积减少;建设进度在 2010 年年底无法建成,未完成面积不享受补贴。

清算后,比原计划补贴资金结余 10.51 亿元。其中因绿地面积减少结余 2.23 亿元,因市政项目占用结余 0.73 亿元,因动迁原因结余 5.54 亿元,因建设进度无法完成结余 1.1 亿元,其他原因结余 0.91 亿元。

按区清算结账采取区内项目统一清算方式,应拨尾款和应退回款抵扣后,4 个区净拨款 13 774.75 万元(静安区 3 559.3 万元,虹口区 146.3 万元,杨浦区 5 357.45 万元,宝山区 4 711.7 万元),由市财政和城建基金办拨付到位;5 个区净收回 52 593.4 万元(黄浦区 14 313.49 万元,卢湾区 362.9 万元,长宁区 112.9 万元,普陀区 557.01 万元,闸北区 37 247.1 万元),由市财政局通过市区财政清算方式收回。

为发挥世博后续效应,进一步提升城市生态环境质量和景观面貌,结余的绿化专项资金继续专项用于"十二五"期间绿化发展。

外环生态专项剩余前期费用根据市补贴资金总体安排,绿化专项资金中有 4 200 万元用于全市层面的工作,仅批准 328 万元用于全市性规划编制、面积复测等工作,拨付到位 143 万元。结合生态专项工程配套工作需要,市绿化市容局实施环城绿带道路贯通、标识系统建设等整体性功能提升项目和苗木抽稀调整课题研究,测算总投资 4 000 万元,其中市承担 3 700 万元,区承担 300 万元,市承担资金在剩余前期费用中列支。

卢湾区延中 L5、L6 公共绿地(一期)面积为 9 083 平方米,下达 1.09 亿元补贴资金。由于延中 L5、L6(一期)范围内儿童艺术剧场地块无法实施动迁,导致绿地面积减少 3 170 平方米,减少面积在卢湾区滨江绿地内补足,增加对滨江绿地补贴额(原补贴 0.71 亿元,增加补贴 0.38 亿元),资金不再收回。儿童艺术剧场地块纳入延中 L5、L6 公共绿地(二期)一并实施。

1999 年延中绿地(一期)建设时,静安区有 7 358 平方米批租地块规划调整为永久性绿地统一实施,批租地块在区内置换。市补贴资金按当时标准为 4 415 万元,实际支付 1 000 万元绿化建设费。2005 年,批租地块置换至瑞金剧场地块,参照新的补贴政策,即每平方米 10 500 元,共补贴资金 10 088 万元(按原批租地块面积 7 358 平方米与置换地块退界范围内绿化面积 2 250 平方米之和计算)。2008 年清理专项资金时,瑞金剧场地块尚未实质性启动,予以核减。清算按原批租地块的补贴额,补足差额 3 415 万元予以清算,资金在市财政绿地资金计划余额内调剂安排。

第三节　行　道　树

20 世纪 90 年代,上海城市道路行道树建设快速发展,通过种植形式多样化、日常养护精细化、专项操作标准化,加强新优树种推广应用,扶正、补植、施肥、修剪、剥芽及防台防汛等养护措施,技术体系逐步完善,机械化水平不断提升,逐渐形成以悬铃木为主、香樟为辅、多树种相衬,夏季遮荫、冬季透光、春秋有景、三季有花的绿色景观廊道。

一、作业管理

1979 年 3 月,市园林局行道树养护队升格为上海市行道树养护队,主要管理徐汇区、黄浦区、静安区和卢湾区的行道树。1986 年 5 月,为适应行政职能转变,实施事权下放,市行道树养护队更名上海市绿化管理指导站,区县园林绿化管理部门负责区域内道路行道树建设和管理。

【数量树种】

1978 年,全市有行道树 12.85 万株,1980 年 12.95 万株,1985 年 15.00 万株,1990 年 22.60 万株,1995 年 33.02 万株,2005 年 83.3 万株,2010 年逾 81 万余

株,具备种植条件的城市道路基本栽植行道树。

20 世纪 70 年代后,上海行道树逐步形成以悬铃木为主、香樟为辅和多树种相衬的特色。1990 年,全市行道树悬铃木占 60.8%,香樟占 15.4%,其他树种占 23.8%,主要树种有 29 种。2000 年,开展行道树新树种推广应用,引进外来优良树种与应用上海乡土树种相结合,做到适地适树,主要树种增至 40 种。2010 年,全市行道树悬铃木占 30%、香樟占 40%,悬铃木一树独大的局面发生变化,香樟等常绿树种大量增加,其他树种有所扩大,主要有栾树、榉树、银杏、乌桕、珊瑚朴、合欢等 60 余种。

【种植养护】

20 世纪 90 年代,随着上海城市环境质量不断提升,城区架空线入地工程逐步实施,区县园林绿化管理部门推广应用行道树树桩周围透水铺装材料、改良种植土壤及加强施肥等,全市行道树种植条件不断改善,有利于修剪、剥芽、疏枝等养护作业。

21 世纪初,为实现行道树种植形式多样化,改变单排、单树种、穴植为主的一贯做法,在郊区新建道路多采用双排及多排、多树种、隔离带等种植形式,树种搭配重视季节色相变化,有奉贤区年丰路、宝山区美兰湖路等。

2006 年始,全市推广应用生态型树穴,引导厂家开发行道树树桩复合型多功能盖板,宝山区、卢湾区建立生态型树穴示范道路。2007 年,以行道树剥芽、冬修等主要养护项目为重点,加强专项巡查及现场指导;针对全市行道树修剪过强状况,市绿化局公共绿地处召开行道树修剪工作会议,进行现场交流;完成《行道树养护技术规程(试行稿)》编制工作。2009 年在"迎世博绿化景观优化 600 天行动"中,全市主要道路 4 万余株行道树进行施肥、改良土壤及树桩周围铺设透水材料。2010 年,为保障世博会期间全市道路行道树良好面貌,实施树桩周围铺设透水材料等附属设施 5.7 万余套。

【培训】

2007 年,为使行道树养护工作规范化,市园林绿化管理部门编制《行道树养护技术规程》,在业内试行;制作《行道树冬季修剪演示》光盘,每年培训上树工 600 余名。

2008 年,针对行道树上树工匮乏状况,举办上树工上岗培训等各类培训班

10 余期，培训人员 1.17 万人次。

2009 年，为提升城市绿化景观，保障世博会期间市容市貌，先后举办绿化新优植物技术、园艺技术、绿化废弃物处理技术、绿化上岗工培训等 3 000 余人次。

【示范交流】

1999—2002 年，为提升城市道路绿化景观质量，市绿化局开展"行道树新树种栽培示范研究"，对全市 112 条道路进行 8 种 2.3 万余株行道树种植示范。闵行区富都路的黄连木，徐汇区东泉路、闵行区南辅路、浦东新区科苑路的栾树，普陀区延川路的珊瑚朴，成为上海城市道路中靓丽的风景线，为全市行道树建设提供经验与示范。

2008 年 5 月，由上海市绿化局和法国多姆省工商会专业林业教育培训中心联合举办"中法城市树木养护修剪演示与交流"活动，为国际园艺技术交流搭建一个互动平台。同年，针对中心城区行道树悬铃木修剪与道路交通的矛盾，开展行道树夜间修剪调研，完成《行道树夜间修剪的可行性报告》。

二、质量管理

【修剪】

20 世纪 80 年代，上海形成悬铃木"杯状"型修剪法后，随着全市行道树建设快速发展，行道树修剪逐步形成"维护性修剪""轻度修剪"及"杯状"型修剪等分类分级管理模式。行道树实施轻度修剪方式后，城市道路绿荫浓郁，绿视率不断提高。

2004 年，市绿化指导站与普陀区行道树养护公司合作，建立行道树修剪示范及培训基地，开展悬铃木自然式、混合式，珊瑚朴、榉树、喜树等修剪技术调研及《行道树新品种修剪示范点建设技术报告》研究。2005 年，总结行道树修剪经验，发布《行道树修剪技术操作规程》。

【技术研究】

2001 年，开展《行道树悬铃木补洞技术的探索》《行道树电脑化管理系统软件的开发利用初探》技术专项研究。

2004 年，针对行道树施肥、复壮技术及施肥机械、行道树肥料等开展调研。市绿化指导站与普陀区、静安区园林绿化管理部门合作，进行新树种三角枫、马褀木、栾树等施肥试验;开展《行道树新优品种施肥试验》《大树树洞修补材料及方法的研究》。

2005 年,以促进行道树生长为目标,开展行道树施肥示范,总结施肥效果,在全市推广应用;针对行道树修剪、树枝粉碎、循环利用等进行调研,形成《园林作业机械化的可行性研究报告》;组织区县有关人员赴香港考察,普陀区、卢湾区启动以行道树养护作业为重点的机械添置工作试点;开展《上海几种行道树养护管理技术研究》。

【防台防汛】

2004 年,全市园林绿化系统进行防台防汛演习,模拟雨天、带电作业等环境,提高抢险人员实战技能及经验。在台风"云娜"突袭时,市防台防汛指挥中心迅速启动,抢险队伍及时到位,防范得当,抢险有效,避免城区行道树遭受重大损失。

2005 年,在防台防汛期前,全市园林绿化系统通过开展防台防汛培训、知识讲座、现场示范操作,加强城区、郊区及林业系统等单位防台防汛实战能力。市绿化局公共绿地处对各区防台防汛物资准备进行核查,为 6 家工具不全的单位配备树木扶正器等。在强台风"麦莎"来袭时,市防台防汛指挥中心及时启动应急预案,60 多支 1 500 余人的抢险队伍及时到位,有力保障中心城区道路通畅,行道树免遭较大损失。

2010 年世博会期间,全市园林绿化管理部门加强防台防汛工作,做到抢险队伍常态化、抢险设备机械化,有效应对台风、暴雨等自然灾害。

【行道树养护管理网】

1998 年,市园林局绿管处、科技处及市绿化指导站组建上海市行道树养护管理网,网站成员主要由区县园林绿化管理部门负责行道树养护管理的技术干部组成。网站为面向社会、面向基层行道树养护工作的交流平台,针对行道树养护工作中的难点、热点问题,加强对行道树养护公司的监管。区县园林绿化管理部门实行养护质量考评,考核作业台账。普陀区的"三级巡查制度",松江区园林绿化管理部门成立专门负责巡查行道树的巡查科,奉贤区采取行业委托考核,与养护经费直接挂钩,提高行道树养护管理水平。

三、林荫道

上海解放前法租界在建国西路、天平路、广元路,公共租界在静安寺、南京西路种植行道树悬铃木,上海解放后经保护成为上海闻名遐迩的林荫道。

20 世纪 80 年代后,全市逐步推进林荫道建设。2009 年,市绿化市容局立项研究《城市林荫道关键技术研究与示范》,下发林荫道创建实施意见,探索林荫道创建标准,制定林荫道创建评比办法,开展林荫道创建、命名等工作,区县形成推进林荫道建设的规划、工作机制和示范项目。

2011 年年初,市绿化市容局经区县园林绿化管理部门推荐与专家现场评定,首批命名 20 条道路为"上海市林荫道",主要树种为悬铃木、香樟及栾树,分布在全市 17 个区县:

黄浦区淮海中路(西藏南路—陕西南路)、瑞金二路(徐家汇路—淮海中路);

闸北区保德路(共和新路—阳曲路);

虹口区东体育会路(中山北二路—玉田路);

徐汇区衡山路(桃江路—天平路)、余庆路(衡山路—淮海中路);

长宁区新华路(番禺路—杨宅路);

静安区昌平路(江宁路—武宁南路);

普陀区枣阳路(兰溪路—金沙江路)、花溪路(桐柏路—枫桥路);

杨浦区控江路(隆昌路—源泉路);

浦东区科苑路(祖冲之路—高科中路);

宝山区团结路(友谊路—漠河路);

嘉定区清河路(博乐路—城中路);

青浦区珠溪路(淀山湖大道—张家圩路);

闵行区江川路(沪闵路—红园路);

松江区西林路(乐都路—松汇路);

金山区隆平路(卫零路立交桥—戚家敦路);

奉贤区古华路(解放中路—环城南路);

崇明县北门路(东门路—西门路)。

第四节　古　树　名　木

一、资源调查

上海解放前,全市古树名木有些零星记载。1963年,市园林处进行古树名木调查,记录在册的古树有140株。

1982年,市园林局成立古树名木调查组进行一年普查,发现百年以上古树计49种共1 157株,逐株挂牌标明。此后陆续发现古树212株,至1993年,全市有古树名木59种1 369株,其中树龄千年以上古树8株,300年以上212株。2002年始,树龄达80年的树木被列为古树后续资源加以保护。随着一些古树陆续发现,至2010年,全市有古树名木81种1 577株,其中树龄千年以上古树8株,古树后续资源78种1 028株。

【千年古银杏】

古树名木0001号　古银杏树,雄性,树龄1 200余年,树高25米,胸围6.65米,位于嘉定区安辰路泰海路交界处。据记载,该树植于唐贞元年间(785—804),被誉为"沪上第一古树",又称为"树王",且有六个朝代文献记载,亦称为"六朝文物"。2002年,区政府以古银杏树为主题,营造一座面积2公顷的古银杏树公园,设置避雷针保护古银杏树。

古树名木0002号　古银杏树,雌性,树龄逾千年,树高20米,胸围6.4米,位于浦东新区惠南镇文体路15号福泉寺。据记载,"福泉寺在南汇县惠南镇南门街体育馆旁,元至正二年建,明万历,清乾隆及同治年间历次重修,中有古银杏……"。

古树名木0003号　古银杏树,树高17米,胸围6.3米,位于浦东新区羽山路南侧。古树原址为孝王庙、徐家庙,后逐成菜田。1988年,市园林局、黄浦区政府为该树立"保护碑",建石栏杆。1993年,因建羽山路以及膜拜古树的香客络绎不绝,该树生存环境遭受破坏,长势渐衰。浦东新区以及园林专家多次召开专题会研究对策,以建泾南公园保护古树。经多年精心养护,该树逐渐恢复生机。

古树名木 0004 号 古银杏树,树高 26 余米,胸围近 5.8 米,位于青浦区淀山湖畔朱家角镇淀峰村,1986 年采用生长锥测法测得该树树龄为 1 050 年。古树旁原有关王庙,相传建于元朝以前。该树地处淀山湖与栏路港交会处,为苏州、昆山等地船只经淀山湖、栏路港进入上海的港口航标。明清时期,关王庙驻有汛兵,巡湖以该树为方向。1989 年,在关王庙原址扩建上海玉佛寺下院——报国寺,为古树建石栏杆加以保护。

古树名木 0005 号;0009 号 两株古银杏树,雌雄成对,位于松江区佘山镇凤凰山东北麓通波塘东岸佘山国际高尔夫球场。当地称雌株为白果树,因结果得名,雄株为银杏树。古树原址有三星庙,上海解放后改建为凤凰小学。相传,清初有两位僧人,为募修三星庙劳累致故,当地居民锯古树树枝为二僧制棺,葬于该树旁,今古树上锯迹尚存。

古树名木 0006 号 古银杏树,树高 18 米,胸围 5.5 米,冠径 13.5 米,位于松江区大港镇泾德村界泾 788 号内。据传,1952 年由于古树有洞,蚂蚁成群,当地农民烟熏驱蚁,致使该树焚烧三天两夜,后古树竟在剩余的树皮上萌发新枝,至今长势旺盛。

古树名木 0007 号 古银杏树,树龄逾千年,树高 18 米,根围 13.6 米,位于奉贤区新寺乡新塘村。该树为上海地区根部最粗,遮荫面积最大的古银杏树,枝叶繁茂,结果累累。

【狮子林古银杏】

狮子林古银杏位于宝山钢铁总厂纬五路北面。原址系张氏墓地,形似雄狮,植有银杏以及翠竹松柏,遂称"狮子林"。清道光六年(1826)后,狮子林逐为长江口来往船只的标志。清光绪十五年(1889)两江总督曾国荃在此修筑炮台,称"狮子林炮台"。抗日战争期间,日军毁掉 3 株古银杏以及翠竹松柏。幸存的 10 株古银杏,树龄逾 200 年,为上海市二级古树名木。

【江南第一牡丹】

市古树名木 1226 号,为生长 400 余年的古牡丹,位于奉贤区邬桥镇金家宅。据传,明万历年间(1573—1619)著名书画家董其昌赴京任礼部尚书前,为贺同窗好友金学文新居落成,赠予品名"粉妆楼"牡丹一株及亲笔书"瑞旭堂"匾额。金学文植牡丹于堂前天井,奉为"传家宝"。据金氏后裔金书林回忆,上海解放前有英国人欲出 1 000 美元想买古牡丹,被他父亲拒绝。1995 年,金氏后裔将古牡丹、古匾额无偿捐献给国家,经公证,举行捐赠仪式,颁发荣誉证书。1996 年,市绿化局为古牡丹建造一座 700 余平方米的"古牡丹苑"。在江浙一带,生长 400 余年的古牡丹,实属罕见,故被誉为"江南第一牡丹"。

二、保护管理

【依法保护】

1983 年 9 月 12 日,市第八届人大常委会第四次会议通过《上海市古树名木保护管理规定》(以下简称《规定》),市政府于 10 月 13 日颁布实施。《规定》共十二条,明确古树名木范围、保护原则、保护方案、奖励与处罚等。2002 年,市第十一届人大常委会第四十一次会议将《规定》修订为《上海古树名木和古树后续资源保护条例》,将树龄 80 年以上的树木列为古树后续资源,一同加以保护。

【保护经费】

1982 年始,市政府每年调拨,逐年增加专项经费,主要用于保护古树名木的抢救及复壮等。

1992 年,全市发动社会各界参与古树名木保护,弥补保护资金不足,平安保险公司为 1 370 株古树投保——"自然灾害风险社会保险"。1997 年,发行"上海市古树名木保护"磁卡,将发行所得利润全部用于古树名木保护。

2002 年,上海首次拍卖古树名木冠名权,首批拍卖有静安公园古悬铃木群、黄浦公园古银杏等 18 处共 49 株古树名木,共拍得资金 138.6 万元;位于嘉定区安亭镇被称为"树王"的古银杏树成交额为 40 万元;上海绿地集团出资 93.5 万元,拍得 7 处共 37 株古树名木冠名权。拍卖冠名权所得资金建立古树名木养护管理专项经费,用于抢救、保护古树名木。区县及社会各界纷纷赞助保护资金,闵行区人民政府及区园林局为保护一株树龄 470 余年的古紫藤,调拨专项经费 280 万元,拆除古紫藤周边旧房简屋等设施,以古紫藤为主景辟建 4 000 余平方米的古藤园,改善古紫藤生长环境。

【保护技术】

2003 年始,为延缓古树衰老、降低古树死亡率,对 1 400 余株古树进行调研,逐步建立古树生长等级标准、生长环境控制标准、人文景观示范点及实施复壮、抢救等保护措施。主要为结合古树生理指标，提出古银杏、古香樟生长势划分等级标准体系；结合古树形态指标，建立古银杏、古香樟生长状况等级标准体系；对古树的土壤肥力状况进行系统分类，提出古树保护生境控制标准；应用古树复壮技术，对 200 余株古树树体进行防腐、修补、支撑；对 31 株古树进行周边铺设透气砖、植草砖等试验；对 69 株古树周边布置适生地被植物、陶粒、枯树皮等，改善土壤理化性质及景观效果；对 142 株古树用菌根菌实施复壮；对 40 余株古树应用无损检测技术检测腐烂程度；为 19 株高大的古树安装防雷设施；为 120 株古树营造人文景观示范点；利用 GPS 系统测绘古树，标于测绘地图。

2006 年始，选择紫三叶、扶芳滕、木蓝、红花酢浆草、胡颓子、紫荆等 15 种植物为古树周边适生地被；针对古树特殊要求及地被植物生态习性，通过对土壤微生物量测定，提出古树周边地被合理配置方式及养护要点；为推广古树名木应用无损检测技术，采用 PICUS 声呐探测仪对古树名木树洞、树体腐烂情况进行无损检测，经 PICUS 软件分析得到树干"CT"图像，具有无损、安全、逼真的效果。2007 年，确定古树名木分级标准，有效解决古树名木价值的计量及古树名木养护经费的计价标准。2008 年始，应用彩色豆马勃、丝膜菌、厚环乳牛肝菌、幼套球囊霉菌等菌根菌促进古树复壮。

三、技术研究

1983 年《规定》颁布后，市园林局成立古树名木管理组，负责全市古树名木日常管理工作，市区由所在地园林部门具体负责，郊县多由该地林业部门具体负责，为每株古树名木建立资料卡片及设保护标志。1988 年始，全市建立古树名木档案卡，档案资料做到"一树一卡一照片"。

1992 年，成立上海市古树名木保护工程办公室，负责全市古树名木保护工作的宣传及所需资金筹措。1999 年，全市完善古树名木管理体系，20 个区县落实古树名木管护员 387 名，实现每株古树都有管护责任人。20 世纪 90 年代，由报纸、杂志、广播、电视等媒体宣传保护古树名木，组织中小学生调查古树名木，举办古树名木摄影大奖赛等。

2004 年，制定《古树后续资源鉴定程序和鉴定标准》，对古树管护员进行集中培训；编写全国绿化委员会《中华古树名木大全》上海卷。

2005 年始,古树名木保护工作实行两级政府三级管理模式,建立古树名木保护技术管理网,强化古树周边生态环境保护,推进古树保护示范点建设,全市古树后续资源做到每木一档;开展"建设时期古树名木预前保护研究",市绿化指导站与市青少年科技站开展"一棵古树一个故事"活动。

2006 年,《上海市古树名木及古树后续资源养护技术规程》形成试行稿,徐汇区、松江区为试点区;从德国引进 PICUS 无损检测仪器,开展古树无损检测工作及仪器操作培训;召开"古树树洞处理研讨会"及"老公园改造中古树名木保护工作的探讨"现场交流会,对 70 余株处于建设时期的古树名木及时采取保护措施,古树名木保护技术管理网开展网员上岗培训。

2007 年,召开《上海市古树名木及古树后续资源养护技术规程》试行研讨会,开展"建设时期古树名木预前保护研究"调研,举办"上海市建设时期古树名木保护现状与对策"讲座。

2008 年,全市创建 5 个市级古树示范点,区县定期巡查本区域古树名木及古树后续资源;梳理、及早介入协调、监管建设项目中涉及古树名木及后续资源的有外滩源古树群、上海水上竞技中心古银杏、静安公园悬铃木古树等。

2009 年,制定上海市"白玉兰杯"古树名木保护考核项目,出台《上海市建设时期古树名木保护实施意见》,对 297 株古树名木及古树后续资源实施保护方案。

2010 年,加强重点区域重要古树名木保护、监管的有浦东济阳路古银杏(0369 号)、高行古银杏(0097 号)、外滩源古树群等;与市文管委协调,保护在川沙古城墙改造中受严重影响的丝棉木(1623 号)、朴树(1624 号)两株古树;开展古树保护公共信息平台建设,推进电子标识技术应用,让市民了解古树保护情况;加大古树保护技术推广力度,建设避雷塔,改造古树周边生境及古树复壮等。

表 2-5　　　　　　　　2010 年上海市古树名木树种数量情况表

序　号	树　种	数量(株)
1	银杏	499
2	香樟	151
3	广玉兰	116

序　号	树　种	数量（株）
4	榉树	91
5	桂花	80
6	瓜子黄杨	69
7	悬铃木	54
8	罗汉松	42
9	龙柏	36
10	朴树	36
11	雪松	30
12	枫杨	28
13	桧柏	25
14	牡丹	20
15	白栎	19
16	白皮松	19
17	紫藤	18
18	五针松	17
19	蜡梅	17
20	女贞	15
21	青枫	11
22	皂荚	11
23	香榧	12
24	紫薇	11
25	枸骨	8
26	黄连木	8
27	桑树	8
28	三角枫	7
29	梓树	7
30	胡颓子	6
31	榔榆	6

序　号	树　种	数量（株）
32	丝棉木	6
33	山茶	4
34	石榴	5
35	枣树	5
36	短叶罗汉松	4
37	厚皮香	4
38	黄荆	4
39	黄金树	4
40	凌霄	4
41	二乔玉兰	3
42	黑松	3
43	厚壳树	3
44	楠木	3
45	盘槐	3
46	柿树	3
47	大王松	2
48	黄檀	2
49	石楠	2
50	香柚	2
51	樱花	2
52	重阳木	2
53	白玉兰	2
54	板栗	1
55	糙叶树	1
56	茶梅	1
57	垂枝梅	1
58	刺楸	1
59	丁香	1

序　号	树　种	数量（株）
60	国槐	1
61	海桐	1
62	含笑	1
63	核桃	1
64	枷罗木	1
65	苦槠	1
66	美国山核桃	1
67	木瓜	1
68	欧洲七叶树	1
69	七叶树	1
70	青桐	1
71	青檀	1
72	栓皮栎	1
73	铁冬青	1
74	乌冈栎	1
75	乌桕	1
76	香椿	1
77	月桂	1
78	柘树	1
79	紫玉兰	1
80	绉叶乌冈栎	1
81	南紫薇	1
合　计	81 种	1 577 株

表 2 - 6　　　　　　　**2010 年上海市古树后续资源树种数量情况表**

序　号	树　　种	数量（株）
1	龙柏	109
2	香樟	96

序 号	树 种	数量（株）
3	榉树	90
4	雪松	60
5	广玉兰	50
6	银杏	50
7	桂花	49
8	糙叶树	47
9	朴树	46
10	悬铃木	43
11	瓜子黄杨	33
12	三角枫	30
13	白栎	21
14	白蜡	17
15	女贞	16
16	枫杨	16
17	罗汉松	14
18	榔榆	14
19	桧柏	10
20	青枫	12
21	丝棉木	12
22	乌柏	12
23	重阳木	12
24	黄连木	9
25	枣树	9
26	枸骨	8
27	黄檀	8
28	柿树	7
29	皂荚	7
30	紫藤	7

序　号	树　种	数量（株）
31	白玉兰	6
32	盘槐	6
33	石榴	6
34	香榧	6
35	短叶罗汉松	5
36	核桃	5
37	黑松	4
38	红果冬青	4
39	七叶树	4
40	紫薇	3
41	白皮松	3
42	黄金树	3
43	橘树	3
44	落羽杉	3
45	麻栎	3
46	桑树	3
47	珊瑚	3
48	喜树	3
49	香橼	3
50	池杉	2
51	臭椿	2
52	国槐	2
53	石楠	2
54	香椿	2
55	香圆	2
56	真柏	2
57	梓树	2
58	苦槠	2

序　号	树　种	数量（株）
59	苦楝	1
60	斑皮抽丝	1
61	豆梨	1
62	杜仲	1
63	二乔玉兰	1
64	飞蛾槭	1
65	枫香	1
66	构树	1
67	槐树	1
68	鸡爪槭	1
69	蜡梅	1
70	牡丹	1
71	南酸枣	1
72	蚊母	1
73	无患子	1
74	月桂	1
75	柘树	1
76	枳椇	1
77	紫檀	1
78	紫玉兰	1
合计	78种	1 028 株

第五节　园林植保

　　20世纪60年代前后，上海防治园林植物有害生物主要使用有机磷药剂防治幼虫及黑光灯诱杀成虫。1978年始，逐步使用多种合成菊酯类药物，1986年后推广使用生物农药。

　　20世纪90年代开始，全市进行人工扩繁、释放管氏肿腿蜂，防治钻蛀性害虫;先后引进、推广使用昆虫细菌制剂灭蛾灵、植物源杀虫剂烟参碱、树干注射剂"树大夫"等高效、环保的无公害药剂;开展新毛虫专项防治。

2001年,配合亚洲太平洋经济合作组织会议绿化专项整治,重点防治松红蜡蚧、红蜡蚧、日本壶蚧、桑毛虫及煤污病。2008年,配合迎世博600天绿化整治,专项防控悬铃木白粉病、悬铃木方翅网蝽及煤污病,保障世博会期间全市绿化景观及城市生态安全。

一、预警防控体系

2004年,市绿化局发布《关于上海市绿化植物有害生物预警防控体系实施方案》,建立上海市绿化植物有害生物预警防控体系(以下简称"预警防控体系"),对有害生物进行监控。预警防控体系由监测预警系统、控制应急系统与科技研究及推广系统组成。监测预警系统由市级监测员、区县级监测员组成,全市设立35个市级监测点,2个直管监测点以及分布于公园、街道绿地、花园单位的斜纹夜蛾性诱点320个,新毛虫诱虫点50个;确定18种重点监测对象,进行监测数据汇总分析;18个区县制订预警防控体系实施方案,设立区级监测点140余个,监测日本壶蚧、日本藤象、斜纹夜蛾、新毛虫、实蝇等,掌握监测对象分布范围、种群密度及发生规律。同年,成立预警防控体系领导小组,办公室设在市绿化管理指导站,主要负责监测工作动态管理、监测点巡查、监测数据汇总分析,落实数据管理责任制,与市级监测员(责任人)签订《上海市绿化植物有害生物监测责任人目标责任书》,制订应急预案,开展技术培训,编发《上海市绿化植物有害生物预警信息》。

2005年,市绿化局出台《上海市绿化林业有害生物预警防控体系建设指导意见》《上海市绿化林业突发性有害生物灾害事件应急预案》,完善预警防控体系。对市级监测员进行技术培训,建立档案、制订工作记录表;采取害虫测报灯、性信息素诱捕,增加监测手段;新增铜绿丽金龟、暗黑鳃金龟、星天牛等3种监测对象,在闵行体育公园设立斜纹夜蛾性诱剂点110个;与市出入境检验检疫局合作,设立实蝇监测点37个,收集数据1 140余组及斜纹夜蛾数据9 000余个;在危险性有害生物普查中,收集红火蚁数据200余组、红棕象甲510余组;在斜纹夜蛾幼虫高发期连续4次发出预报,该虫在全市园林绿化系统以及植保网网员单位未出现大量发生现象；推动区级预警防控体系建设，建立区级责任人、监测员制度，与区责任人签订责任书，确定重点监测对象及监测方法，各区建设2个监测点。

2006年，以预警防控体系管理延伸为重点，发挥市级监测点预报预警作用，促进区级监测体系运行；预警防控体系建设围绕扩大监测覆盖面、增强监测数据代表性，新设4个市级监测点，设立新毛虫监测点40个，实蝇监测点37个；以监测对象识别、监测方法、数据采集以及传递为主要内容，培训青浦、普陀、宝山、嘉定区等区级监测员270余人次；对38个市级监测点的监测仪器运转情况、悬挂位置、数据记录等进行抽查。统计显示，18种有害生物监测及美国白蛾普查，共收集数据3.5万余个；斜纹夜蛾、蛴螬、日本壶蚧、实蝇、美国白蛾等监测数据较为完整，采用GIS数据管理系统进行应用分析；编发以18种监测对象为主的监测员《工作手册》。

2007年，对市级预警防控体系部分监测点进行仪器更新，开展区级预警防控体系建设。日本壶蚧监测共收到数据7 000余组。

2008年，配合"迎世博600天整治行动"，进行重要道路、区域监测点布局调整及补点，设立新型斜纹夜蛾性信息素监测设备；加强区级预警防控体系建设，设立区级监测点20余个；开发病虫害专业网格化管理系统，实现监测数据及时有效传输。

2009年，召开全市预警防控体系工作会议，要求各区做到"监测预警无盲点、应急除治全覆盖，重点区域无为害、主要病虫不成灾"；开发应用《上海市绿化专业网格化管理系统——病虫害监测》系统，通过PDA服务器工作模式，实现监测信息实时上传，数据后台处理；配备PDA35台，培训监测技术人员，共收集数据2万余组，编发《上海市绿化林业有害生物预警信息》5 000余份。

2010年，召开全市预警防控体系责任人、监测员及市园林植保网单位网员会议，部署监测任务，明确监测对象；培训新增仪器及PDA使用150余人次，共收集监测数据700余组5 000多个，分析气候资料70余组，抽样调查150余条道路1.5万余株行道树，监测重点有害生物20种，编发预警信息24期7 000多份。

二、有害生物防控

20世纪90年代开始，上海园林绿化建设进入大规模发展时期，由于大量引种国内外园林植物，导致有害生物种类逐渐增多、发生规模不断扩大；一些主要有害生物出现爆发频率快、发生量大、危害程度高、涉及范围广等情况。

2004年，主要进行"上海园林主要害虫天敌的保护及利用技术的探索"技术专项研究，"几种典型绿地主要害虫种群消长及生态调控"结题；与中国科学院昆虫所合作开展"以GIS技术为主导的上海重大病虫害监测预警和防治对策研究"，建立生态调控示范区，进行区内植物、昆虫种类调查；与市气象局合作开发GIS系统，管理重点监测害虫数据。

2005年，通过监测日本壶蚧、樟巢螟，与GIS软件综合分析，收集日本壶蚧数据700组，樟巢螟数据103组。

2006年，建立500亩生态调控示范区，进行两次病虫害调查，开展"蛀干性害虫天敌控制"技术专项研究。

2007年，开展悬铃木白粉病调查、防治，进行煤污病专项整治，拍摄制作《蚜虫及煤污病控制》录像片，印制蚜虫及煤污病宣传材料3万余份；全市19个区县共设治理点280余个，增强监督、考核力度。

2008年，开展悬铃木白粉病、悬铃木方翅网蝽、斜纹夜蛾等专项整治，制定《迎世博有害生物控制三年行动方案》，制订应急预案，发布动态信息800余份。

2009年，市绿化市容局下发《关于切实加强当前本市绿化林业有害生物预警除治工作的紧急通知》，要求各区确保在世博会期间不出现重点有害生物大发生现象。市绿化指导站制定《2009年悬铃木白粉病、方翅网蝽整治工作方案》。

2010年，为确保世博会期间全市重点区域、重点路道、重要时段绿化景观面貌不受有害生物危害，维护城市生态安全。按照"监测预警无盲点、应急除治全覆盖、重点区域无危害、主要病虫不成灾"目标，新增25个市级监测点，配备一批新的监测设备，对10个中心区域、世博园区周围、重点商圈100余条道路作跟踪监测。世博会期间，全市常发性重点有害生物发生量较往年有所降低，未出现有害生物成灾情况。

【专项防治】

新毛虫 1994年，上海发现新毛虫（美国白蛾），为此成立市新毛虫防治领导小组，由市绿化指导站负责普查与防治的组织、技术指导。开展"新毛虫在上海的发生规律及治理技术研究"，掌握新毛虫一年可发生3～4代，危害78种园林植物的生物学特性;引进性诱剂、天敌昆虫、无公害药剂等进行综合治理,采取"边研究、边应用、边推广"技术路线,及时将阶段性科研成果应用于防治工作。至2002年,全市普查新毛虫的园林植物达300万株次,悬挂诱虫器300点次,扩繁、释放天敌昆虫7 000万头;市绿化局组织市、区青少年科技站开展中、小学生参与监测、普查,以及将监测点设至原发区居民家中;发动园林、房地产、物业、教育、街道、铁路、公路等系统落实普查与防治责任制,基本扑灭新毛虫。

四虫一病　2001年,市绿化局配合亚太经合组织(APEC)会议绿化专项整治工作,提出《上海市园林重点病虫害整治三年实施意见》,将"四虫一病",即松红蜡蚧、红蜡蚧、日本壶蚧、桑毛虫与煤污病列为全市重点防治病虫害,在全市中心区域、重点道路设立市级整治点30个,2002年增至40个,区级整治点60个。2003年,各整治点景观面貌明显改善,桑毛虫基本未见发生,煤污病危害得到控制,蚧虫种群密度下降幅度较大。

两病一虫　即悬铃木白粉病、悬铃木方翅网蝽与煤污病。2004年11月,悬铃木白粉病少量发生,2007年在全市扩散蔓延;同年,市内部分道路发现悬铃木方翅网蝽,2008年在全市扩散蔓延;煤污病自"四虫一病"专项整治后,有所反弹。同年,配合"迎世博600天绿化专项整治",开展悬铃木白粉病、悬铃木方翅网蝽与煤污病防控整治,"两虫一病"发生基数控制在可控范围内,有效保障世博会期间全市绿化景观面貌及城市生态安全。

【无公害防治】

20世纪90年代开始,全市引进、推广昆虫细菌制剂灭蛾灵、苏力保,昆虫激素类杀虫剂灭幼脲3号、杀铃脲,植物源杀虫剂烟参碱,昆虫病毒制剂虫瘟一号,树干注射剂"树大夫"等30余种高效、环保的无公害药剂;推广使用频振式杀虫灯、测报灯、美国白蛾诱捕器、斜纹夜蛾诱捕器、橘小实蝇诱捕器等监测及防治设备;开展园林植物害虫天敌的研究、引进与应用、推广,引入周氏啮小蜂、异色瓢虫、花绒寄甲、食蚜瘿蚊、蒲螨、肿腿蜂、茧蜂等天敌昆虫及白僵菌、绿僵菌等天敌微生物。一些大型公园、绿地连续多年应用周氏啮小蜂、花绒寄甲等初见成效。

2004年,推广无公害防控及生态调控技术。2005年,采用性诱剂重点防治斜纹夜蛾,利用灯诱控制金龟子等。2006年,应用无公害技术治理松红蜡蚧、红蜡蚧、日本壶蚧、桑毛虫、煤污病、蚜螨以及水体;闵行区在日本壶蚧发生期,推行无公害控制蚧虫技术，整治 4 000 余株树木。

三、技术指导与管理

1996 年，由市园林局绿管处、科技处、市绿化指导站牵头建立上海市园林植保防治网，为宣传、普及园林植物有害生物知识、推广植保科技、服务绿化养护的公共平台，具有覆盖面广、互动性强等特点，拥有单位网员 240 余个，由市绿化指导站负责组织及技术指导等。2001 年更名上海市园林植保网（以下简称"植保网"）。

植保网针对全市植保工作亟须解决新发生的病虫害、重点病虫害防治技术，花园单位、绿化合格单位需要植保技术指导，专业、群众植保队伍需要技术信息等，通过专家讲座、专业知识培训，提高网员技能水平，形成分布于园林绿化行业内外、专群结合的植保队伍。

植保网主要特色为群众性组织。网员由市、区园林系统向全市花园单位、绿化合格单位、企事业单位，教育、公路、水务系统，绿化建设、养护公司，物业等领域拓展，涉及植保专业、园林绿化专业以及各行各业绿化养护管理工作者。在实用性推广方面，《上海主要园林蚧虫的识别与防治》解决红蜡蚧、松红蜡蚧、日本壶蚧等 26 种蚧虫的形态识别与盛孵期防治技术问题；在科普性活动方面，举办生物多样性与环境保护等学术报告、专题讲座，满足不同层面网员需求；在实践性活动方面，组织网员参与松材线虫病普查、园林病虫害监测与治理等，提高单位养护管理水平。

植保网编制《植保快报》，及时传递植保信息；举办科技讲座、学术报告、现场示范、观摩交流、参观考察等，提高网员专业技能；常年接受网员电话、现场咨询，与网员互动，实地指导，解决防治难题。

2004 年，植保网初步覆盖全市，建立长效管理目标，完成管理体系构建，对植保人员进行技术指导及服务。2005 年，植保网举办一系列"生物防治"学术报告会，鼓励网员配合市网建立生态调控示范点，开展生物防治技术应用性实验。2006 年，植保网举办新优植物种植养护技术、绿化林业有害生物控制新技术研究进展及应用、植物保健理论对当前技术及研究的影响等讲座及无公害技术研讨会，网刊发布病虫害信息 4 000 余份。2007 年，植保网组织昆虫分类、悬铃木重点病害白粉病及色叶树应用等网络讲座与交流观摩。

第六节 园林绿化工程

1992年,市园林绿化工程质量监督站、市园林绿化工程定额管理站成立。1993年,建立市园林绿化工程管理站(以下简称"工程管理站"),和工程质量监督站、工程定额管理站实行三块牌子一套机构管理体制。1996年,工程管理站的定额管理职能划归市建委定额管理总站。1999年,成立上海市建设工程交易中心园林绿化分中心(以下简称"园林绿化分中心")。2005年,工程质量监督站更名市园林绿化工程安全质量监督站(以下简称"工程安全质量监督站"),增加安全监督和管理的职能。2009年,工程管理站更名市绿化林业工程管理事务站(以下简称"工程管理事务站"),与园林绿化分中心合署办公,为全市园林绿化、林业工程的企业资质管理、质量管理和招投标管理的专门管理机构。2010年,工程管理事务站受理承发包交易项目677项,造价36.75亿元,面积1630.82万平方米;全市具有资质的园林绿化企业达405家。

一、管理职责

工程管理事务站主要对全市新建、改建、扩建的园林绿化工程进行安全质量监督和管理;受市绿化市容局委托,对全市及外省市进沪园林绿化企业进行诚信管理及资质动态管理;受市建管办委托,受理200万元以上园林绿化、林业工程招投标管理及全市绿地委托养护项目招投标管理;承担全市范围内园林绿化工程及绿地委托养护项目的综合受理服务等。

工程管理事务站具体管理依据主要有《在沪建设工程企业诚信手册》《中华人民共和国招标投标法》《工程建设项目施工招标投标办法》《建设工程工程量清单计价规范》等。

工程安全质量监督站对全市新建、改建、扩建的园林绿化、林业工程进行安全质量监督和管理,管理依据主要有《上海市植树造林绿化管理条例》《建设工程质量管理条例》《建设工程安全生产管理条例》《上海市绿化条例》《上海市绿化工程质量安全监督实施办法》等。

二、管理事项

【资质管理】

1993—1994 年,全市园林绿化企业的资质由区县有关部门负责审批。1995 年,建设部颁布《城市园林绿化企业资质管理办法》《城市园林绿化企业资质标准》,工程管理站审批全市园林绿化三级、非等级企业资质,初审一、二级企业资质,负责资质年检及外省市园林绿化企业进沪管理。

2004 年,国务院颁布《行政许可法》,7 月 1 日始,全市园林绿化企业资质管理权转移至市绿化局,工程管理站主要负责考核园林绿化企业施工工程的安全质量及企业赴外省施工等管理;负责市绿化局审批企业资质的相关信息,输入建筑业信息管理平台。

【招投标监管】

工程管理事务站主要负责全市园林绿化、林业工程及养护工程的招投标监管,市绿化市容局成立后,增加市容、环卫项目的招投标监管。2010 年,工程管理事务站监管的招投标项目达 684 项,面积达 1 540 万平方米。

园林绿化分中心在实施招投标监管过程中,严格程序管理及流程把关,规范、完善评标办法,增强开、评标场所的实时监控,做到招投标项目公开、公平和公正。

【安全质量监管】

为加强对园林绿化工程安全质量的监督管理,工程安全质量监督站根据园林绿化工程的特点,不断摸索监督方式和管理模式,形成一套适合上海实际的园林绿化工程安全质量的监管模式。

2001 年 7 月 1 日始,工程安全质量监督站竣工验收监督方式由核验制改为备案制,对符合要求的竣工项目出具工程质量监督报告,作为工程竣工备案的条件之一。

园林绿化工程安全质量监督范围为全市新建、改建、扩建公园绿地、防护绿地、广场绿地、附属绿地以及对城市生态和景观影响较大建设项目的配套绿化等,监督时间从报监始,至出具监督报告止。

园林绿化工程安全质量监督的主要内容为园林绿化工程建设参与各方安全

质量行为、施工现状、安全状况和工程实体质量等方面。执行国家和上海市有关园林绿化工程安全质量监督的法律、法规,编制工程安全质量规范、标准;对工程建设各方责任单位、个人进行安全质量监督检查;依据法规、验收规范,对工程关键部位、主要结构等安全质量验收进行监督;监督检查有关工程安全质量的施工技术、监理资料及检测报告,对发现的安全质量隐患,责令责任单位、个人限期或停工整改;对发生的安全质量事故,报告上级主管部门,参与事故调查处理及处理工程安全质量的投诉,开展安全施工、文明工地创建活动;对申报的优质工程进行资料、现场复核,监督工程竣工验收,对符合竣工要求的项目出具工程质量监督报告;对区县园林绿化管理部门监督的工程进行指导、协调等。

2010 年,工程安全质量监督站监管的园林绿化工程项目达 787 项,造价为36.25 亿元,面积达 1 779.73 万平方米;竣工验收项目为 501 项,造价 20.35亿元。

【管理流程】

程序管理　园林绿化工程的程序管理主要为受市建管办委托,受理 200 万元以上园林绿化工程的招投标管理,受理全市绿地委托养护项目的招投标管理。

现场管理　园林绿化工程的现场管理分为工程质量监督管理和工程安全监督管理。工程质量监督管理主要对全市新建、改建、扩建的园林绿化工程进行质量监督和管理。工程安全监督管理主要对全市新建、改建、扩建的园林绿化工程进行安全监督和管理。

【监管制度】

现场监管　园林绿化工程现场监管的主要依据为《工程质量监督工作导则》《上海市建设工程质量安全监督工作规定》。

市场监管　2000 年,市建设工程招投标管理办公室、市建设工程交易中心联合发文《关于本市园林绿化项目集中在园林绿化分中心交易的通知》,明确区县招投标办、各分中心不再受理园林绿化项目承发包交易手续,已受理的园林绿化项目及时移交园林绿化分中心办理。园林绿化分中心对工程项目的招投标监管,参照建筑业市场监管的法律、法规执行。

2007 年,为加强对绿化养护市场的监管,市绿化局出台《上海市公共绿地和行道树养护招标投标管理办法》。

第三章　老公园改造

2004 年,全市 141 座公园中 1990 年前建造的有 80 座,均存在不同程度老化现象,长期处于人满为患超负荷状态运行;游客活动、锻炼场地缺乏,导致草坪、植被损坏;设施陈旧,道路破损,厕所不达标,供电、排水系统不完善,为老年、残疾游客服务的人性化设施较少;功能布局不适应市民、游客休闲、健身、娱乐需求;园墙封闭,难以发挥公园美化功能;一些具有历史价值公园的原有历史、文化、风貌和特色景点逐渐消失。

2005 年始,市绿化局启动老公园改造工程,涉及改造的公园为列入市绿化局统计范围的区属城市公园,重点为 20 世纪 90 年代以前建造的公园;为市民、游客提供具有生态效益和休闲、活动功能的公共服务空间,以崭新形象迎接 2010 年上海世博会。

老公园改造主要内容为基础设施更新、完善,功能设施改建、增设和景观设施充实、提升及"春景秋色"示范工程;严格执行《上海市公园管理条例》《上海市古树名木和古树后续资源保护条例》《上海市绿化条例》有关规定,保持公园历史风貌,生态与景观并重,以人为本,实用、经济、美观、环保、低能、可持续利用。具体把握以《上海市公园改造规划与设计指导意见》《加强公园改造管理工作的实施意见》为准,实行计划管理,每年由市绿化局会同有关区县园林绿化管理部门确定年度改造的公园类型及工作量,分为整体、完善充实性、局部项目改造等 3 种类型。整体改造由市、区共同负责,为一些影响较广、年代久远、服务半径较大的综合性大型公园及原建造标准偏低、基础较差的公园;完善充实性改造以区县为主,为居住区配套的小型公园或街道(镇)属公园。改造经费由市、区两级政府共同承担,用于公益性设施改造,游艺项目更新、服务经营性设施、违章拆建等不列入;改造的公园由市补贴 30%~50%,标准为整体改造按 250~300 元/平方米匡算,市补贴以 80~100 元/平方米核算;古典园林、历史名园按 400~500 元/平方米匡算,市补贴以 100~150 元/平方米核算;完善充实性改造按 80~150 元/平方米匡算,市补贴以 30~50 元/平方米核算;局部项目改造按实际工作量,市补贴 30%。改造工程的责任主体为市、区园林绿化管理部门,市绿化局具体实施部门为公共绿地管理处、总工室和计划建设处,有关区县园林绿化管理部门组织专门工作班子负责。

2006—2010 年,全市完成老公园改造 53 座。其中,2006 年为汇龙潭、荟萃园、红园、大观园、蓬莱、金山、世纪、延春公园,2007 年为曲水园、闸北、和平、复兴、川沙、临沂、桂林、吴泾、沪太、临江公园,2008 年为康健园、杨浦、松鹤、平凉、管弄、月浦、彭浦、瀛洲、合庆(镇级)公园、大观园(2006 年、2008 年二次改造,享受两次补贴),2009 年为秋霞圃、方塔园、济阳、上南、工农、复兴岛、波阳、民星、淮海、曹杨、天山、滨海、交通、惠民、内江、罗溪公园,2010 年为上海古猗园、上海植物园、上海动物园、上海共青森林公园、南园、梅园,长风、兰溪、长青公园等。

本章主要选介具代表性的 14 座综合公园,以及上海植物园、上海动物园和上海共青森林公园。

第一节　公　　园

一、上海大观园

上海大观园位于青浦区青商路 701 号,大观园景区东依淀山湖,西傍元荡湖,二湖环绕,占地面积 137.93 公顷,其中大观园 9 公顷,建筑面积 8 000 余平方米。

1979 年 1 月,市园林局征地筹建大观园,1984 年 5 月怡红院建成后,边建设边开放,1988 年 10 月竣工开放。1992 年 12 月,大观园由事业单位转制为国有全资企业,隶属上海园林(集团)公司。1995 年 7 月更名上海大观园旅游发展有限公司。2004年1月划归青浦区属地化管理，为区属公司。2010年3月为上海湖区建设开发有限公司国有全资子公司。

大观园先后获得国家建筑鲁班奖、上海40周年十佳建筑、上海十佳休闲新景点、新中国50周年上海优秀建筑、上海十大旅游特色园林等称号。2000年被评为国家AAAA级旅游景区、五星级公园。

【改造情况】

为维护大观园园林建筑风貌，提升、完善公园功能，自1988年竣工开放后，进行3次改造。第一次1997年11月—1998年9月，主要对园林建筑进行全面维修，重新油漆。第二次2001年上半年，为做好亚太经合组织（APEC）会议相关接待事宜，投入450万元，主要对大观园、塔园广场周边环境进行绿化景观优化、提升改造。第三次2006年、2008年实施老公园改造工程，迎接上海世博会，投入1236万元，主要对园林建筑进行全面修缮，突出重点，确保质量，通过验收。

【主要活动】

党和国家领导人胡耀邦、江泽民、杨尚昆、万里、李鹏、朱镕基、李瑞环、罗干、黄菊、吴仪、陈丕显，外国元首以及国内外知名人士先后来园视察。

电影《红楼梦》，电视剧《红楼梦》《济公》《杨乃武与小白菜》《新唐伯虎点秋香》《范仲淹》《杜十娘》《孟丽君》《詹天佑》《秦始皇》《黛玉传》等百余部影视剧先后在园拍摄。

2001年始，举办"五一""十一"、春节节庆活动；多次参与青浦区举办淀山湖梅花节及颇具特色的新春皇家庙会；参与长三角旅游、北方青岛等国际旅交会、推介会及中国旅游日优惠活动等。

二、闸北公园

闸北公园位于闸北区今静安区共和新路1555号，共和新路以东，延长路延新、爱甸苑、锦灏佳园、延平等居民小区以南，平型关路以西，洛川东路以北，占地面积13.35公顷。上海首家以茶文化为特色的公园。

公园始建于民国二年（1913），民主革命先行者宋教仁先生在沪遇刺身亡葬于此，习称宋公园。民国十八年（1929），作为公园开放。民国三十五年（1946），更名教仁公园。1950年易名闸北公园。园内历史建筑有宋教仁墓、春晖堂、幼托所,宋教仁墓为市级文物保护单位。春晖堂原为钱氏宗祠,属典型的清末民初民宅建筑,为区级文物保护单位。幼托所原为敬修堂基督教墓园一部分。

1992—1993年,公园沿洛川东路1万余平方米绿地被改建成"东方明珠一条街"商业用房。1994年,原革命史料馆改扩建为宋园茶艺馆。1999—2000年,进行道路、地下管线、围墙、绿化等更新改造。2002年,沿共和新路一侧建成榉树广场。

2005年4月1日始免费开放。2009年,公园被评为四星级公园。

【改造情况】

2006年,公园改造工程立项,2007年3月动工,工程分东、西两块实施。同年7月西块完工,年底东块完工。2008年1月1日始,公园改造后开放。工程总投资1500万元,设计、施工单位为上海市园林工程公司,施工监理单位为上海园鼎园林建设监理有限公司,财务监理单位为上海联合工程监理造价咨询有限公司。

改造工程为新建歌舞长廊、花架、门卫室、厕所、管理用房等700平方米,修缮原建筑2450平方米。游艺设施拆除11处,新增6处。新建拱桥2座,修缮4座。新建园路5700平方米,修缮6550平方米。改扩建歌舞广场、百姓舞台等活动场地8000平方米。安装水岸栏杆200米,铺设上、下水管道2650米、电缆2000米,水体清淤1.6万平方米。新建绿化9600平方米,改造2.55万平方米等。

改造后,公园西部为宋教仁墓区;中部为主景区,有1万余平方米的园湖,岸线曲折,亭、榭沿湖而筑,湖中有岛两座,湖东为春晖堂及歌舞广场;东部为林区、荷花池和儿童乐园。悬铃木、海棠为特色树种。

【主要活动】

1994年,举办上海盆景插花艺术展。1995年,举办菊花展览会,菊花达20万盆300个品种,接待游客40万人次。1997年,举办恐龙展。1998年,举办迎春马戏活动、成都艺术灯展。2000年,举办仿真恐龙展。2001年,举办金秋异果文化节。

三、和平公园

和平公园位于虹口区大连路 1131 号,天宝路以东,四平路以南,大连路以西,新港路以北,占地面积 16.34 公顷,为一座展现自然山水风格的综合性公园。

公园原址在抗日战争前为 3 个村落,1938 年被日军圈作军事用地,抗日战争胜利后由国民党军队使用,上海解放初期由部队接管。1958 年 9 月 1 日开工建设,1959 年 4 月 22 日建成开放,始名提篮桥公园;10 月 1 日为纪念建国 10 周年,大型石雕"和平鸽"在公园落成,由此定名和平公园;11 月公园征地 3.84 公顷用于扩建。1963—1964 年,公园被划出 0.65 公顷用地,分别建虹口区射击场、长缨中学。

2005 年 4 月 1 日始,公园免费开放。2010 年 3 月,被上海市旅游景区质量等级评定委员会评定为国家 AAA 级旅游景区。

【改造情况】

1997 年,在园内大草坪建成观光塔。2000 年,公园与浙江千岛湖孔雀园合作,在玉兰岛上共建以饲养观赏鸟类为主,游客可漫步其中的鸟语林,饲养鸟类 160 余种 4 000 多只,设长廊、亭台、风车、小径等。2002 年,公园"蓝海百老汇"（海豚馆）对外营业,为一处集海洋动物、童话情景及餐饮、娱乐、健身为一体的综合性娱乐场所。

2006 年,公园实施改造项目,分为前期改造和整体改造。前期改造基础设施为翻建厕所,主干道铺设沥青路面,修缮园湖驳岸,新建游船码头及亲水平台,翻建猴山桥,增设香樟林地坪及座椅、废物箱、植物铭牌;绿化调整为海豚馆前大草坪新植乔灌木 700 余株、色块地被 360 平方米,办公室周边新植乔灌木 400 余株、色块地被 1 144 平方米,大山旁香樟林增设树坛 1 160 平方米;建筑改造为原观光塔旧址改建为健身活动的树阵广场,拆除占地面积 4 200 平方米的海豚馆改建为大型活动的市民广场等。

2006 年 12 月实施整体改造,2008 年 6 月完工。由同济大学设计方案,上海市园林工程公司施工。基础设施改造为增设园灯 280 套、广播 200 套,铺设电缆 3 200 米;整修园路,更换污水管道 3 200 米,雨水管道 2 200 米;搬迁鸟语林,新建动物岛笼舍 1 320 平方米,为沪上唯一一座展览猛兽的综合性公园;新建环湖亲水步道,增设净化水质装置,种植水生植物;改建建筑物,恢复绿化面积 2 825 平方米,改建后建筑面积 7 694 平方米,占公园用地 4.5%。绿化调整改造为保留骨架树嫁接银杏,新建大型花坛,地被植物以色块为主,凸显"春花秋色";采用粉碎树枝覆盖方法改良土壤,实现"黄土不见天"。

【主要活动】

1997 年,公园与长沙芙蓉艺术团联合举办"金秋蝴蝶艺术展"。1998 年,与陕西省驻沪办事处合作,在海豚馆举办秦兵马俑和古长安文物展览。1999 年,与河北驯化杂技团合作,举办"九九新春民俗演艺游园会";10 月 2 日,市长徐匡迪、副市长龚学平等参加游园活动。

2001 年,引进上海野生动物园一对非洲狮;在百花馆举办"崇尚科学文明,反对迷信愚昧"——深入揭批"法轮功"邪教丑恶面目活动;与上海永升犬业有限公司在海豚馆联合举办"世界名犬展及训犬表演"。2004 年,建立以 70 名党员为核心、170 名志愿者为骨干、600 名游客参与的公园护绿志愿者队伍。2005 年,举行党员先进性教育主题实践活动,有 6 个共建单位、10 个居委会党支部参加,便民服务项目 20 多个。

2006 年 8 月 23 日,市委副书记王安顺视察公园"三位一体"机制建设。2008 年,举办"迎奥运,迎世博,文明游园从我做起"游客志愿者论坛。2009 年,举行"世博先锋行动"党员实践活动。2010 年,举行"百座公园、百万市民、文明游园"签名活动,2 000 余名公园志愿者、游客参与,发放《市民文明游园自律公约》书签 2 600 张。

四、复兴公园

复兴公园位于黄浦区雁荡路 105 号,思南路以东,雁荡路以南,重庆南路以西,复兴中路以北,占地面积 7.69 公顷。

公园始建于 1908 年,由园艺家郁麒麟负责园林设计,1909 年开放,名顾家宅公园,俗称法国公园,1946 年更名复兴公园。公园以法式园林布局为主,历经多次改造,既保留法式园林特色,也融入中国园林风格,展现独特的中西合璧历史风貌与人文景观,享有上海的"卢森堡公园"美称。

【改造情况】

由于建园近百年，公园的设施及空间布局难以适应现代公园服务功能要求，2006 年进行大规模改造。改造以"生态理念，修旧如旧，合理创新"为主。植物配置多用乡土树种，保留百年悬铃木。玫瑰园保留原风貌及原喷水池、雕塑，扩大月季种植面积，增加品种。茶室区保留大树群，改造茶室建筑外立面，凸显法式园林风格。湖滨区改造成卵石健身广场，设置 6 套石质桌凳，为棋牌爱好者活动场所。整合园路、地坪，增设春广场，扩大周边市民晨练空间。保留原有百余个旧式园椅，新添 60 多个木质法式座凳。无障碍通道覆盖园内景点及厕所。

改造后，主要景点有：马克思恩格斯雕像广场、中国园、玫瑰园—春广场、沉床花坛、大草坪、古树名木等。

马克思恩格斯雕像广场　1985 年，马克思恩格斯雕像落成，雕像高 6.4 米，重 70 余吨。雕像广场周边栽植雪松、香樟、棕榈，庄严肃穆。

中国园　位于公园西南部至复兴中路大门。园内有湖石假山、瀑布溪流、亭台水榭及荷花池，多植牡丹、桂花、红枫，展现中国传统造园要素。假山上林木荫翳，有曲径小道，山顶设八角观景亭。亭前悬崖上有一巨石凸出，石间瀑布落入荷花池，崖下有山洞，游客可穿过水濂。荷花池植荷花及多种水生植物，池南畔筑水榭长廊，有一平台延伸至水面。池东北由一条曲堤隔成小水池，被一株斜生大悬铃木覆盖，别开生面。瀑布、水池与东侧小溪相连，构成循环水系。

玫瑰园—春广场　位于公园西北角，玫瑰园呈椭圆形，集中展示 10 余种 2 万多株玫瑰、月季，由绿篱、柏类、月季等组成模纹花坛。花坛中央有喷水池、雕塑，每个路口设拱形蔷薇花架，游客可穿过"花门"，玫瑰园周边植枫香、龙柏、乌柏等。春广场位于玫瑰园东侧，由钢结构花架围合而成。花架上布满木香、蔷薇、紫藤等攀缘植物，广场周边栽植玉兰、樱花、杜鹃等春季观花植物。

沉床花坛　位于公园轴线中心，呈长方形，由绿篱、草坪及鲜花组成的下沉式花坛，为典型的法式花坛，又称毛毡花坛。花坛中央有法式雕塑、喷泉，花坛外围花岗岩地坪与花坛形成地势落差，适宜俯视整个花坛景观。地坪上几十棵高 20 余米的悬铃木及西侧绿荫广场上悬铃木林，见证公园历史文化与百年沧桑。

大草坪　位于公园纵轴线，7 000 余平方米，南端有音乐亭，东侧有 7 个月弯形树坛，西侧为茂密的雪松、香樟林，展现法式园林与中式园林自然衔接。

古树名木　悬铃木(俗称"法国梧桐")为公园特色树种,数量之多居沪上公园之首。复兴中路大门旁一株悬铃木古树,堪称沪上"老二"。沉床花坛西侧绿荫广场十几株悬铃木高逾 20 米,枝叶相交,为夏日纳凉佳处。沪上少见的高大树木有黄荆、枫香、欧洲七叶树、白栎、槲栎、榔榆、朴树、皂荚等。

【主要活动】

上海解放前公园为法租界文化、社交、节庆等活动场所。

1949 年 8 月 1 日,上海文艺界在公园举办 6 天劳军救灾游园会,31 个文艺团体 4 800 余名演职人员参与,售出门票 10 万余张。20 世纪 60 年代始,公园定位为区级国庆节、国际劳动节庆祝活动场所。

1998—2000 年,公园被选为上海旅游节"玫瑰婚典"承办地。2000 年 10 月 15 日,100 对新人齐聚公园,共同点燃象征爱情的圣火,在大草坪上新人们同时交换婚戒,场面壮观,令人感动。

2001 年,举办上海首次"当代影像装置艺术展",由"细胞—艺术发展"主办,荷兰驻沪总领事馆等协办,为该年世界上 6 个港口城市轮流举行 Homeport 活动的一个部分。2003 年,举办上海市菊花展,25 个单位参展,展出菊花 28 组景点 30 万余盆,10 万余人次参观。

五、桂林公园

桂林公园位于徐汇区桂林路 1 号,上海冠生园食品厂以东,漕宝路以南,桂林路以西,漕河泾港以北,占地面积 3.55 公顷。

公园始建于 1931 年,为上海解放前法租界巡捕房督察长黄金荣的私人花园别墅,俗称黄家花园。1957 年,经市园林处整修辟为公园,由于园内遍植桂花,故命名桂林公园,1958 年 8 月 1 日对外开放。1978 年,在原黄家花园静观庐废址上建成迎宾厅。1980 年,将园外 5 100 平方米的张家老坟山改建成园中园。1986 年,征用 1.37 公顷土地扩建公园,1988 年完工。1992 年,重建毁于抗日战争期间的鸳鸯楼。1997 年,新建八角亭。2005 年,重塑"文化大革命"期间被毁的"八仙过海"群雕。同时,按原貌重修观音阁、般若舫,添置铜鼓台、屏风椅等旧式红木家具及 10 块金字砂底挂匾、楹联。

2002 年,公园被评为四星级公园。

2006 年,公园改造工程被列入市绿化局老公园改造计划,改造方案由上海市园林设计院承担,10 月经上海市科学技术委员会专家评审认可,11 月 28 日公园闭园改造,由常熟古建筑园林建设集团有限公司负责施工。由于公园为上海中心城区唯一一座具有 80 余年历史的仿古园林,参与改造及修复的老木匠、老石匠和老花匠传承祖传手艺,借助于传统工具,精雕细琢园内各个部位。2007 年 4 月 1 日完成改造,重新开园。

改造重点为翻修仿古建筑四教厅,恢复鸳鸯楼原貌,修整颐亭、长廊、石舫等建筑及假山,提升公园文化品位;铺装主干道,增设地坪 1 170 平方米,为游客提供活动场所;新建水系循环设施,恢复假山、瀑布,增设庭院灯及背景音响,改善公园环境面貌;优化景观,增添花境,栽植地被,保护古树及骨架树等。

改造后,公园显现江南古典私家园林造景技法。进园,映入眼帘为一条长长的龙墙通道。转过二道门,园路蜿蜒,侧旁湖石假山连绵。园内以桂花为主题,布置坐亭赏桂、双虹卧波、荷风掠影、枕流听瀑等小景,凸显虚实对照、开阔疏朗、明净自然的庭院风格;仿古建筑以四教厅为中心,厅南八仙台与厅后静观庐遥相呼应,厅东观音阁、般若舫与厅西九曲长廊、颐亭左右对峙。

绿化种植以桂花为特色,有金桂、银桂、丹桂、四季桂等 20 余个品种 1 000 多株,花木主要有牡丹、含笑、白玉兰、女贞、松、柏、竹、蜡梅等。

六、临江公园

临江公园因濒临长江而得园名,位于宝山区友谊路 1 号,占地面积 10.77 公顷。为一座展现江南古典园林风格,以山水造景为主,功能、设施齐全的综合性公园。

公园始建于 1956 年 3 月,同年 8 月对外开放,园名共青公园,后改名友谊公园,1962 年定名临江公园。1966 年,公园并入市体委滨海游泳场。1978 年,恢复临江公园建制,1980 年 4 月 1 日恢复对外开放。公园有孔庙大成殿、古水关遗址、宝善桥、古城墙遗址等文物古迹和上海淞沪抗战纪念馆。

2007 年,公园被评为三星级公园,成功创建上海市文明公园。2010 年,成功创建上海市文明示范公园。

【改造情况】

公园自开放后,多次改扩建,主要为 1980 年扩建,1991 年改建,2003 年扩建及 2007 年局部项目改造。

1980 年 6 月,经上海市城市规划建筑管理局批准,公园征用城中大队土地 9.07 亩,收回征而未用土地 19.23 亩,调拨海塘公地 5.5 亩,以及公园东部一段城河,占地面积扩建至 7.57 公顷。

1990 年,宝山区政府批准公园大规模改建,1991 年 1 月动工,1992 年 9 月竣工开放。由同济大学城市规划学院规划,申宝设计所设计,上海市园林工程公司、苏州市古典园林公司和宝建公司施工。改建后,公园定位于江南古典园林风格,以山水造景为主,功能、设施齐全的综合性公园。

1993 年,公园在濒临长江处建造仿古建筑"望江楼",建筑面积 550 平方米。

2000 年 1 月 28 日,上海淞沪抗战纪念馆落成开放。纪念馆由同济大学设计研究院设计,位于公园东侧,占地面积 5 100 平方米,建筑面积 3 490 平方米,馆内纪念塔高 53 米,12 层。

2003 年,公园再次扩建 48 亩,地块位于公园北侧,东林路以东,宝宸三村以南。同年 4 月动工,2004 年 4 月竣工。由上海天勤绿化设计公司设计,在陈化成纪念馆北面建一能容纳 3 000 余人的广场,供游客健身等活动,整合园内原苗圃用地扩大绿地面积,修缮望江楼等。扩建后,公园功能齐全,设施新颖,环境优美。

2007 年,公园局部项目改造,4 月动工,9 月竣工。整修园路,主园路宽改为 3 米。园内南侧布置密林,林下设木栈道。儿童游戏区改建为以儿童、老年游客为主要对象的健身、休闲、娱乐活动空间。改建游船码头,修缮古城墙、古水关,更新导游牌、指示牌等。

植物种植调整以乡土树种为主,保持原有乔木景观,配植含笑、棣棠、金钟花、连翘等花灌木,增设地被,形成"春景秋色"。沿湖种植鸢尾、千屈菜等水生、湿生植物,展现自然水岸景致。园内有美国核桃、杜仲、枫杨、朴树、三角枫、枸骨等 13 株古树名木。

改造后,主要景点为淞沪抗战纪念馆、陈化成纪念馆、陈化成铜像、姚子青营抗日牺牲处纪念碑、古城墙遗址、古水关遗址、宝善桥、望江楼及土山、宝山胜景——旭日临江等。

淞沪抗战纪念馆　纪念馆呈"L"型,纪念塔高 53 米,12 层。1～3 层为淞沪抗战历史陈列区及影视放映、图片展览等。11层设观景室,远眺长江,俯瞰宝山,景色宜人。

陈化成纪念馆、陈化成铜像 纪念馆利用上海市文物保护单位宝山孔庙大成殿为馆舍,建筑面积300平方米,于1992年开馆。1996年被市政府命名为上海市青少年教育基地,2003年被市政府命名为上海市爱国主义教育基地。馆内运用喷绘、影视、多媒体、大型场景等现代科技手段,艺术地再现陈化成督率将士抗击英国侵略军的悲壮情景。陈化成铜像位于纪念馆北广场。铜像为1987年上海市第五钢铁厂团员青年义务劳动筹资9万元铸成,高3.5米,由华东师范大学艺术系设计,苏州雕刻厂浇制。2004年由吴淞公园迁入。

姚子青营抗日牺牲处纪念碑 为纪念姚子青营喋血宝山城壮举,1992年6月1日市政府公布姚子青营抗日牺牲处为上海市抗日纪念地点。1995年8月13日,上海市文物管理委员会、宝山区政府在公园西部大草坪立姚子青营抗日牺牲处纪念碑。纪念碑由两尊采自苏州灵岩山的天然巨石制成。

古城墙遗址 古城墙建于明嘉靖十六年(1537),时筑土城,嘉靖三十三年(1554)筑砖石城。古城墙周长2 190米,高7.2米。"一·二八""八一三"抗日战争期间遭日军毁坏,1956年被拆除,今园内遗存的古城墙仅为一段长36米的土丘。2002年11月12日,宝山区政府公布古城墙遗址为区级纪念点。

古水关遗址 古水关位于公园东南处,紧靠长江口,由条石组成,为上海几乎绝迹的古城设施。江南多雨,河道纵横,古时筑城必设水关,以便航运及排水等。清顺治七年(1650)古水关由城西南移于此。

宝善桥 县志称众缘桥,俗名大石桥,为平梁式桥。原址在月浦镇东,始建于明天启五年(1625)。桥石板刻"宝善桥""嘉庆五年重建"。

望江楼 建于1993年,位于公园东端,海塘大道西侧,面临长江,占地面积341平方米,连基座共4层,高19.38米。楼南侧种植棕榈、香樟及成片孝顺竹,北侧种植悬铃木等乔木,配植红叶李、黄馨等花灌木。登楼远眺长江,为园内佳景之一。

土山 位于园内中心湖西南,占地面积1 100平方米,形成于清嘉庆十年(1805)。山旁原建有奎星阁,称新奎星阁,几经战乱,毁坏无存。建园后,砌登山石阶,植槐树、黑松、柳杉及成片瓜子黄杨等。

宝山胜景——旭日临江　原为清末"沪城八景"之一,后观景点移至长江与黄浦江汇流处。站在园内江堤上,极目远眺,观赏"旭日临江"景致,令人心旷神怡。

中心湖岸设淞声、莲峰茶室,游船码头有电动船 28 艘,儿童游乐设施有碰碰车、海盗船等。

【主要活动】

淞沪抗战纪念馆每年举行"一·二八""八一三"淞沪抗战、"九三"抗战胜利日以及"五一八"国际博物馆日等纪念活动。

1979 年,举办铁树开花展览,园内 3 棵铁树先后开花,金黄色雄花高达 60 厘米,吸引 1.3 万余名观赏者。1981 年,其中一棵铁树再次开花,观众 5 000 余人。

2005 年 10 月 21 日,中国国民党荣誉主席连战等参观淞沪抗战纪念馆,题词"将军碧血凝青史,壮士英魂映丹心"。2006 年,公园为第五届上海宝山国际民间艺术节主会场,来自 23 个国家以及地区千余名民间艺术家、青海省民族歌舞剧院等表演苏格兰乡村舞蹈、韩国传统舞蹈、德国狂欢乐、墨西哥流浪乐等民间歌舞。2008 年 8 月 13 日,宝山区各界代表在淞沪抗战纪念馆隆重举行纪念淞沪抗战 71 周年活动,撞响 71 下和平钟。2009 年,公园志愿者工作室被命名为"上海市公园志愿者工作室"。2010 年 9 月 3 日,中国人民抗日战争胜利 65 周年纪念日,中共中央政治局委员、市委书记俞正声,市长韩正等在淞沪抗战纪念馆祭悼英烈。

七、杨浦公园

杨浦公园位于杨浦区双阳路 369 号,双阳路以东,控江路以南,隆昌路以西,辽源东路以北,占地面积 21.71 公顷。

1997 年,公园被区政府命名为杨浦(科普)公园。2009 年,被评为四星级公园。

【改造情况】

1992 年,动迁王家宅基地 147 户居民,增加公园面积 1.72 公顷,与相连的园内闲置地块合拢建游乐场,占地面积共 2.42 公顷,场内绿地面积占 65%。1984

年,愉湖 4 座竹木桥改建为石桥。1987 年,改建大门区。1989 年,茶室改建为滨水茶苑,游船码头改建为碧水榭。1997 年,公园北侧实施破墙透绿工程,拆除控江路围墙 385 米,改建成立柱式艺术栅栏,在公园与人行道之间辟建绿地 3 460平方米,种植松柏、香樟、竹、棕榈及花灌木,铺地坪,置石桌石凳,公园内外景致融为一体。1998 年,东侧隆昌路围墙改建成透视墙。1999 年,引进山东菏泽牡丹 4 000 株、芍药 2 000 株,植于园中园——牡丹园。

2007 年,公园历经 50 余年对外开放,设施陈旧,功能难以满足游客需求,为迎接上海世博会,投资 2 500 万余元,实施景观及设施改造工程,由上海市城市建设设计研究院设计,上海杨浦园林绿化建设养护有限责任公司施工。同年 12月动工,2008 年 4 月竣工。

改造工程主要对公园功能分区、交通组织、水系分布、绿化种植、服务设施等进行梳理、调整、充实和提高。在樱花林、玉兰林区域增植樱花、玉兰,初春樱花烂漫、玉兰秀丽,营造特色景观;拆除动物笼舍,该区域改建成冬景园;在儿童乐园辟建果蔬园、沙滩园,果蔬园种植枇杷、柑橘、柿、杨梅、无花果等 120 余株果树及四季豆、茄子、西红柿、油菜等蔬菜,为少年儿童科普教育场所。

工程重视可持续发展理念,粉碎修剪枝叶覆盖水杉林及郁闭度较高的林下区域,利用废弃的花岗石做成嵌草石板,愉湖二级驳岸采用废弃的市政侧石作基础垫层,旧道板用于果蔬园铺设小径,废弃的舒布洛克砖、混凝土透水地坪组合成荷花池旁的树阵广场等。

改造后,园内分为主入口景观区、溪流景观区、愉湖风光观赏区、特色植物景观区、儿童乐园及游乐场区、综合健身区等。

主入口景观区 位于双阳路、控江路转角处。改造时拆除门卫房及部分花坛,主入口内移,扩大入口广场面积。入园主干道两侧,乔、灌、草群落配置层次分明。入口对景为假山水池,山体高 3.5 米,黄石叠砌,设置瀑布,泻入山前水池。池中栽睡莲,池周种黄馨、青枫、郁李、石楠,假山缝隙植紫藤、藤本月季等。

溪流景观区 主要景点为小溪秋色,潺潺流水,局部湖石驳岸,溪中汀步,溪旁种植色叶树种及水生植物,四季景色迥异。

愉湖风光观赏区 位于园内中部偏北,面积 3.2 公顷。愉湖被长堤与柳堤分割成三部分,东西向长堤长 160 余米,将愉湖分割为南湖和北湖,与长堤垂直的柳堤将北湖分割为东塘和西塘。长堤东起锦带桥,西至压堤桥。锦带桥系三孔石拱桥,架于东塘,与东岸相连。过桥向西为长53米的紫藤长廊,廊东为一卵形半岛,廊下置石凳,廊两侧栽柳,廊北至湖边种植女贞、夹竹桃等。穿廊而过为一座长10米、宽2.5米名为"迎舟桥"的单孔石拱桥与北岸相接。柳堤南起映波桥,北汇长堤于压堤桥,长100余米。压堤桥系单孔石拱桥,为西塘的通道。西塘有座茶苑滨水而建,东塘南岸碧水榭涉湖而筑,湖中春岛、雨岛一南一北,雨岛有雨春亭。愉湖南岸大草坪区域由雪松、黑松、水杉林组成背景林带。

特色植物景观区　位于园内西南角,有水杉林、月季园、牡丹园、竹园等。区内景点有香远荷池,岸边湖石玲珑,夏季池中荷花竞放,荷叶连片,令人清凉、舒心;由原动物园区改建的冬景园,为上海首个以观赏冬景为主的场所,分为冬枝园与冬花园。冬枝园种植榔榆、金枝槐、红瑞木、龙爪槐及雀梅树桩等冬季观赏枝条的植物。冬花园种植蜡梅、地中海荚蒾、梅花、茶梅等冬季开花的植物。

儿童乐园游乐场区与综合健身区　儿童乐园有旋转木马、电动飞机和钓鱼岛等3幢风格独特的建筑,设海盗船、金龙滑车、滑梯、沙坑等游乐设施。游乐场区注重安全性及服务功能。综合健身区为开放式休闲广场,采用大树地坪,阵列榉树大树,有健身步道、门球场等。

【主要活动】

1991年,公园首次承办'91上海菊花展。主要游园活动有1998年恐龙展、啤酒节,1999年"新艺奇观",2000年"世界飘雪"冰灯展,2001年"童话世界和机器人科幻世界",2002年"中华名胜",2003年《西游记》艺术展等。

八、彭浦公园

彭浦公园位于闸北区(今静安区)场中路2150号,场中路2380弄小区以东,场中路以南,共和新路以西,共和新路3650弄小区以北,占地面积2.88公顷。

公园于1984年12月28日建成开放,为彭浦新村绿化配套工程。1994年扩建,增设水体、石桥、花架、道路及绿化,公园面积增至3.27公顷,自11月1日始免费开放。2002年建设共和新路高架北延伸段,公园面积减至2.88公顷。

2010年,公园被评为三星级公园。

【改造情况】

2008年12月29日封园，实施整体改造工程，2009年5月完工，6月1日对外开放。核定概算投资578万元，其中市补贴50%，其余资金由闸北区承担。

工程主要为拆除原花架3处、报廊1处；新建观龙亭、花廊、竹林听涛亭及垃圾房、配电房等建筑140平方米；改建、修缮厕所、入口长廊、戏曲长廊、六角亭等建筑270平方米；新建、改建景观大道、园路3 200平方米，广场3 100平方米；改造水体2 300平方米，重建驳岸及亲水平台200米；铺设雨污水管道930米；调整绿化1.66万平方米；重建北大门，增加消防通道1处，增设路灯、座椅、废物箱等设施。

改造后，公园绿地率62.9%，道路、广场用地25.6%，建筑用地5.4%。园内以水体为中心，将观龙亭、赏月桥、景石驳岸、亲水平台及台阶、水生植物等设计要素有机结合，形成具有传统文化特色的自然河岸景观。原"十二生肖"石雕经修缮，置园内作游园线索，增添趣味性。植物以悬铃木、香樟、水杉、雪松等为主，以桂花树丛、慈孝竹丛和水杉林为特色。公园北门为主出入口，南门为次出入口。

【主要活动】

2009年6月25日，中共中央政治局委员、市委书记俞正声，市长韩正等视察公园。

九、瀛洲公园

瀛洲公园位于崇明县（今崇明区）城桥镇鳌山路1号，东门路以东，鳌山路以南，排污站以西，长江以北，占地面积4.7公顷。

1983年公园动工建设，1984年6月建成开放，时任全国人大常委会副委员长周谷城题写园名，为一座集观赏、游乐、休闲为一体的综合性公园。

2005年始公园免费开放，2010年被评为三星级公园。

【改造情况】

2009年2月，公园启动改造工程，至9月完成。主要改造道路、地坪、小广场；维护水体，维修亭台楼阁，增设园林小品，改建儿童乐园，完善无障碍设施；调整绿化，保留大树，增添花灌木、地被，引种水生植物，营造具有崇明特色的生态湿地景观等。

工程由上海现代建筑设计(集团)有限公司设计,上海春沁园林工程建设有限公司施工,上海久盛建设监理咨询有限公司监理。

改造后,基础设施为更新水管道,设置消防管网,排水系统纳入市政污水管网。增设庭院灯、园路灯、监控探头。道路分为车行道、步行道、石蹉人行步道。湖石堆砌星湖通往月湖的驳岸,新建的辰湖驳岸采用草坡入水形式。修复古典园林风格的漏窗,整修观鱼揽胜、临波亭、沁风亭、幽香亭、沧海亭、紫藤廊,新建耸秀亭、陶然亭、百草亭、丝瓜藤架;服务功能为儿童乐园增设沙坑游戏区、卡通雕塑、旋转木马、电动火车等游乐项目,园路改为防滑的塑胶路面。改建游船码头,船坞为张拉膜结构,整修电动、手划游船。更新厕所设备,完善无障碍通道。增设宣传牌、指示牌及废物箱;安全措施为星湖、月湖、辰湖驳岸设置护栏,公园出入口、儿童乐园、水体区域增设监控探头;园林景观为主要景点增植碧桃、垂丝海棠、木芙蓉、樱花等花灌木及红花酢浆草、葱兰等地被,荫庇区域增植八角金盘、十大功劳等耐阴花灌木,水域栽植荷花。落羽杉林下设鹅卵石小道,水杉林设丝瓜藤架及石蹉人行步道。苗圃保留大香樟及成排水杉,原低洼水塘改建辰湖,湖中有生态岛,岛上建六角木结构陶然亭及观景平台,湖岸种垂柳、木槿等乔灌木,水边植水葱、菖蒲等水生植物,形成具有崇明特色的生态湿地景观。

【主要活动】

2009 年,举办"庆国庆,迎世博,戏曲进公园"游园活动。2010 年,举办"净化家园,美化生态岛,军民奉献世博会"环境整治活动、"庆国庆,文艺演出进公园"活动等。

十、上海方塔园

上海方塔园位于松江区中山东路 235 号,云间路以东,中山东路以南,方塔南路以西,松汇路以北,占地面积 11.5 公顷。为一座历史文物公园。

方塔园原址系唐宋时期古华亭(今松江区老城)闹市,五代后汉乾祐二年(949)建兴国长寿寺,宋大中祥符年间更名兴圣教寺,宋熙宁至元祐年间(1068—1093)建寺塔(俗称方塔),元代寺毁塔存。1974 年方塔大修,1977 年竣工。1978 年以方塔为主体,利用遗存的明代砖雕照壁、宋代石板桥及 7 株古树,迁建明代兰瑞堂（楠木厅）、清代天妃宫，保留原有成片竹林，辟建历史文物公园。1982年5月1日始边建设边开放，名松江方塔公园。1991年更名上海方塔园。

2006年，公园被评为五星级公园。2007年，被评为国家AAAA级旅游景区。

【改造情况】

2000年，综合治理园内河道水质，翻修花岗石道路及塔前广场花岗石地坪，重铺塔南大草坪，修缮何陋轩茶坞，改建北大门园外园景观。2004年，拆除赛车场、碰碰车游乐场、小竹楼等9处游乐设施，恢复绿化景观。2005年，实施园南松汇路500余米围墙破墙透绿、透亮改造工程。2007年，改造西山平台及东大门、北大门、西大门、儿童乐园、鹿苑等。

2009年9月1日—12月10日，方塔园进行大规模修缮、改造工程，由上海市园林设计院总体规划设计，上海凯盛绿化园艺工程有限公司施工，总投资450万元。本着修旧如旧原则，主要修缮陈公祠、兰瑞堂、东大门、北大门门头等古建筑及方塔高层消防设施改造，由上海幻潮消防工程有限公司施工。修缮、改造后，方塔园内古建筑重放异彩。

方塔　1978年，方塔所在地辟建松江方塔公园。1984年，中国佛教协会会长赵朴初为方塔书写修缮铭碑。1996年国务院颁布，方塔园为全国重点文物保护单位。2010年实施LED灯光配套改造工程，经费350万元。

天妃宫　原为顺济庙，位于上海小东门十六铺一带，清咸丰三年（1853）遭毁，清光绪九年（1883）易地河南路桥堍重建。1979—1981年迁建方塔园，建筑面积324平方米。1993年，天妃宫被列为县文物保护单位。2001年，天妃宫妈祖被命名浦江妈祖。2002年，举行浦江妈祖开光典礼暨上海方塔园天妃宫开放仪式。

兰瑞堂　原为清初华亭人江西巡抚朱椿任回归故里所购宅邸，位于松江城西仓桥附近。1984年，迁建方塔园。1985年，被列为松江县文物保护单位。1990年，兰瑞堂设明朱舜水纪念堂。

陈公祠　原位于松江城区西塔弄底（中山二路西段附近），原址为清康熙年间大学士王顼龄的秀甲园，清道光年间由朱文璨等购得，修建为陈公祠。1985年，被列为县文物保护单位。1999年迁建方塔园，建筑面积200平方米。

石像生神道　2005 年由松江博物馆负责,将松江区市政建设中挖掘的徐阶夫人墓、张骏陵墓前等 7 对 14 尊明代石像生迁入方塔园,安置于陈公祠西侧杉木林中,为上海地区唯一一处完整展现明代墓规礼制的文物景点。

【主要活动】

1981 年,副市长杨堤等来园种植罗汉松。1982 年,市党政领导陈国栋、胡立教、汪道涵等先后来园视察。1984 年,举办元宵节舞龙灯会。

1992 年,举办区首届插花艺术展。1993 年,举行东亚运动会火炬交接仪式、举办'93 松江迎春艺术灯会。1994 年,举行'94 松江—上海之根文化旅游节开幕式,中共中央宣传部副部长龚心瀚来电祝贺,副市长龚学平、孟建柱等万余人参加。1995 年,举办'95 之秋云间大型神话自贡灯会。1998 年,举办'98 上海之根文化旅游节暨方塔大型灯会。

2000 年,举办满园春色大型灯笼艺术造型展。2001 年,举办方塔欢乐节自贡灯会。2002 年,举办首届浦江妈祖文化节。2003 年,国务院副总理钱其琛、厄瓜多尔共和国总统博武阿来园参观。2004 年,印度国际团结基金会主席辛格、全国政协副主席张思卿、乌干达政府部长塔西斯布韦吉尔来园参观,上海方塔园与常熟方塔园缔结为姐妹园,台湾地区北港朝天宫副董事长蔡辅雄来园交流,台湾地区大甲镇澜宫捐赠天妃宫红木雕刻妈祖屏风。2005 年,埃及文化部长、原中共中央政治局常委尉健行、国际花园城市评委会主席史密斯等来园参观,中央电视台来园拍摄方塔园总设计师冯纪忠教授专题片。

2006 年,国家文物局局长卓霂翔、驻沪八国领事代表团成员、瑞典园林协会会长、瑞士日内瓦市绿化局局长、菲律宾中国了解协会主席来园参观,举行上海天妃宫与台湾地区北港朝天宫缔结仪式,举办区首届盆景艺术节。2007 年,叙利亚、土库曼斯坦等特奥会运动员,哥斯达黎加总统来园参观;陈公祠"民族英雄陈化成"史料展;举办区首届菊花展。2008 年,日本长崎妈祖庙代表团来园交流,举行上海方塔园建园三十年庆典系列活动。2009 年,全国政协副主席、中华妈祖协会会长张克辉来园指导;园内廉政文化苑落成,为"上海市廉政教育示范基地";举办迎世博大型艺术彩灯会。2010 年,中央电视台"国宝档案"摄制组来园拍摄"国宝—方塔"专题片;举办海峡两岸盆景展等。

十一、复兴岛公园

复兴岛公园位于杨浦区复兴岛共青路 386 号,共青路以东,商业储运公司复兴岛仓库以南,渔轮修造厂以西、以北,占地面积 4.19 公顷。为一座颇具日式庭院风格的公园。

公园原为建于 1930 年的上海浚浦局体育会,1937 年被日本侵略军占领,建有神社、牌坊、石灯笼及原享誉沪上的樱花林等。1945 年抗日战争胜利后拆除,尚存日式庭院风格的白庐别墅及简屋、木质藤架、花岗石祭坛,回归浚浦局使用。

1951 年改建后,园名袭用岛名,为复兴岛公园。"文化大革命"期间改名共青公园。1977 年恢复原名,由公园老工人陈瑾谷书写园名。20 世纪 80 年代建造供游客休息的亭、廊。1995 年 5 月 1 日始公园免费开放。

【改造情况】

2009 年 6 月 1 日公园改造工程开工,10 月 1 日竣工。工程旨在梳理、调整公园原布局,保留特色。重新布置园内次干道,在草坪区香樟林设置草药园、耐阴植物园,扩建心字湖,苗圃区改建成樱花林,设主入口广场及调整绿化,改造水、电设施等。

改造工程由上海市园林工程有限公司设计,上海市杨浦区园林绿化建设养护有限责任公司施工。改造后,公园重现日式风格的樱花林、心字湖和具有历史价值的白庐别墅等,主要有主入口、白庐别墅、香樟林和心字湖等景观。

主入口处公园大门增添"鸟居"景观元素,两侧设置竹篱笆,颇具日式庭院入口特色。白庐别墅东侧为精致的小庭院,西侧为古色古香的紫藤花架。香樟林下有自然生长的苔藓、蕨类植物,增设草药园、耐阴植物园。心字湖修复原遗址,向南再开挖一个"心"形湖面,新、老二湖之间采用瀑布、跌水衔接,北侧为新建的日式水榭,西侧有土丘,种植松柏,灌木多呈球形,具有日式园林风格。

园内设多处日式庭院风格的小品,有主入口处大门鸟居、石灯笼、洗手钵等。植物造景多用松柏、造型罗汉松、灌木球等日式造园手法。道路、地坪铺装,采用青砖、原石、汀步等日式风格的材料等。

【公园逸闻】

1949 年 4 月 26 日,蒋介石、蒋经国父子退居于体育会白庐别墅,5 月 7 日清晨搭乘江静轮驰离复兴岛。20 世纪 50 年代、80 年代,电影《天罗地网》《革命军中马前卒》外景在公园拍摄。

十二、天山公园

天山公园位于长宁区延安西路 1731 号,长宁区业余军事体育学校以东,武夷花苑、虹桥向日葵公寓以南,地铁 3 号、4 号线以西,延安西路以北。占地面积6.9 公顷,其中含公园外借地块(今为多媒体产业园)0.46 公顷,公园南侧乔木林绿地 0.19 公顷,区园林处办公用房及职工住宅 0.17 公顷。为集观赏、游乐、展示、休闲为一体的综合性公园。

公园原为 1959 年建成的法华公园。1965 年,法华公园与沪西体育场、区业余军事体育学校等合并建立国防体育公园,隶属于区体委。1973 年,复归区园林所,由市园林处投资 60 万元改建。1975 年定名天山公园。

公园分南、北两个景区,南部为门前、草坪景区,北部为湖光山色景区。园内设儿童游乐园、上海艺术礼品博物馆、拳操活动场地、棋牌区等。

2010 年,公园被评为上海市文明公园。

公园分两期改造。一期工程于 2004 年 12 月 30 日开工,2005 年 7 月竣工,由上海创景工程设计所设计,上海长宁公园绿化建设发展有限公司施工,上海园林工程建设监理有限公司监理。

工程以更新基础设施为主,调整局部绿化,增添公园文化。主要为排设水管道、电缆线,更新庭院灯,建造健身步道、舞场、羽毛球场、中心拳操场、带状拳操场;增添厕所、指路牌,更新园椅、废物箱,整修碧波廊、湖光榭;增添色叶树种、新优品种,优化植物造景;新建九础苑,展示支持绿化建设、老建筑拆迁等公园文化。

二期工程于 2009 年 8 月 5 日开工,12 月 15 日竣工,由上海市园林设计院有限公司设计,上海园林绿化建设有限公司施工,上海久盛园林绿化建设监理咨询有限公司监理。

工程以提升绿化景观,改善湖泊水质,突出生态构建为主。主要为改造水体结构,合理搭配种植滨岸挺水、沉水植物及浅水湿地植物,营造滨岸景观;放养湖泊微生物,形成水生动物生态链,增强湖水循环自净能力,改善湖泊生态环境;新建涌泉、叠泉等水循环系统,优化湖体水质;改造驳岸,在生态岛增设木栈道及亲水平台,让游客亲水娱乐舒适、安全。新建儿童交通迷宫、塑胶跑道,辟设凯旋路次入口,方便游客入园等。

十三、滨海公园

滨海公园位于金山区新城路 16 号,新城路以东,合浦路以南,蒙山路以西,金山城市沙滩以北,占地面积 6 公顷。为一座具地域特色,集观赏、游乐、休闲为一体的综合性公园。

公园原址系 1977 年上海石油化工总厂二次围堤新陆地的一部分。1982 年 4 月始建,1986 年 6 月 1 日开放。园内设儿童乐园、动物园、水上活动区、活动广场等。

2005 年,公园被评为上海市文明公园,2010 年,被评为上海市文明示范公园。

【改造情况】

2004 年,为配合金山城市沙滩建设,公园进行部分设施改造。在大草坪新建 162 平方米的拉膜亭,动物园更新不锈钢笼舍 1 300 平方米,原有建筑平改坡 568 平方米,更新园椅 60 余套等。

2009 年,为迎接上海世博会,公园实施景观及设施改造工程,于 7 月 1 日开工,12 月 10 日竣工,总造价 1 176 万元。工程由上海市园林设计院设计,金山园林工程有限公司施工,上海上咨工程建设咨询有限公司监理。2010 年 1 月,上海市园林绿化工程安全质量监督站对公园改造工程进行安全、质量检查,工程符合质量规范和安全要求。

工程以完善基础设施为主,增加公园服务功能及安全保障设施。包括绿化调整,水体清淤,驳岸、道路地坪及给排水、电气改造,增设儿童游乐设施,改建活动广场。园内水体沿岸采用二级驳岸种植水生植物,设置亲水平台及护栏。南北主轴线营造一条银杏景观大道,增设花坛、花境,布置新优、色叶植物等。

改造后,公园绿地面积增至 3.89 公顷,绿化率达 78.16%。特色主要为雨污水管纳入市政管道,增设路灯、音响及监控设施;儿童乐园建成塑胶地坪,添置滑梯、秋千,生物角前小水池改建成活动广场,供周边居民健身锻炼;辟设志愿者工作室,增添无障碍通道,公园入口、儿童乐园、动物园、水体区域等布设监控探头;增植新优花灌木、地被,丰富植物景观;水体中种植水生植物及养殖鱼类,净化水质;道路地坪采用透气铺装,以利雨水渗透等。

【主要活动】

每年植树节公园组织志愿者开展爱绿护绿、文明游园活动,夏令时期免费放映电影。2010 年,举行"欢腾迎世博,祥和中国年"新春游园活动。

十四、长风公园

长风公园位于普陀区大渡河路 189 号,大渡河路以东,长风新村以南,华东师范大学以西,苏州河以北,占地面积 36.4 公顷,其中水体面积 13.5 公顷,绿化面积 16 公顷。为上海市区唯一一座大型山水公园。

公园原址为吴淞江(今苏州河)古河道的西老河河湾地带。1956 年,市政府征用辟建公园,1957 年 4 月 4 日动工建设,1959 年 10 月 1 日建成开放。公园筹建时名沪西公园,1958 年局部开放时改名碧萝湖公园,1959 年全园开放时改名长风公园。园内大土山名铁臂山,主峰高 30 米,为市区人造山之冠。人工湖名银锄湖,水体面积 13 公顷,与铁臂山构成上海园林罕见的湖光山色。主要景点有铁臂石景、银锄碧波、青枫绿洲、夕阳晚照、岁寒三友、迎春池、睡莲池、荷花池、钓鱼池、黑松山、牡丹苑、杜鹃苑、月季苑、玉兰苑、樱花苑、曲廊、画廊等。

公园被国家建设部、中国公园协会选为中国百家名园之一,园内"长风海洋世界"被评为国家 AAAA 级旅游景区。公园为上海市爱国主义教育基地、上海市民文化广场基地、上海市科普教育基地、上海城市龙舟国际邀请赛的赛前训练及选拔赛基地等。

【改造情况】

1984 年,共青团上海市手工业局委员会及 12 万名青年捐款,在园内西南部立雷锋半身铜像。1986 年,公园改建荷花池,黄石太湖石驳岸,池东设汀步,沿岸路径铺设青石,池南建竹结构百花亭。

1990 年,由市儿童和青少年工作者协会、市总工会等 32 个单位出资,在园内大草坪东部建地下少先队群雕。群雕处有一巨石,铭刻全国政协副主席康克清题词"地下少先队群雕";5 月 27 日,全国人大常委会副委员长陈慕华,市领导陈至立、赵启正、陈铁迪、谢丽娟等出席群雕落成揭幕典礼。

1996年，公园建樱花苑，面积700平方米，种植由日本友人赠送的日本晚樱等28个品种245株。1997年建牡丹苑，占地面积2 000平方米，种植牡丹、芍药1 800株，有山东菏泽赠送的牡丹品种162个。同年建月季苑，面积1 350平方米，种植月季6 000株，有食用玫瑰、爬藤月季、微型月季、地被月季等近百个品种。1999年建成"长风海洋世界"海洋水族馆，为上海市青少年科普教育基地，面积万余平方米，展出海洋生物300余种、1万多尾（只）。二期项目"极地白鲸表演馆"，为华东地区唯一拥有极地珍稀动物白鲸的海洋动物表演馆。

2000年，建杜鹃苑，面积2 500平方米，种植杜鹃30个品种5 000株。2002年，上海沙田房地产公司建"雷锋墙"。2003年，公园根据各区域景观、功能定位，调整松竹梅区、长寿林区、玉兰区、铁臂山绿化，大修水禽亭、松涛亭，翻建扇子亭、探月亭。2004年，建桂花苑主题新景，以桂花、色叶开花树种为主，造型树种做点缀，成为市绿化市容局"春景秋色"工程示范园；大修钓鱼亭，改造广播设备、电话电缆线。

2005年，调整白鲸馆小山坡、碰碰车、高架车场地，迪士尼赛车馆周边绿化；整修、复原藕香亭、朝霞榭、夕照廊；在花花龙场地辟建游乐场，引进漂流船、儿童爬山车，新增豪华转马、咖啡杯等迪士尼经典游乐项目及自控飞机、摇头飞椅。2006年，月季苑规则式园林风格调整为自然式布局，面积扩至1 350平方米；恢复一号游船码头桃花坞，沿湖种植桃花百余株，形成"桃红柳绿"特色景点；改建牡丹亭、水禽亭及探月亭。2007年，改造水禽池、白鲸馆、雷锋铜像；翻建混木结构的八角百花亭、六角玉兰亭；钓鱼桥、飞虹桥改为水泥栏杆。2008年，调整海洋世界混合林、木香亭树坛绿化。

2009年5月19日—2010年5月30日，为迎接上海世博会，公园实施老公园改造工程，主要为重建、改建部分园林小品，调整绿化，改造园路地坪，完善排水、电气及景观灯光等。由园开公司施工，上海银锦建设工程咨询有限公司监理。

改造后，公园配套设施齐全，园容面貌、服务质量明显提升，凸显山水园林景观特色。污水管道纳入市政管网，建成4号门游客服务中心；健身苑调整设备，更新电动船，建立游乐场智能卡消费系统；布置夜景灯光，增添室外音箱及监控点;曲廊、画廊大修,园林小品处置树穴座凳,游乐场设标;园路分为主干道、次干道、游园道路及广场活动、休憩、临水地坪,与原道路连接,凸显岸线景观;保护大树,营造植物组景,水岸层次、结构为水生植物群落,在山体、桥与湖面构成的区域增设秋色叶植物林,黑松山、四号门、铁臂山等景区绿化改造,改建的大舞台被命名为上海优秀城市文化广场等。

【主要活动】

20世纪六七十年代,公园有知名的勇敢者道路、铁臂山登高、银锄湖泛舟等活动项目。90年代后,发展文化、娱乐项目及青少年活动的游乐设施,有电动船、手划船、脚踏船、碰碰车、海盗船、豪华转马等。

1998—2006年,公园每两年连续举办第一届至第五届上海国际花卉节暨中国花卉博览会,盛况空前。

2005年,举办由迪士尼在国内首次授权,项目齐全的主题游园灯会"缤纷迪士尼之夜映上海"活动;举办普陀区"万人健身走"活动,1万余名市民参加。2009年,举办都市大型水景秀《红楼梦》,第十六届上海国际电影节手机电影节暨交互动漫影展开幕式、手机电影展映活动。

第二节　植物园·动物园·森林公园

一、上海植物园

上海植物园位于徐汇区龙吴路1111号,龙川北路以东,罗成路以南,龙吴路以西,百色路以北,占地面积81.86公顷。为一座集科研、科普、游览及植物展示于一体的综合性专类植物园。

植物园原为上海市龙华苗圃。1974年3月始改建,1978年4月1日对外开放,有盆景园、草药园、牡丹园、桂花园、蔷薇园、杜鹃园、竹园、松柏园、兰室等专类园及植物大楼、展览温室。

植物园为国家AAAA级旅游景区,全市首批市级旅游标准化示范单位。

1991—1993年,新建绿化示范区、黄道婆纪念馆。1995年,扩建盆景园,新建国内首家盆景博物馆及山石盆景展示区、树桩盆景展示区,改建引种区。2001

年,新建展览温室,扩建兰室。2005 年,改建 2 号门。

2009 年,植物园实施建园 35 年后大规模改扩建项目——南区、绿化示范区基础设施改扩建工程,施工面积 55 公顷。9 月动工,2010 年 4 月完成。主要为完善专类园,提升景观面貌及科技含量,增加服务功能及安全设施,满足游客游览、活动、休闲需求。改造倡导"节约型园林",尽可能保留原有设施、资源,新材料考虑环保、使用功能、人性化需求及控制成本。

改造后,植物园功能完善、配套齐全,为具专业特色的综合性植物园。增辟平福路园区,拓宽中心湖面(划船区域),改造停车场、大门,新建服务中心,厕所及安保监控等配套设施达标;园内交通功能完善,导游图标有无障碍设施,立盲文介绍牌,置低位饮水机、废物箱,便于残疾人游园;绿化示范区成为大型室外花展的主要场所,黄道婆纪念馆被列为市级文物保护单位;兰文化楼成为具有古典园林风格的赏兰、养兰场所,杜鹃园增添杜鹃、山茶种类及园林小品,松柏园增植松柏类植物,景观水体种植水生植物及养殖鱼类,净化水质。

二、上海动物园

上海动物园位于长宁区虹桥路 2381 号,新泾港及其支流以东、以南、以西,虹桥路以北,占地面积 74.3 公顷。为一座富有海派特色,集野生动物保护、科研科普、娱乐休闲为一体的综合性动物园。

动物园原址为高尔夫球场。1954 年 5 月 25 日对外开放,定名西郊公园,同年扩建为动物园,1980 年改名上海动物园。园内展出动物 400 余种 4 000 多头(只),乔灌木 10 万余株,草坪 10 公顷及种类繁多的观花观叶地被植物。

动物园为全国十佳动物园,国家 AAAA 级旅游景区,全国青少年科技教育基地,全国科普教育基地,全国野生动物保护科普教育基地,五星级公园。

【改造情况】

为提升动物展示效果,改善园区生态环境,打造国际化大都市动物园,园区不断进行改造。1971 年,原中式竹结构大门改为钢筋混凝土框架式大门;1994年,改为"吉象迎宾"拱形大门;2003 年,改造大门区域环境,入口上方增设形如飞鸟的天棚。园内植物配置展现交错起伏的香樟、三角枫、广玉兰、悬铃木等林冠线、棕榈、慈孝竹、罗汉松、垂丝海棠、紫藤、红枫及山石等点缀自然。改造后,动物园凸显人与自然、动物和谐统一的主题。

两栖爬行馆　1998年,改造原橱窗展示方式,重新定位展出的爬行动物种类及数量,改建水池,保留瀑布,拓叠假山,扩展参观空间。利用声、光、水设施,建立电脑控制系统,模拟自然景观,增强视觉效果,为游客提供亲近动物、融入自然的游园氛围。

蝴蝶馆　1999年建成,馆内设置假山瀑布,选择适宜蝴蝶繁衍、生息的植物分隔空间。片植芳香蜜源植物,点缀热带观赏植物,形成四季如春、色彩缤纷、芳香四溢的自然景观。

鸳鸯池　2002年,改造矮墙、半岛式展出方式,拆除铁丝网笼舍,由小溪贯通水体,建成鸳鸯岛。岛上、溪边调整绿化布局,增添色叶花灌木及芦苇、荻草等,游客于池周能欣赏鸳鸯戏水情景。

鹤轩　2000年改造。突破笼养鸟类惯例,利用地形起伏,采用山石护坡、驳岸,曲折小溪流入池塘,沿池设小径。翩翩起舞的鹤类及绿意盎然的植被为游客提供惬意的视觉效果。

火烈鸟园　2002年改造。合并两个原全封闭的圈养笼舍,扩大火烈鸟活动空间及水面,增植湿生植物。用红土覆盖地面,模拟火烈鸟原生环境,建成适宜火烈鸟生存、繁殖的生态园区。

金鱼廊　2003年改造。进入展区有4只新颖别致的卡通鱼缸、一幅大型砂岩金鱼浮雕,廊前台阶有一组地埋鱼缸,廊内有长达4米的巨型幕墙缸,形状各异的转角缸、凹凸缸,环抱圆柱的柱形缸。室外大型缸群由一个直径3米的特大鱼缸和9个小圆柱缸组成。展区假山瀑布与扇形鱼池由小溪相连,小溪以鱼眼石饰面,上覆高强度玻璃,溪流潺潺,锦鳞悠悠,游客可跨溪而过亦可留步俯身逗玩金鱼。

鸵鸟雉鸡园　1965年建成,多次改扩建。园中笼舍小巧玲珑,展出食火鸡、鸵鸟、鸸鹋、火烈鸟、孔雀、雉鸡、长尾雉、锦鸡、马鸡等。按动物习性在笼舍周围植棕榈、南天竹、瓜子黄杨球等。笼舍与参观道间有铁栏杆阻隔,栏杆处植石菖蒲、石蒜。孔雀笼舍旁植黑松,草坪上植樱花、月桂球及萱草。2001年,孔雀笼舍改造为孔雀自由活动及良好生境的孔雀园,孔雀活动区置石铺沙,一条石径贯穿全园,置一小木屋供孔雀休息,外围由花灌木形成绿篱隔断,游客可与孔雀零视距互动。

大猩猩馆（新馆）　2007年建成，由饲养、展出大猩猩的主体建筑及室外活动场组成。主体建筑为两层框架结构，设有游客参观厅、3个大猩猩展室，繁殖、治疗笼及锅炉房、配电间等辅助设施。室外活动场由主体建筑东北面墙体与高围墙、水池围合而成，墙体上塑假山，间隔嵌入玻璃展窗。馆内引入大猩猩栖息地元素，置假山瀑布，设疏林草地，布局自然，为大猩猩舒适的生活家园，参观者无视线障碍，兼顾动物管理、游客参观双重功能。

节尾狐猴园　2001年建成，以节尾狐猴自然生存环境为依据模拟仿造。利用假山作背景，假山两侧主干道延伸部分成为参观道，假山后以吊桥连接。主干道一侧，用高至齐胸的玻璃墙分割内外。内建小屋、支架及平台，供节尾狐猴活动。植物选香樟、女贞、合欢为骨架树种，适当点缀杜鹃、茅草及山石、枯枝等，显现热带风光，适宜节尾狐猴生活习性。参观者可平视、俯视，与节尾狐猴增强亲和度。

月季园　2003年改造。在花坛中央建一别致的花状溢流喷水池，中间以一组透明玻璃球构成具有反射效应的花心，花坛周边设置竹栏杆，用彩色透气砖铺地，产生梦幻般奇异景观。

【动物繁殖】

1976年动物园繁殖场建成，占地面积3.7公顷。首次成功繁殖动物有1980年扬子鳄；1996年倭狨、绿猴、绯红鹦鹉；1997年白臀长尾猴、企鹅、水羚、低地水牛、斑嘴环企鹅、马来熊、大羚羊；1998年扫尾袋貂、黑蜘蛛猴、棉冠狨、黑白疣猴；1999年黑白狐猴、赤猴；2000年美洲豹、白头叶猴；2001年黑吼猴、羊驼；2002年巴西狼、普通狨；2004年赤掌柽柳猴；2006年犳；2007年白额卷尾猴；2008年大猩猩；2009年沙丘鹤、豪猪；2010年蟒蛇等。

三、上海共青森林公园

上海共青森林公园位于杨浦区军工路2000号，军工路以东，黄浦江以西，南、北以工厂、学校为界，嫩江路横贯公园。占地面积129.67公顷，开放公共绿地124.72公顷，其中北园（嫩江路以北）为共青森林公园108.73公顷，南园（嫩江路以南）为万竹园15.99公顷。为上海市区唯一一座集休闲、科普、娱乐、会务、度假为一体的专类性森林公园。

园址原系黄浦江滩涂、村庄及农田。1956 年,市房地产局拨给市园林处作苗圃用地,取名共青苗圃。1958 年,共青团中央书记胡耀邦带领在上海召开"全国社会主义青年劳模大会"的团员、青年到苗圃参加义务劳动,在圃内建立青春实验果园。1982 年,改建共青森林公园,1986 年建成开放,中共中央总书记胡耀邦题写园名。1995 年,园内嫩江路以南改建万竹园,1997 年建成开放。1999 年,公园被评为全国科普教育基地,为中小学生提供融趣味、知识、教育于一体的科普展览活动。

公园被评为五星级公园、上海市文明单位、国家级森林公园、国家 AAAA 级旅游景区、全国十佳游乐场等。

【改造情况】

1995 年,公园改建嫩江路以南苗圃;1997 年,建成以竹为特色的万竹园。同时,完善北园内盆景园、度假村、烧烤区、骑马场及松涛幽谷、溪流瀑布景点等功能设施,增设青少年活动中心、观光游览车以及园内电网、照明等。

2005 年,公园编制发展规划,突出以人为本,调整、拓展布局,发挥综合功能。2007 年,编制改造总体规划,公园功能定位以植物造景为主,人工模拟自然森林景观。

公园经迎世博 600 天绿化整治,园容面貌明显改善。主干道两侧种植月季 50 多个品种 1 万余株,布置开花地被及花境,形成以月季为主,"树美、草绿、花艳"景色;在迎宾轩中日友好林、健锋亭周边引种早樱 100 余株、吉野樱 24 株、日本晚樱 36 株,营造樱花林景观;采取复合肥复壮措施改造松林,补植湿地松 53 株及蜡梅 17 株;改造小岛绿化,"秋林爱晚"西南侧林缘点缀黄金条,水杉林下植萱草,河边种枫树、配置花菖蒲,形成早春繁花点点,深秋红叶飘飘佳景;南大门水杉林、跑马场、足球场南侧河岸绿化调整面积 2.56 万余平方米,布置花境 8 处;水体淤泥清理 5 万余立方米,改造驳岸 1.07 万余米,整修建筑外立面 70 余处,维修桥梁 12 座,重修仿木栏杆 370 米,新增座椅 200 只、电子显示屏 2 个,更换指示牌等 128 套。

整治后,北园凸显植物造景,在丘陵、草地、湖泊、溪流、密林、野丛等自然空间,形成松涛幽谷、丛林原野、水乡映秀、林间轻骑、盈湖泛舟、秋林爱晚、浦江揽胜、花隐鱼跃、石矶垂钓、竹坞寻幽等十大景区,呈现"自然、野趣、宁静、粗犷"为特色的人工森林景观;南园以竹文化为主题,形成"江南竹韵,清静通幽"的自然风光,为一处"丝竹青青"的文化、娱乐型生态绿地。

【主要活动】

1986 年 3 月,市长江泽民来园植树,题词"绿化上海,造福于民";11 月 22 日,中共中央总书记胡耀邦在"青春实验果园"原址栽植白玉兰。

1999 年,公园举办'99 上海菊花展,布展面积 40 余公顷,展出菊花品种 1 100 多个,用花量 120 万盆。

2005 年始,金秋时节公园举办菊花展览,在园内中心区域展示国内外菊花精品、新品种及造型景点、传统菊艺等,每年游客 20 万余人次。

第四章   群众绿化

1978年后，上海群众性植树活动逐步恢复。1983年，市人大常委会通过《关于开展全民义务植树运动的决议》。1984年，市委、市政府发出《关于贯彻中共中央、国务院〈关于深入扎实地开展绿化祖国运动的指示〉的通知》，全市群众性植树活动进入组织有序、持续发展阶段。同年，120万青少年参加"植树育人，绿化环境，美化心灵"活动，60万少先队员参加"灭虫护树看谁贡献大"竞赛，辟建共青绿地、红领巾林，成立绿化近卫军、护林队；南市区、普陀区、崇明县和市水利局被全国绿化委员会评为全国义务植树先进集体；上海市绿化成果展览会在人民公园举办，12个区10个县300多个单位参展，展期22天，参观人数70多万。1986年，市绿委办和市"五讲四美三热爱"活动委员会、共青团市委、市总工会、市妇联等组织新婚夫妇在上海共青森林公园栽植"同心树"，开展种植纪念树活动。

1998年，市绿委、市建委颁布《上海市门前绿化责任制管理规定（试行）》，动员社会力量，提高城市居民义务植树尽责率；市政府办公厅转发市绿委《上海市义务植树绿化费征收办法》，规定义务植树费由街道绿委征收。

2002年，开展"创建国家园林城市，共筑绿色家园——百万市民百万树"活动，在环城绿带植树逾270公顷，有市总工会五一林、市妇联母亲林、市教育系统育才林、市绿化系统绿化林和市民捐款建设的市民林及住宅林、房地林、市政林、环保林、建设林、规划林、战士林、企业林等。

市绿委结合上海城市特点，开展认建认养、爱绿护绿，实行"绿化门责"等群众性绿化活动载体、形式，探索社会各界和市民参与绿化建设管理，形成"绿化造福社会,社会共建绿化"新风尚;倡导种植三自树(自购、自种、自养),每年组织"市区结合、条块结合、自愿报名、各方参与"群众性义务植树活动;搭建上海校园网、上海居住区网平台,通过讲座、培训、参观等活动,提高群众绿化养护管理水平;花园单位创建列入"白玉兰杯"绿化竞赛活动,2010 年,全市花园单位达 955 个。

第一节　义　务　植　树

一、义务植树活动

1982 年始,由市绿委组织全市义务植树活动,市委、市政府、市人大、市政协主要领导每年带头参加植树,推动市民义务植树活动蓬勃开展。市绿委结合上海特大城市特点,探索开展义务植树活动的有效形式、方法,注重便利性、实效性和参与性,倡导种植三自树、营造三自林(市民自费购置苗木,自己参加种植,自己出资养护,即自购、自种、自养)。广大市民建绿、爱绿、护绿意识不断提升,逐渐形成人人为城市添绿、为城市美化作贡献的良好风尚。

1998 年 3 月 20 日,副市长韩正、海军上海基地副司令员张西绍、第二军医大学副校长郭旭恒、空军上海基地副司令员张胜军、武警上海总队副总队长顾惠琪等领导和 25 位在沪两院院士及"南京路上好八连"指战员、百余名市民代表,参加在人民广场举行的"军民共建绿色家园"活动,种植 97 棵香樟。同日,由上海共青森林公园、小主人报社、小主人绿色教育中心、市青少年生物和环境科学实践活动办公室等主办的"小主人绿色行动"在共青森林公园启动,3 000 多名"红领巾"参加。"小主人绿色行动"为上海响应国家科协、教育部、环保总局和国家自然科学基金会倡导的"绿色家园——种世纪之树"号召,在全市青少年中开展的一个大规模植树绿化系列活动。共青森林公园专辟区域,组织万名学生分批前往植树,设置"小主人世纪林"万人植树纪念碑。全市青少年开展"绿色五个一""最佳绿色小主人评比"等活动。

1999 年 3 月 2 日,由市文明办、市绿委、市建委、市农委等主办,市园林局、市农林局、奉贤县政府以及奉贤海湾旅游区管委会协办,在奉贤县奉新镇海湾旅游区举行的万名市民营造"世纪林"义务植树活动公开招募市民参加,受到社会各界积极响应,叶挺部队驻松江二连指战员主动请战,上海师大团委组织百余名团员志愿者;市民报名踊跃,有 80 多岁的老红军、老华侨、老市劳模,不少残疾人、下岗工人积极要求参加,许多市民提出愿意出钱认养树木。12 日、13 日,市文明办,市农委,奉贤县委、县政府等领导,100 多名市劳模、市新长征突击手、市三八红旗手,全市 160 个市级文明单位 6 000 余名干部、群众和公开招募的 3 000 多位市民及 10 对新婚、金婚夫妇一起在海湾旅游区举行为期两天的营造"世纪林"活动,种植青桐、广玉兰、欧美杨、棕榈、香樟、水杉、雪松等 10 余种 6 万多株树苗,面积达 200 亩。主办单位为单位植树地块设立纪念牌,个人植树 5 棵悬挂个人签名的植树纪念卡,海湾旅游区与单位、个人签订委托养护树木责任书。11 月 30 日,由市园林局、闸北区政府采取"三自林"形式兴建的全市首块大型拆危建绿面积 24 公顷的开放式休闲公共绿地——'99 广中绿地建成开放,绿地有全市 300 余名建设功臣建成的功臣林,闸北区政协委员在澳门回归前夕建成的回归林,日本国土绿化推进机构首次利用捐款 500 万元(日元)捐建的中日友谊林。

2000 年 3 月 14 日,由社会各界 2 500 多名志愿者在奉贤海湾旅游区"世纪林"义务植树造林。志愿者中有全市 150 余个文明单位、文明社区的代表,市劳模、市新长征突击手、市三八红旗手、市优秀志愿者、市十佳好事的代表,上海文艺界知名人士马莉莉、汪齐风、钱程和志愿报名的市民代表、10 对新婚夫妇等。上海建筑研究院高级工程师张黎明、姚永元夫妇为纪念结婚 30 周年在雨中合力栽种一棵"同心树",上航"银鹤"乘务组乘务员们栽种"纪念树"。18 日、19 日,由市妇联、市绿委、市园林局、闵行区政府组织的为期两天 2 000 户家庭在环城绿带闵行段举行营造"母亲林"活动,市人大常委会副主任孙贵璋、市政协副主席谢丽娟和来自黄浦、南市、闵行、徐汇区的 2 000 户家庭一起参加活动。4 月 4 日,日本国土绿化推进机构代表在'99 广中绿地"中日友谊林"栽种 10 棵樱花,156 棵雪松、杉树。19 日,百岁老人蒋树樾由女儿陪同,在虹梅路、桂江路交界处全市首个由老龄人种植养护的"常青树"纪念林栽种一棵松树。营建"常青树"纪念林,缘于郭世英老人倡议,得到市老龄委、市绿委以及徐汇区园林所支持,全市有 200 多位老龄人在纪念林种树。8 月 27 日,闸北区政府同驻沪部队在粤秀路(彭江路)沿俞泾浦河岸西侧兴建面积 2 000 平方米景观型公共绿地——"双拥友谊林"。

　　2001年2月26日,由150家企事业单位"自购、自种、自养"建设的市区面积最大的休闲林带——闸北休闲林动工兴建,休闲林位于闸北区、宝山区交界处共康三村、四村附近,南北长1200米,东西宽80米,占地面积10公顷,分期分批种植16种6万余株乔、灌木。3月11日,市委组织部、宣传部机关干部,97个市文明单位,17个市绿化先进单位,文艺界、体育界代表和自愿报名的5000多位市民在奉贤海湾旅游区植树3万多株营造"世纪林",市委副书记龚学平题写"海湾世纪林"碑名。原定两天的营造"世纪林"活动报名时间,两个小时就报满名额。第一位报名者为早晨六点半来到报名点等候的第三航务工程勘察设计院党支部书记王坚,代表支部12名党员报名;家住杨浦区五角场93岁高龄的退休园林工人许福根第一个打电话报名。同月,94岁高龄的窦光盐老人写信给上海人民广播电台,表达她想捐1000元资助上海绿化建设的愿望,引起社会各界强烈反响。市绿委办向市民倡议开展"绿化新上海,共造市民林"活动,在延安中路绿地辟建市民林,由市民及居住、工作在上海的外籍人士捐资营造。窦光盐被誉为市民林发起人,她在病重弥留之际捐赠价值11万元遗产,用于环城绿带建设。老人逝世后,被追认为上海市十佳绿化志愿者之一。6月17日,由400多位市民捐款16万余元,在延安中路绿地建成全市第一块面积3000平方米的市民林,副市长韩正为刻有捐款者姓名的市民林碑石揭碑、为捐款者代表颁发荣誉证。12月1日,市绿委办推出"2001年全民义务植树点"活动,新当选的第七届上海市科技精英和上海绿地(集团)有限公司员工在沪太路灵石路一块1200平方米公共绿地栽种广玉兰、雪松等20余种2000多棵树木。全市共有34个义务植树点,总面积20公顷。在义务植树点植树,为"三自林"形式,每棵苗木费用30元,市民、单位等在区县绿化办公室报名参加。

表4-1　　　　　　　　党和国家领导人、外国元首在上海植树情况表

年　份	植树地点	参　加　人　员	植树情况
1982年4月9日	上海植物园	全国人大常委会副委员长赛福鼎及胡立教、赵祖康	参加植树活动
1986年11月22日	上海共青森林公园	中共中央总书记胡耀邦	亲手栽种3棵白玉兰

续　表

年　份	植树地点	参 加 人 员	植树情况
2001 年 3 月 1 日	徐家汇公园	中共中央政治局委员、市委书记黄菊及徐匡迪、陈铁迪、王力平	一起栽种 1 棵广玉兰
2006 年 6 月 14 日	上海合作组织成立纪念处——西郊宾馆	中国国家主席胡锦涛、哈萨克斯坦总统纳扎尔巴耶夫、吉尔吉斯斯坦总统巴基耶夫、俄罗斯总统普京、塔吉克斯坦总统拉赫莫诺夫、乌兹别克斯坦总统卡里莫夫	一起栽种 1 棵上海市市花——白玉兰
2008 年 3 月 25 日	上海浦东新区高东生态园	中共中央政治局委员、市委书记俞正声及韩正、刘云耕、冯国勤、殷一璀	参加植树活动
2009 年 3 月 24 日	上海辰山植物园	俞正声及韩正、刘云耕、冯国勤、殷一璀	参加植树活动

二、"百万市民百万树"活动

2002—2003 年,全市开展"创建园林城市,共筑绿化家园——百万市民百万树"活动,为上海创建国家园林城市增绿添色。市长韩正出席活动启动仪式,号召市民为共筑绿色美好家园尽一份力。同时,开展我们为园林城市出份力、我为园林城市捐棵树、我为园林城市添新绿、园林城市大家谈、新年新希望　童心育萌芽——绿色压岁钱、把根留在上海等系列活动,得到市总工会、市妇联,企事业单位、私营企业及园林绿化工作者和社会各界、广大市民广泛支持,捐款共计4 000 余万元,老红军、离退休干部、老工人和古稀老人、小朋友等纷纷捐款捐资捐物支持绿化建设,建绿爱绿护绿意识深入人心,建成植树基地 270 余公顷。

植树基地有宝山区顾村镇的五一林 20 公顷,市总工会捐款 435 万元;母亲林 10 公顷,市妇联捐款 150 万元;育才林 28 公顷,市教育系统捐款 410 万元;房地林 25 公顷,市房地系统捐款 270 万元;市政林 10 公顷,城建集团捐款 150 万元;住宅林 21 公顷,市住宅系统捐款 150 万元;规划师林 3.5 公顷,市规划系统捐款 30 万元;建工林 2.5 公顷;市民林 1 号 20 公顷,市民捐款 300 万元;绿化林1 号 40 公顷,市园林绿化系统捐款 480 万元建成。

浦东新区川沙镇的环保林 4 公顷,市环保系统捐款 60 万元;建设林 2 公顷,市建委机关捐款 30 万元;市民林 3 号之一 2 公顷,市民捐款 150 万元建成。

嘉定区江桥镇的市民林 2 号 22 公顷，市民捐款 300 万元建成。

南汇区康桥镇的绿化林 2 号 10 公顷，市园林绿化系统捐款 120 万元建成；市民林 3 号之二 5 公顷。

普陀区桃浦镇的市民林 3 号之三 3 公顷。

三、认建认养、爱绿护绿活动

随着上海绿化建设快速发展，城市面貌日新月异，社会各界和广大市民积极参与认建、认养绿化活动，日益增强爱绿、护绿意识。浦东新区开展"国际友谊林"认养活动，筹款 60 万元。娃哈哈集团在卢湾区延安中路绿地开展"滴水成林"活动，筹款 15 万元。闵行体育公园举行日本国土绿化推进机构捐款仪式，筹款 30 万元。罗森公司在长宁区凯桥绿地开展认养活动，筹款 30 万元。徐家汇公园和联合利华开展"青山绿水"活动，筹款 50 万元。

1992 年，上海市古树名木保护工程领导小组成立，设办公室开展古树名木认养活动。上海天力生物制品有限公司出资 22 万元，认养 3 棵古银杏；虹口区广灵路第三小学五年级学生裴翾捐款 136.9 元压岁钱作为古树名木保护经费；上海电器股份有限公司变压器厂、中国汽车贸易华东公司、中国平安保险公司上海分公司等 5 家单位出资 77 万元，认养 9 棵古树名木。

1996 年 3 月 15 日，上海 NEC 计算机有限公司认养南京西路黄陂路口绿地，为南京路上第一块被认养绿地。

1997 年 3 月 9 日，各区县 600 多名少先队员代表在虹口区训练靶场等处参加由上海市红领巾理事会向全市少先队员倡议，市少工委组织的"阳光　绿树我的家——上海市少先队'万童认养小树苗'"活动，得到中共中央政治局委员、市委书记黄菊以及市长徐匡迪热情赞扬。全市形成少先队组织的"队队有护绿区域、人人有认养树木"新局面和百万少先队员参与的植树、护绿活动新高潮。6 月 8 日，上海发行第一套"上海家庭绿化卡"，一套 12 张，首期发行 5 000 套。市委副书记陈至立题写卡名，副市长龚学平等出席在外滩广场举行的首发仪式。上海家庭绿化卡由上海精文绿化发展公司筹备一年，建立大型苗圃，可同时向 5 000 户家庭提供花卉、盆景及养护。持卡者享受"每月送上一盆当季绿叶盆景、两盆时令盆栽花卉，每月调换一次"服务。10 月 21 日，静安区在上海展览中心友谊会堂举行"绿化造福社会，社会共建绿化"绿地认养仪式，推出 21 块绿地共计 1.7 公顷，行道树 2 000 株，养护总金额 219 万元，被 21 个市、区企事业单位认养。

1998 年 3 月 14 日，共青团中央书记处书记、"全国保护母亲河"行动领导小组副组长崔波，市委副书记龚学平率先捐款，和千余名青年志愿者冒雨栽种 1 000 多棵树，为环城绿带浦东段工程奠基，启动上海"保护母亲河·绿色希望工程"行动周活动，全市团员、青年和社会各界捐款 63 万元。

1999 年 1 月 28 日，市园林部门表彰 11 位举报毁绿占绿，维护上海绿化建设成果的"绿色卫士"——长宁区"政协之友"社左焕珠、宝山区海滨街道办事处张蓉、普陀区西部绿化公司朱小妹、杨浦区巡警支队姚广华、闵行区七宝镇农副商公司朱斌、杨浦区离休干部赵敏、金山区园林监察中队陈永余、闸北区退休职工陈鸿发、青浦县青浦中学周签海、松江区佘山镇林业站钱仲泉、徐汇区龙华镇火金栋。4 月，南汇县大团镇 6 000 余株桃树被市民认养，果农利用每株一年 280 元认养费，改造老桃园，扩建新桃园。

2000 年 3 月 9 日始，建设银行上海市分行 6 000 余名员工分批在崇明县东平国家森林公园每人认养一棵树，资助公园"世纪林"建设，积极参与"我为上海添一块绿、建一片林"活动。3 月 11 日，在上海世纪公园举行"保护母亲河·绿色希望工程"捐植树木活动，捐款方式为 50 元捐植一棵树，1 万元捐植一亩林；个人捐赠 2 万元以上、单位捐赠 10 万元以上，可以捐赠者名义为捐植的树林命名；捐赠 100 万元以上，可建立以捐赠者名义命名的"绿色希望工程上海市×基金"。同年，市绿化监察大队据群众来电、来信、来访举报，立案处理毁绿占绿事件 988 起，行政处罚 356 次，补偿绿化面积 15 852 平方米，收取赔偿费 139 万元。

2001 年，上海绿地（集团）有限公司、上海鹏欣集团星特浩房产公司、中华企业股份有限公司等 10 家单位，出资 62 万元认养 19 棵树龄 100～200 年古树名木，有银杏、雪松、朴树、皂荚、麻栎等，分别生长在江西中路绿地、黄浦公园、闵行区和嘉定区城厢镇，其中嘉定区 10 棵 200 年树龄的银杏建成古树名木群景观。同年，上海园林集团公司、上海绿地（集团）有限公司、上海申谊集团卫生绿化公司倡议，为上海大绿化建设作贡献的百家绿化施工企业筹资 120 万元，在 318 国道青浦段、闸北区共康新村高压线下建造林带回报社会。

2002年3月11日，由市绿委、市绿化局、解放日报社主办的"上海十佳绿化街景评选"揭晓，收到市民参评选票3 000多张，摄影作品千余件。经专家评审，确定"十佳绿地"为延中公园（绿地）、人民广场绿地、华山路绿地、黄兴公园、外环线绿带、沪闵路立交绿地、虹桥公园、浦东滨江大道绿地、太平桥绿地、徐家汇公园。6月1日，上海首次"废电池换鲜花"活动在仙霞小区、万科城市花园、瑞虹新城等20个社区进行，共备有10万盆鲜花。两节废电池可换一盆鲜花，许多市民争先恐后"把绿色带回家"。

2003年7月12日，全国绿化委员会授予上海6所中小学、幼儿园国家级"绿色学校"称号。全市共有9所国家级"绿色学校"：曹杨二中、进才中学、华坪小学、延安中学、漕泾中学、广中路小学、嘉定区普通小学、大庆街小学和曹杨新村幼儿园，以及41所市级"绿色学校"。绿色学校倡导师生学习环境保护知识，开展节约资源、绿化环境等环保活动，提高师生环境保护意识和素质。

第二节　社会绿化

一、居住区绿化

上海居住区绿化始于1952年建成配置绿地的工人住宅区——曹杨新村，1962年，市区新村绿地面积达211.6万平方米。"文化大革命"期间，居住区绿化遭到破坏。

20世纪80年代始，以静安、卢湾、徐汇区为主的老式花园洋房恢复绿化，逐步过渡到公房新村绿化配套。为提高居住区绿化数量及质量，全市开展居住区绿化竞赛评比等活动。居住区绿化开展生态园林实践与研究的典型案例有普陀区甘泉新村、浦东新区梅园新村等。随着商品房建设发展，居住区绿化重点转向街坊绿化规划、建设及商品房绿化配套，逐步明确集中绿地的一定比例及规模。

1981年，市政府颁发《上海市城市总体规划纲要》，要求扩大绿化面积，提高绿化水平，建设好居住区绿化。1982年，市委、市政府颁发《关于加快住宅建设若干问题的决定》，提出住宅建设要重视环境设计，注意对不同功能建筑和绿化等要素合理配置。1983年，市政府规定新村、里弄、庭院植树绿化由房屋产权所属部门负责建设。该年,市房管部门管理的市区绿化面积为 248 万平方米,其中庭院、街坊绿地面积 118 万平方米,住宅小区绿化面积 130 万平方米。

1987 年,为提高居住区环境质量,创建"优美新村",让市民享有优美、舒适的居住环境和休息场所,市建委下发《新建居住区环境绿化建设暂行办法》,明确居住区环境绿化工程的建设标准、管理、职责分工及投资等规定,住宅建设单位要承担环境绿化建设任务;环境绿化要以绿为主,街坊中心绿地可适当点缀建筑小品,街坊内一般不选用名贵树种花卉,街坊与街坊之间不用通透式隔栏围墙分隔;规定绿化工程投资标准,征地新辟的居住区一般绿化工程投资标准为每平方米住宅建筑面积 2.5～3.5 元,市区改建的住宅区为 2～2.5 元,纳入住宅综合造价。市园林管理部门要求居住区用以绿化的土地和绿地建设资金及绿化规划、施工、验收、养护等要按《上海市植树造林绿化管理条例》规定,新建居住区绿地面积不得低于住宅用地面积 30%,其中公共绿地应占 10% 以上;居住区要建成环境良好的优美新村,由建设单位支付绿化建设费;建立新村管委会、街道绿委负责绿化养护管理,由房产管理部门支付养护费用。同年始,每年开展全市居住区绿化竞赛评比,由市绿委办组织专家进行综合评选。

1992 年,全市居住区绿化面积达 603.50 公顷,占全市绿地总量 18.4%,占专用绿地 26.2%。庭院、街坊、新村绿化质量逐步提升,永嘉路 580 弄永嘉新村以成片种植为主,垂直绿化为辅;淮海中路 1754 弄以原有住宅风貌为基调,庭院之间相互渗透,使绿地连成一片;曹杨新村绿化采取点、线、面结合,有河浜绿化带、小块绿地、宅前宅后绿化;浦东竹园小区规划绿地为小区面积 40%,以竹为主形成文化型生态园林等。

1996 年,市住宅发展局《关于下达全面建成住宅小区和完整街坊的审核标准的通知》提出,严格按照规划设计要求,搞好住宅小区和街坊绿化。该年,全市居住区绿化面积达 1 110 公顷,建成园林式居住区 135 处(点),优美小区有梅园新村、竹园新村、康乐小区、甘泉苑、南泉苑、和东苑、章家港、子长小区,花园住宅有淮海中路 1754 弄、永嘉新村、思南路 75 号、北京西路 1220 弄、枕流公寓等。

1997 年,杨浦区延吉新村获得全国优美住宅区、全国城市物业管理优美住宅小区两项殊荣。延吉新村绿地面积达 60 万平方米,延吉街道专门成立新村绿化养管队及青少年义务护绿队,形成专群结合、以专为主的绿化养护管理队伍。

该年,全市居住区绿化竞赛评比绿化面积3 000平方米以下第一名梅川路43弄,3 000~1万平方米第一名新村路50弄,1万~2万平方米第一名真光八街坊、梅陇八村,2万平方米以上第一名桃浦七村。

1998年,市房屋土地局《关于一九九八年居住区绿化工作的通知》提出,由政府职能部门、物业公司和业主委员会共建、共养、共管居住区绿化;加大投资力度,多渠道争取资金;采用点、面结合管理方式,提高绿地品位和质量。

21世纪始,居住区绿化进一步明确破墙透绿、街面绿化要求,万里、大华为大型居住区绿化样板,凸显绿化建设优先,绿化环境成为居住区建设不可或缺的元素,居住区开发理念逐步转变,绿化成为开发商卖房亮点。

2000年2月,市住宅发展局《关于加强新建住宅绿化建设管理的几点意见》提出,园林绿化管理部门负责行业管理,住宅建设管理部门负责新建住宅绿化配套建设管理,成立上海市住宅系统绿化委员会,加强区县新建住宅绿化建设管理工作。4月,市住宅发展局《关于下达2000年上海市新建住宅绿化建设任务的通知》提出,全市新建住宅绿化配套建设总目标,建成绿地260公顷,力争300公顷,按300公顷分解到区县,对建设规模达到组团级(或3公顷)以上及建在内环线外的项目,应达到市完整街坊绿化建设标准,街坊绿地率35%,集中绿地率15%,乔木、灌木、草皮配置比例3∶3∶4,保证绿化建设与住宅建设同步实施,同步交付使用。同月,市住宅发展局、市城市规划局发文《关于印发〈上海市主要景观地段加强新建住宅管理的若干规定〉的通知》,明确全市主要景观地段新建住宅内绿地率不低于35%,集中绿地不少于居住区总用地10%;绿化布局以绿为主,植物种植面积大于绿地总面积85%;乔木、灌木、草皮、花卉搭配合理,以乔木为主;推广屋顶、阳台及墙面等垂直绿化,集中绿地进行园林设计。2001年,为规范居住区绿化建设、管理,市住宅发展局出台《居住区绿化导则》试行版,会同市绿化部门修改后,市住宅发展局、市绿化局下发《上海市新建住宅环境绿化建设导则》。

2006年,全市居住区绿地面积达1 927.7公顷,建成市级园林式居住区374个。2007年,市房屋土地资源局印发《上海市居住区绿化调整实施办法》,依据《上海市绿化条例》及《上海市住宅物业管理规定》,规范居住区绿化调整行为。2010年,全市新建居住区绿化基本达到《上海市绿化条例》规定的绿地率35%,

市级园林式居住区有 550 个。为缓解居住区绿化影响居民安全、生活等矛盾，全市 2 000 多个居住区进行绿化环境调整改造。

二、单位绿化

"文化大革命"期间，上海单位绿化多被占用及荒废。1978 年后逐渐恢复，1980 年，全市单位绿地面积 803.66 万平方米。1982 年，全市绿化先进单位 95 个，1990 年增至 599 个。市花园单位具代表性的工厂有上海石油化工总厂、上海宝山钢铁总厂，学校、医院有同济大学、华东师范大学、上海市结核病防治中心第一防治院、上海市总工会工人疗养院，文化、体育场所有上海体育馆、中国福利会少年宫，宾馆有上海西郊宾馆、上海兴国宾馆，部队营区有中国人民解放军第二军医大学及上海市农业科学院等。

1995 年，市绿委办在全市铁路、公路、水利、农场、教育、化工、科研、卫生等系统开展"十佳道路、十佳河道、十佳学校、十佳工厂、十佳单位"评选活动，加强各系统绿化工作力度。该年，全市单位绿地面积达 3 292.9 公顷，占上海城市园林绿地总面积 50.2％，绿化覆盖面积 3 862 公顷，为上海城市绿化一大特色；绿化先进单位增至 1 041 个，其中花园单位 307 个，全国绿化先进集体 32 个。

1996 年始，根据《上海市植树造林绿化管理条例》规定，实施建设项目收缴绿化保证金制度。缴纳标准为区（含浦东新区、金山石化地区及经济技术开发区）建设项目配套绿地每平方米 90 元，成片开发居住区配套绿地每平方米 50 元；县（含镇、乡、村）建设项目配套绿地每平方米 40 元。国家参与投资的市政基础设施、铁路、河道以及中小学校、医院等公益性建设项目，经园林、林业管理部门审核同意，不收缴绿化建设保证金。收缴的绿化保证金（含利息）分三次返还建设单位。建设单位在取得有关审核证明和保证金缴讫凭证后，向规划部门申请领取建设工程规划许可证。该年，全市收缴绿化保证金 4 000 余万元，落实建设项目配套绿化面积 70 余公顷。

1998 年，市花园单位增至 386 家，2010 年达 955 家。

三、门前绿化责任制

1998 年，市建委、市绿委根据《上海市植树造林绿化管理条例》及《上海市义务植树绿化费征收办法》，提出《上海市门前绿化责任制管理规定（试行）》（以下简称"门责"），规定全市机关、团体、学校、部队、企业、事业单位（含个体工商户）均有植树造林绿化和管护树木、绿地任务，都应积极参加全民义务植树运动，完成区县分配的植树造林绿化和管护任务，履行门责。

市园林局及市绿委办负责组织落实、督促检查和考核区县门责工作。区县园林部门及绿委办负责实施辖区门责工作，与辖区单位签订"门前绿化责任书"及督促落实。市各级主管部门督促所属单位实施门责，所在地区绿委协调门责工作。

门责要求单位门前建成的公共绿地（含单位自行投资建设的门前绿地）、行道树，按园林绿化部门制定的质量标准，由单位安排专人养护管理，落实经费、人员和任务；门前尚未建设绿地的单位，要利用门前空间及设施进行棚架、花架绿化，窗台摆花等形式的立体绿化及在门前集中放置盆栽花木，做到三季有花、每季有绿；沿街有围墙的单位要创造条件破墙透绿，确有困难无法破墙透绿的单位要在围墙外因地制宜砌筑树槽、花坛、种植花卉、灌木及攀缘植物；建设周期在两年以上的工地围墙，建设单位要实施围墙周围绿化等。

门责范围由区县园林绿化管理部门根据全民义务植树相应劳动量折算原则划定；不足该单位应缴纳当年义务植树费总额的，其差额部分可补缴义务植树费；自行投资建设绿地及破墙透绿，经费按实折算抵扣义务植树费；无法履行门责及出资建设、养护绿地、行道树的单位，按规定缴纳义务植树费等。

市、区县园林绿化管理部门和各级绿委对实施门责成绩突出的单位予以表彰奖励，不力的单位限期改正，不实行的单位按规定追缴义务植树绿化费，追究领导责任。

3月1日始，门责试行。同日，市建委、市园林局机关干部和职工共捐款4万余元，认养沪闵路、虹漕路两块面积为3 000平方米和2 000平方米新建的街道绿地，与徐汇区建委签订绿地认养协议书，拉开全市实施《门责》序幕。至1999年，全市实施《门责》的单位签约养护绿地面积达79.2万公顷，认养行道树1.9万株，认建绿地5.1公顷。

四、新建住宅环境绿化建设导则

2001年，市绿化局、市房屋土地资源局编制《上海市新建住宅环境绿化建设导则》(以下简称"导则")。2005年,根据《上海市植树造林绿化管理条例》修订导则,修订版分为总则及规划、设计、施工、养护导则。

总则为绿地类型有居住区公园和居住区组团绿地、宅旁绿地、配套公建绿地、小区道路绿地,绿地景观元素分为软质景观和硬质景观,环境建设总体目标为实现美观、温馨、舒适、健康、节能的人类生命活动的主要场所。

规划导则为前期介入、同步规划,以人为本、可持续发展,生态优先、因地制宜,凸显个性、简洁整体;技术经济指标为总体规划指标控制和各种元素指标控制及规划技术要点。

设计导则为创造亲近自然、美观、温馨、舒适、健康、节能的室外空间,包括地形、种植、道路地坪设计。

施工导则为营造美观、温馨、节能的环境空间,强调户外空间健康、舒适。

养护导则由园林植物、水体、硬质景观及土壤改良等养护技术措施组成等。

第三节　专项评比

一、"白玉兰杯"绿化竞赛

1993年,市绿委办组织开展"白玉兰杯"绿化竞赛(以下简称"竞赛")。1995年竞赛,金奖徐汇区。1997年金杯徐汇区。1998年竞赛,区际金杯普陀区,县际第一名奉贤县。1999年扩展为总杯下设管理杯、发展杯、群绿杯、创建杯。总杯普陀区,管理杯第一名普陀区,发展杯第一名闵行区,群绿杯第一名为普陀区,创建杯第一名为普陀区。

2003年竞赛,绿化文明行业创建达标单位为松江、嘉定、宝山、黄浦、长宁区;专项奖优胜单位为养管金杯普陀区,建设金杯浦东新区,群绿金杯闵行区,公园金杯静安区,护绿金杯闵行区,创建金杯普陀区;单项奖优胜单位为古树名木保护奖金山、普陀区,屋顶绿化奖静安、长宁,破墙透绿奖杨浦、闵行区,垂直绿化奖杨浦、闵行区,桥柱绿化奖徐汇、普陀区,服务半径达标奖徐汇区,新优植物应用推广奖徐汇区,环城绿带建管奖浦东新区。

2004年竞赛,城区组优胜奖静安、徐汇、普陀区,纵向进步奖长宁、虹口区;

城郊区组优胜奖闵行区、浦东新区、宝山区,纵向进步奖青浦区。绿化文明行业创建达标区为杨浦、虹口、青浦区。

2005年竞赛,城区组优胜奖静安、黄浦、普陀区,纵向进步奖卢湾区;城郊区组优胜奖闵行区、浦东新区、嘉定区,纵向进步奖奉贤区。

2006年竞赛,市民评判为城区组黄浦、普陀区并列第一,城郊组嘉定区第一;社会评价为城区组卢湾区第一,城郊组嘉定区第一;专业评定为城区组绿化建设长宁区第一,公共绿化养护黄浦区第一,群众绿化卢湾区第一,科技科普卢湾区第一,执法管理黄浦、静安、普陀、徐汇区并列第一;城郊组绿化建设宝山区第一,公共绿化养护闵行区第一,群众绿化闵行区第一,科技科普闵行区第一,信息化管理嘉定区第一,执法管理闵行区第一。综合各项评比,总排名为城区组优胜奖卢湾、黄浦、普陀区,纵向进步奖闸北区;城郊组优胜奖浦东新区、嘉定区,纵向进步奖奉贤、青浦区。

2007年竞赛,市民评判为城区组综合虹口区第一,城郊组金山区第一;社会评价为城区组综合卢湾、普陀区并列第一,城郊组宝山区第一;专业评定为城区组综合前三名静安、卢湾、徐汇区,城郊组前三名闵行、宝山、金山区。总名次为城区组静安、卢湾、黄浦区,纵向进步奖虹口、杨浦区;城郊组闵行、金山区、浦东新区,纵向进步奖宝山区。

2010年竞赛为"世博花卉景观评比",其中部分不另行进行评比。

二、"世博"花卉景观评比

2010年5月,市绿化市容局启动"世博花卉景观评比"活动,评比分为绿化景点、花坛花境、容器花卉、特色花卉景观道路等四类。区县参评作品计197件,经专家评定、网上公示,评出各类获奖作品计114件。

表4-2 "世博"绿化景点评比获奖情况表

排名	奖项	区 名	景点名称	地 点
1	金奖	卢湾区	和谐城市系列	徐家汇路
2		徐汇区	海宝迎世博	南站南广场
3		浦东新区	世博新视窗	东明路、齐河路口

续 表

排名	奖项	区 名	景点名称	地 点
4	金奖	杨浦区	世博海洋	五角场淞沪路
5		浦东新区	玉兰迎宾	东方明珠环岛
6		黄浦区	欢庆锣鼓	西藏路延安路（音乐厅）
7	银奖	卢湾区	花开富贵	淮海中路西藏南路口
8		黄浦区	缤纷都市	九江路白玉兰广场
9		浦东新区	红舞世博	东方明珠环岛东侧
10		普陀区	韵动世博	长寿公园水钢琴
11		卢湾区	世博浪花	鲁班路中山南一路西北角
12		宝山区	大地的微笑	牡丹江路、双城路口
13		虹口区	上海看世博	大名路长治路
14		闵行区	海宝足迹	沪闵路金宵绿地
15		闸北区	绽放的玉兰花	火车站白玉兰广场
16		长宁区	世博魔方	延安西路—江苏路
17	铜奖	浦东新区	文明的辉煌	世纪大道砂岩广场
18		浦东新区	世博蝶舞	济阳路中环线立交桥
19		闸北区	守望世博	铁路上海站南广场
20		静安区	亲如一家	北京西路胶州路
21		卢湾区	卢湾欢迎你	金陵中路重庆中路东南角
22		卢湾区	憧憬	延安中路陕西南路东南角
23		徐汇区	时尚生活	瑞金南路、斜土路口
24		黄浦区	缤纷星空迎世博	中山东一路外滩滨水区
25		奉贤区	世博门	望园路—年丰路
26		普陀区	呼唤	桃浦路—真北路口
27		徐汇区	吉祥世博	中山南二路、漕溪路口
28		闵行区	荷一蟹与"和谐"	沪闵路七莘路
29		虹口区	唱响世博	大名路长治路
30		宝山区	和谐世博	牡丹江路、海江路口
31		虹口区	金色梧桐	宝山路东宝兴路

排名	奖项	区　名	景点名称	地　　点
32	入围奖	浦东新区	祥和世博	上南路、永泰路口
33		浦东新区	快乐世博	东方路兰陵路地铁站
34		宝山区	情结世博	同济路、宝杨路口
35		卢湾区	情深	淮海中路—茂名路
36		浦东新区	世博历程	上南路—成山路
37		嘉定区	欢庆	清河路—城中路
38		金山区	蔬菜瓜果也缤纷	卫零路、卫清路口
39		松江区	城市的乐章	申越广场
40		青浦区	与世博同行	华青南路、公园路口

表4-3　　　　　　　　　　"世博"花坛花境评比获奖情况表

排　名	奖　项	区　名	地　　点
1	金奖	黄浦区	人民广场中心花坛,如意·和谐
2		浦东新区	浦明路花坛
3		徐汇区	美罗城三角绿地
4		闵行区	区政府前绿地
5		普陀区	中山北路(邮政院)
6	银奖	徐汇区	肇嘉浜路宛平路
7		虹口区	鲁迅公园前
8		长宁区	虹桥路虹许路口
9	银奖	徐汇区	徐家汇长岛绿地
10		长宁区	长宁路定西路东侧
11		普陀区	金沙江路—大渡河路
12		闸北区	天目公园花坛
13		浦东新区	世纪大道环岛
14		静安区	展览中心前
15		黄浦区	南浦大桥下
16		杨浦区	邯郸路复旦大学

排 名	奖 项	区 名	地 点
17	银奖	黄浦区	西藏南路
18		静安区	欧式模纹花坛
19		奉贤区	望园路—解放东路
20	铜奖	黄浦区	延福绿地
21		宝山区	环岛花坛
22		杨浦区	中原路嫩江路
23		松江区	人民路思贤路
24		闵行区	地铁南广场
25		普陀区	中山北路—光新路
26		奉贤区	解放东路—奉秀路
27		徐汇区	天钥桥路零陵路
28		浦东新区	杨高路云山路
29		静安区	华山绿地
30		宝山区	密山路友谊支路
31		卢湾区	徐家汇路隔离带
32		浦东新区	锦绣路花境
33		虹口区	大名路南浔路
34		宝山区	沪太路洋桥收费站
35		普陀区	长寿路（江宁路）
36		普陀区	中山北路—岚皋路
37		静安区	永源浜绿地
38		静安区	雕塑公园前
39		金山区	电信广场
40		金山区	卫零路广场绿地
41		嘉定区	南门入城口大转盘
42		嘉定区	区政府南侧大草坪
43		静安区	外事办前绿地
44		崇明县	城桥镇南门广场

表 4‑4　　　　　　　　　　　"世博"容器花卉评比获奖情况表

排　名	奖　项	区　名	地点与容器形式
1	金奖	静安区	道路隔离带花箱系列
2		徐汇区	徐家汇时尚包袋
3		浦东新区	上南路中国馆造型
4	银奖	静安区	北京西路陶土花钵
5		徐汇区	衡山路啤酒桶花箱
6		徐汇区	南站座椅式容器
7		卢湾区	重庆南路冰裂纹容器
8		浦东新区	世纪大道花箱组合
9	铜奖	静安区	南京西路绿墙
10		虹口区	四川北路座椅花箱
11		黄浦区	西藏南路腰鼓
12		长宁区	华山路红泥素烧陶缸
13		黄浦区	西藏南路防腐木围墙
14		金山区	广宇大楼前杯型容器
15		闸北区	白玉兰广场花柱
16		长宁区	定西路绿墙
17		嘉定区	博乐南路扇形花箱

表 4‑5　　　　　　　　　　"世博"特色花卉景观道路评比获奖情况表

排　名	奖　项	区　名	道　路　名　称
1	金奖	浦东新区	世纪大道
2		静安区	常德路、华山路、南京西路等
3		徐汇、卢湾区	肇嘉浜路—徐家汇路
4	银奖	浦东新区	浦东南路—耀华路
5		浦东新区	浦明路
6		卢湾、徐汇区	瑞金南路
7		黄浦区	中山南路—中山东一、二路

排　名	奖　项	区　名	道　路　名　称
8	铜奖	浦东新区	上南路
9		虹口区	四川北路
10		黄浦区	西藏南路—西藏中路
11		奉贤区	年丰路
12		长宁区	虹桥路
13		宝山区	牡丹江路

三、"世博"公园花坛·花境竞赛

2010年,市绿化市容局组织开展世博期间公园花坛、花境竞赛,于5月、9月两次组织专家对全市公园花坛、花境布置工作进行考核。公园花坛、花境竞赛分两组(四、五星级公园组,二、三星级公园组)进行评比,各设一、二、三等奖及鼓励奖。经专家评定,获奖名单如下。

四、五星级公园组。花坛一等奖中山公园,二等奖复兴公园、杨浦公园,三等奖古城公园、古华公园、方塔园,鼓励奖广场公园(黄浦段);花境一等奖闵行体育公园,二等奖上海动物园、长风公园,三等奖上海共青森林公园、闸北公园、上海古猗园,鼓励奖上海大观园、思贤公园。

二、三星级公园组。花坛一等奖延虹绿地,二等奖川沙公园、东安公园,三等奖临江公园、济阳公园、黎安公园,鼓励奖民星公园、瀛洲公园;花境一等奖吴泾公园,二等奖甘泉公园,三等奖大宁灵石公园、不夜城绿地、清涧公园,鼓励奖汇龙潭公园、荟萃园。

第五章　创建国家园林城市

创建国家园林城市为一项改善人居生态环境,促进城市可持续发展,造福子孙后代的社会系统工程。要遵循因地制宜、合理投入、生态优先、科学建绿的原则,要通过节约型城市园林绿化建设,"以最少的用地、最少的用水、最少的财政拨款,选择对周围生态环境最少干扰的绿化模式"。创建园林城市的绿化建设主要三项指标为建成区人均公共绿地大于、等于 6.50 平方米;绿地率大于、等于30%;绿化覆盖率大于、等于 35%。国家园林城市评选每两年开展一次,由建设部考评、颁奖。

1992 年,建设部公布第一批北京市等获得"国家园林城市"称号。历届市委、市政府重视城市基础设施建设,关注环境保护协调发展,加强生态环境建设力度,为上海市创建国家园林城市逐年夯实基础。1995 年始,市、区政府每年把园林绿化建设项目列入全市及各区实事工程、重大工程。1998—2000 年实施上海市城市管理和环境建设"三年目标"。

2000 年,市政府首次提出创建国家园林城市设想。2000—2002 年,上海市环境保护和建设"三年行动计划"付诸实施,上海园林绿化建设实现超常规、跨越式发展,全市环境保护和生态环境建设成效显著,城市环境质量明显改善。

2002 年,市政府正式提出创建国家园林城市目标。同年植树节期间,副市长韩正向市民宣布,上海要努力在 2～3 年内建成国家园林城市。5 月,中共中央政治局委员、市委书记黄菊在中共上海市第八次党代会上提出,要把上海建成国家园林城市。市政府要求主管部门、区县以创建国家园林城市为契机,大力推进环境保护和生态环境建设,使创建工作成为造福上海人民的民心工程、实事工程和基础工程。2003 年为完成创建任务的冲刺年,市政府把创建国家园林城市主体工程列为首项市重大工程项目,全力以赴推进创建工作。至该年,全市建成3 个国家级园林城区,浦东新区(1999 年)、闵行区(2001 年)和金山区(2003 年)以及 3 个市级园林城区,松江区、嘉定区(2002 年)和宝山区(2003 年)。

2003 年 10 月 30—31 日,建设部考核、验收上海创建国家园林城市工作。2004 年 1 月 13 日,在建设部"2003 年中国人居环境范例奖和国家园林城市颁奖大会"上,上海市获得第七批"国家园林城市"称号,受市长韩正委托,副市长杨晓渡赴北京领奖。2 月 2 日,建设部部长汪光焘专程抵沪,和市长韩正出席上海获得"国家园林城市"揭牌仪式。

上海在创建国家园林城市过程中,始终动员社会各界参与,严格按照建设部创建标准,组织管理、规划设计、绿化建设、园林建设、生态建设等指标逐一达标。

第一节　组　织　管　理

2000 年,市政府转发建设部《创建国家园林城市实施方案》《国家园林城市标准》,为上海启动创建工作做准备。2002 年,市政府下发上海市创建国家园林城市办公室《关于上海市创建国家园林城市实施方案的通知》,明确创建"国家园林城市"达标范围和考核指标分解,制定《创建国家园林城市宣传工作计划》。6月,市政府召开"创建国家园林城市"专题会议,提出创建工作指导思想和原则,落实工作机构和责任单位,要求抓紧制订创建计划。8 月,市政府召开"创建国家园林城市"动员大会,建立由市主管部门和各区县有关领导组成以联席会议为主要形式的协调机制,设立创建办公室。为确保各项创建工作有序推进,各区县相继成立工作机构,制订具体工作方案和计划,明确目标和任务,把创建工作纳入重要议事日程。2003 年 7 月,市政府下达《创建国家园林城市绿化和市政市容环保考核线路及整治任务书》,有条不紊推进创建工作。

创建工作开展后,市政府多次召开联席会议,围绕创建国家园林城市绿化三项主要指标,全面落实工作责任制,集中力量解决突出问题,确保完成各项创建任务。市区二级政府对环境建设和城市绿地建设持续保持高强度投入,1996—

2002 年两级政府财政投入累计达 125 亿元，其中，2002 年投入 46.4 亿元。同时，把城市大型公共绿地建设与周边旧区改造、市政建设有机结合起来，通过市场运作新机制，不断拓展绿地建设筹资渠道，使城市大型公共绿地建设呈多元化投资格局。

第二节　规　划　设　计

上海园林绿化建设始终在高起点、高标准的规划指导下进行。1994 年编制完成《上海市绿地系统规划（1994—2010）》（以下简称《绿地系统规划》），1996 年、1998 年和 2001 年三次对该规划进行修订和完善，逐步确立"城乡一体化、体现、完善与现代化国际大都市相匹配的具有特大型城市的园林绿化系统和生态环境体系"规划理念，以及"环、楔、廊、园、林"和"点上绿化成景、线上绿化成荫、面上绿化成林"全面发展的园林绿化结构。2002 年，根据《上海市城市总体规划（1999—2020）》（以下简称《城市总体规划》）和《绿地系统规划》，编制完成《上海市中心城区公共绿地规划》《上海市郊区林地规划》两个配套性详规。为保证《绿地系统规划》等付诸实施，根据《城市总体规划》要求，分别编制完成《上海市绿化专业"十五"计划和 2015 年远景目标》《上海市环保三年行动计划绿化专业规划（2003—2005）》等阶段性工作计划。

上海绿地规划设计特色主要为绿地结构。强调城郊绿化联通和生态网络连接，"环、楔、廊、园、林"全面发展，中心城区推进"500 米绿化服务半径"工程，郊区大面积营造人工生态林，形成一个有机整体，达到生态效益最大化；在绿化布局上，根据生态学原理，按照"500 米绿化服务半径"，合理布局绿地建设，提高绿地均衡度；在植物群落设计上，坚持以乔木为主，发展乔、灌、草相结合多层次植物群落，提高绿地单位面积生态效益；提升城市绿化环境综合质量和水平，结合上海大都市发展实际，合理确定绿化规划指标体系，着重体现全市森林覆盖率和建成区绿化覆盖率，规划指标可分可合，便于管理和操作；结合农业产业结构调整，"退粮增林"发展都市林业，突出郊区大型生态林地建设；体现城市生态和绿化环境协调发展，加强市域范围内自然保护区和风景区绿化建设，使绿化建设与自然生态、风景名胜相得益彰等。

第三节　绿　化　建　设

20 世纪 80 年代，上海恢复城市绿化建设，逐步还清历史旧账。90 年代，全市绿化建设从"见缝插绿"到"规划建绿"，实现超常规、跨越式发展。1995—2003 年，上海建成的公园、绿地及绿化配套工程有上海野生动物园、世纪公园、徐家汇公园、大宁灵石公园、延安中路大型公共绿地，上海体育馆、浦东国际机场绿化配套工程和跨世纪大型绿化工程环城绿带 100 米林带及 400 米绿带等。大规模、高水平的绿化建设，使上海城市绿化实现从量变到质变的飞跃，建成区人均公共绿地面积由 1991 年 1.07 平方米增加至 2002 年 7.76 平方米，绿化覆盖率由 12.7％提高至 30.01％。2003 年，全市新建各类绿地 4 000 公顷，建成区人均公共绿地面积达 9.16 平方米、绿地率达 32.1％、绿化覆盖率达 35.18％，达到国家园林城市指标。同时，上海绿化建设快速发展体现在道路绿化、立体绿化、居住区绿化、单位绿化、苗圃建设、全民义务植树等诸多方面。

一、道路绿化

根据《绿地系统规划》，"环、楔、廊、园、林"全面发展要求，道路绿化建设为上海绿化建设的重要组成部分。2000 年，道路绿化总投资达 7 408 万元，2001 年高达 1.42 亿元。至 2002 年年底，沪青平高速公路绿化比例达 78％、沪杭高速公路达 61％，远东大道、南干线、海宁路等绿化配套工程形成"点成景、线成荫、片成林"绿色通道，有效改善和美化道路交通环境。同时，大力开展河道、高压线、铁路线、轨道线以及市政管线等沿线绿化建设。至 2003 年 6 月，新建沿河绿化 645 万平方米，海塘绿化 394 千米。

二、立体绿化

发展立体绿化，拓展绿化空间，对提高全市整体绿化水平起到重要作用。上海立体绿化主要形式有墙面及栏杆垂直绿化（含花灌木贴植）、破墙透绿和屋顶绿化，包括高架悬挂绿化、高架桥柱绿化、街头装饰绿化、退墙敞绿、阳台绿化、窗台绿化、檐口绿化、棚架绿化等。全市立体绿化建设中，南北高架、延安路高架、内环高架等悬挂绿化、桥柱绿化,普陀区、闸北区大规模的垂直绿化,静安区的破墙透绿、屋顶绿化等效果明显,使中心城区绿视率大幅度提高。

三、居住区绿化

1997年颁布实施《上海市居住区物业管理条例》,明确公房和售后公房绿地养护资金列入维修基金支出范围,确保全市每年1.2亿元绿化日常养护费用来源。同时,按照社会化、市场化、专业化、产业化要求,形成政府、企业和个人多元投入机制,保证居住区绿化建设持续稳定发展,走出一条"以商建绿、以绿促商、以商养绿"绿化与产业互动发展新路子,实现住宅产业与绿化产业紧密结合,住宅开发与绿化建设紧密结合。

至2003年8月,全市居住区绿地面积由2000年2 652.19公顷增加至4 611公顷,占城市建成区绿地面积24.6%;建成"四高"优秀小区(高起点规划、高水平设计、高质量建设、高标准管理)等460个,平均绿地率38%以上;改造旧居住区225个,改造后平均绿地率32.2%;整治旧居住区614个,整治后平均绿地率28.26%;建成"园林式居住区"2 691个,占全市居住区总面积63%。

四、单位绿化

1987年始,全市开展花园单位、绿化合格单位评比。2000年5月,市绿委下发《关于"花园单位"新标准的通知》,进一步强化生态和绿化景观要求,增加乔、灌、草合理配置和控制草坪面积等内容,加强花园单位创建和管理力度。至2002年,全市单位附属绿地总面积5 350.17公顷,超过上海绿地总面积1/3;共有市级"花园单位"528个,市级"绿化合格单位"1 910个,分别占全市2 504个具有一定绿化条件单位的21.1%和76.3%。

五、苗圃建设

全市绿化系统有苗圃39个,面积267公顷。随着上海绿化建设进程加快及农业产业结构调整,由社会企事业单位、民营企业建设的系统外苗圃有18个,面积2 763.62公顷。市区绿化管理部门把系统外苗圃一并纳入行业管理范围,统一进行业务指导和业绩考核。全市生产性绿地总面积占城市建成区绿地面积比例超过 3.38％,各项绿化工程所用苗木自给率提高至 80％以上。

六、城市全民义务植树

市委、市政府十分重视全民义务植树活动,不断强化对义务植树的宣传、组织工作,结合上海特大城市的特点,探索、创新义务植树的新形式和新方法,通过开展认建、认养绿地,种植纪念树、营造纪念林等活动,以及实行门前绿化责任制等,逐步形成市民参与种绿、护绿、养绿的社会氛围。2002 年,开展"创建国家园林城市,共筑绿色家园——百万市民百万树"义务植树活动,全年参加义务植树的市民达 50 万人次。

第四节　园 林 建 设

至 2002 年,全市有公园 133 座、总面积 1 411 公顷,占上海公共绿地面积17％;免费开放公园 66 座,公园游人量达 8 795.54 万人次。

一、公园建设

全市居住区配套公园和综合性小公园面积不大,分布在居住区附近,内环线内有 38 座,外环线内有 93 座。公园生态环境良好,设置健身设施,为附近市民提供丰富多彩的户外活动空间,对实现"500 米绿化服务半径"目标起到主要作用。

上海的园林风格集古今中外于一体,特色鲜明。有明清时期的古典园林——秋霞圃、古猗园、豫园、曲水园和醉白池;有复兴公园、襄阳公园等法式园林,中山公园等英式园林;有现代风格的人民公园、长风公园、东安公园、宜川公园等,体现海派园林文化的多元性。上海的公园多以植物造景为主,全市公园的绿化面积占全市公园总陆地面积 71.8％;绿化面积和景观水体面积占 75.1％。上海在公园建设以及改造过程中,十分注重体现每个公园不同的历史、文化内涵等,保持其特色。对古典园林的修复、改扩建等,尤其注重对其原貌的保护和修缮,在"古"字上做文章;建设现代城市公园,强调在改善生态环境的同时,赋予公园特色,增强其生命力,在"特"字上下功夫,有以植物为主题的公园,有以全民健身为主题"园体结合"的公园,有既发挥生态效应又为中心城区城市景观的绿地公园等。

二、公园管理

2001年,根据全市公园实际情况,制定《上海市星级公园评定办法》和《上海市星级公园标准》。2002年,开展评定"星级公园"活动,加大行业管理力度,全面提升公园管理水平,为创建国家园林城市的一大举措。同年5月,全市共评定星级公园29座。同时,通过"公园杯"评比活动,加强全市公园管理、考核,树立公园管理、养护的典型,提升公园管理的整体水平。

三、古树名木保护

1983年10月,市政府颁布《上海市古树名木保护管理规定》,明确古树名木保护、管理责任。2002年7月,市人大常委会通过《上海市古树名木和后续资源保护条例》,扩大古树名木保护范围,进一步落实管理责任、加大管理力度,使古树名木和后续资源保护有法可依,全市1 451株古树名木(一级保护244株,二级保护1 207株)生长良好。

四、城市雕塑

全市共有城市雕塑千余座,雕塑的主题和内容涉及广泛,艺术风格丰富多彩,充分展示"海纳百川"特色。上海为推进城市雕塑发展,采取一系列管理措施,成立上海市城市雕塑管理委员会,制定《上海市城市雕塑管理办法》,严格规范雕塑的报批、设计方案、资金投入等程序。为配合创建国家园林城市,全市涌现一大批造型新颖美观、构思独特的城市雕塑,在上海的公园、主干道、步行街、居住区、街道绿地、地铁广场等公共场所与园林绿化融为一体,受到专家和市民好评的有世纪大道上的"东方之光"、张杨路上的"名人苑"、多伦路上一批文化名人塑像等。

第五节　生态环境建设

在创建国家园林城市期间,全市绿化建设由"见缝插绿"转变为"规划建绿",

形成以"环、楔、廊、园、林"为框架结构的绿化网络系统。中心城区建成大批公共绿地,环城绿带 100 米林带建成,400 米绿带快速推进,郊区建成大规模人工生态林,使上海绿地结构形成一个城郊结合、互为联动的有机整体。

一、城市环境综合整治

2000 年,上海启动实施第一轮"环境保护和建设三年行动计划",投入共计 328 亿元,涉及水环境治理、大气环境治理、绿化建设、固体废弃物处置与利用和重点工业区环境综合整治等 5 个领域 110 个项目。至 2002 年,苏州河环境综合整治一期工程全面完成,建成石洞口等 3 个污水处理厂,城市污水集中收集量和处理能力分别增加 92.9 万立方米/日和 44.1 万立方米/日,提高 41.3% 和 43.9%,污水处理率达 60.6%;2 200 台燃煤炉、窑、灶实行天然气等清洁能源替代,建成 296 平方千米"基本无燃煤区";江桥、御桥垃圾焚烧厂等处置设施建成使用,新增垃圾无害化处理能力 3 250 吨/天,生活垃圾无害化处理率达79.39%;市区生活垃圾分类收集小区覆盖率达 50%,郊区农村 95% 建成生活垃圾收集处置系统;吴淞工业区环境综合整治初见成效。

实施"环境保护和建设三年行动计划",使全市生态环境质量明显提高。苏州河干流基本消除黑臭,主要水质指标基本达标,生态功能开始恢复,市区主要河道水环境质量有所改善。城市空气质量指数二级、优于二级的天数比 1999 年前提高近 10%,空气中二氧化碳和氮氧化物的年平均浓度分别下降 20% 和 15%。

二、河道整治

全市水面积 405.54 平方千米,共有中小河道 23 800 余条。为配合实施"环境保护和建设三年行动计划",共投入 67.8 亿元,修筑护岸 1 370 千米,疏浚淤泥 1.79 亿立方米,沿河拆违、动迁 196.9 万平方米,新建绿化面积 645 万平方米,清除垃圾及漂浮物 500.3 万吨,全市河道面貌变化明显,水质得到改善,防汛排涝功能进一步增强。对重点水系浦东新区张家浜港、杨浦区杨树浦港、虹口区虹口港、徐汇区龙华港、松江新城龙心港等,综合应用截流、治污、疏浚、砌岸、调水等治理手段,效果明显。各区县因地制宜建成一批水质改善型、滨河景观、生态型等样板河段,全市建成样板河段 115 段、长 242 千米。

全市结合大型绿地建设和住宅小区开发等,通过开挖和利用原有水域扩建,开展大型湖泊、池塘、河道、溪流等景观建设,新增水面积 330.6 万平方米,营造黄兴公园、大宁灵石公园、新虹桥中心花园等绿地景观水域 20.51 万平方米和月湖、东方绿洲等郊区湖泊水域 47.6 万平方米,有效促进城市生态环境改善,提高城市景观面貌。

三、市政建设

"九五"期间,上海城市建设固定资产投资 2 343.5 亿元,由中心城区高架道路、轨道交通和地面骨干道路构成的立体化、现代化道路交通基础设施框架基本形成,人均道路面积达 11.46 平方米,万人拥有公共交通车辆达 14.96 辆以上。全市亮化工程效果明显,主次干道灯光亮灯率达 99.34%。市区家庭燃气普及率达 100%,用水普及率达 99.99%,水质综合合格率达 100%。

第六节　复　　查

上海成功创建国家园林城市,为生态环境建设一个新起点,让上海"天更蓝、地更绿、水更清、居更佳"任重道远。市委、市政府坚持经济、社会和环境协调发展,把城市环境保护和建设纳入国民经济和社会发展综合决策,持续推进全市绿化建设、固体废弃物处置与利用等领域的环境保护和生态环境建设,确保绿化三项主要指标稳定增长,迎接建设部对上海建成国家园林城市复查。

至 2008 年,上海建成区人均公共绿地面积增至 12.5 平方米,绿地率增至 36.17%,绿化覆盖率增至 38%;全市公共绿地总面积增至 1.48 亿公顷,新建吴淞炮台湾湿地森林公园、上海滨江森林公园等,公园增至 147 座、总面积增至 1 686 公顷,星级公园增至 83 座(五星级 14 座,四星级 18 座,三星级 41 座,二星级 10 座),免费开放公园增至 126 座;居住区绿化总面积增至 7 199 公顷,绿化合格单位增至 2 293 个,花园单位增至 871 个,创建"全国绿化模范单位"19 个;道路绿化普及率增至 98.9%、达标率增至 86%,屋顶绿化总面积超过 70 万平方米;建成 2 个市级园林城区,青浦区(2004 年)和奉贤区(2005 年)。

2009年3月14—15日,建设部国家园林城市复查组园林组、市政组和住房组专家分别实地考察吴淞口炮台湾湿地森林公园、闵行体育公园、奉贤海湾国家森林公园、江桥生活垃圾焚烧厂、鞍山四村旧区住房改造和世博园区等20余处,在复查工作座谈会上指出,上海园林城市建设理念超前、水平领先,城市绿化呈跨越式增长,市政建设发展迅速,旧区改造程序规范、透明等。上海圆满通过建设部复查。

表5-1　　　　　2003年上海市创建国家园林城市各项指标情况表

序号	项　　　目	建设部标准	上海市指标
1	建成区绿地率	30%	32.1%
2	建成区城市绿化覆盖率	35%	35.18%
3	建成区人均公共绿地面积	6.5平方米	9.16平方米
4	城市街道绿化按道路长度普及率	95%以上	97.5%
5	城市街道绿化按道路长度达标率	80%以上	85%
6	市区干道绿化带面积占道路总用地面积	不少于25%	53.1%
7	全市园林居住区比例	60%以上	60%
8	新建居住小区绿化面积占总用地面积比例	30%以上	36%
9	改造旧居住区绿化面积占总用地面积比例	不少于25%	32.23%
10	绿化达标单位比例	70%以上	76.3%
11	绿化先进单位比例	20%以上	21.1%
12	全市生产绿地总面积占城市建成区面积比例	2%以上	3.38%
13	城市各项绿化美化工程所用苗木自给率	80%以上	80%以上
14	全民义务植树成活率	不低于85%	90.8%
15	全民义务植树保存率	不低于85%	95%
16	全民义务植树尽责率	80%以上	92.5%
17	公园绿化面积占陆地总面积比例	70%以上	71.8%
18	生活垃圾无害化处理率	60%以上	79.39%
19	污水处理率	35%以上	60.6%
20	城市大气污染指数	达到二级	二级
21	地表水环境质量标准	三类以上	三类以上

序号	项　　目	建设部标准	上海市指标
22	燃气普及率	80%以上	100%
23	万人拥有公共交运车辆	10 辆(台)以上	14.96 辆(台)
24	城市主次干道灯光亮灯率	97%以上	99.34%
25	人均拥有道路面积	9 平方米以上	11.46 平方米
26	用水普及率	98%以上	99.99%
27	水质综合合格率	100%	100%

表 5 - 2　　　　　　　　　1997—2010 年上海市绿化发展情况表

年　　份	建成区人均公共绿地面积 (平方米)	建成区绿化覆盖率 (%)
1997	2.41	17.8
1998	2.96	19.1
1999	3.62	20.3
2000	4.6	22.2
2001	5.56	23.8
2002	7.76	30.01
2003	9.16	35.18
2004	10.11	36.03
2005	11.01	37
2006	11.5	37.3
2007	12.01	37.6
2008	12.51	38
2009	12.83	36.1
2010	13	38.15

第六章　园林文化

　　1978年后，上海园林绿化事业蓬勃发展，城市环境生态、景观效应不断提升，国际性园艺、花卉、盆景博览会和全国性展览会接踵而来。1982年，中国花卉盆景协会和市绿委及市园林局在人民公园举办中国菊花品种展览。1984年，市绿委在人民公园举办上海市绿化成果展览会，观众达70万人次。1985年，中国盆景评比展览在虹口公园举行，21个省市、77家单位、1 600余盆展品；第二届中国菊花品种展览在中山公园举行。1986年，首届荷兰花展在上海植物园举行。1990年，全国第一届插花艺术展览在中山公园举行。1991年，全国风俗民情展览会在中山公园举行，展期两个月；全国第五届荷花展览在人民公园举办，29个城市参展，展期两个月。1995年，中国民俗风情节在鲁迅公园举行。

　　随着社会经济发展，城市软实力增强，公园综合功能提升，市民精神文化生活需求，全市公园逐渐形成一些特色鲜明、丰富多彩的文化活动，内容有动植物观赏类、文化娱乐类、民俗类及科普类。动植物观赏类有牡丹花会、郁金香花节、梅展、都市森林菊花展、上海花展、荷花展，文化娱乐类有竹文化艺术节、音乐烟花节、动物风情节、音乐烟花大赛、动物风情节，民俗类有"妈祖祭典"活动、新春猜谜会、欢乐民俗节等。活动类型有花展、书画展、艺术展等静态展示型，免费电影进公园等互动型，立足自身、挖掘内涵、精心策划的古猗园、古华公园、金桥公园的猜灯谜、闹元宵活动，连续举办10届的古猗园竹文化艺术节。免费项目有莘庄公园梅展、吴江公园荷花展、闵行体育公园夏季水生植物展等。

第一节 古 典 园 林

一、秋霞圃

秋霞圃位于嘉定区城东大街 314 号,陆俨少艺术院以东,启良中学以南,秋霞公寓以西,东大街以北,占地面积 3.15 公顷,为上海五大古典园林之一。

秋霞圃始建于 1526 年明正德、嘉靖年间,系由原龚氏、金氏、沈氏的私宅园林和邑庙(城隍庙)合并而成,园内建筑大多建于明代。1960 年恢复"秋霞圃"原名,被列为县文物保护单位,1962 年被列为市文物保护单位。1979 年,市政府拨款 300 余万元修复秋霞圃,1980 年 4 月动工,1987 年 10 月 1 日全园对外开放。

2004 年,秋霞圃被评为四星级公园。

【改造情况】

2009 年,为迎接上海世博会,秋霞圃实施开放后大规模的局部修缮和调整工程,由同济大学建筑设计研究院编制秋霞圃局部修缮和调整方案,上海近典建筑工程公司承包,上海园鼎监理公司监理。项目列入 2009 年度嘉定区财政专项,项目款 313 万余元,其中 150 万元为市补贴资金。4 月初动工,11 月底竣工。

工程施工原则为原真性。保护秋霞圃历史、艺术及技术价值,任何修复须考证,依据同一时期、地区类似建筑及细部进行复原,不允许改变文物原状。在完整性方面,不破坏秋霞圃及周边建筑环境,视周边现存建筑为构成该项文物古迹的组成部分;最大限度保存文物建筑原有部分。原有部分为文物建筑主要价值所在,须保证历史证据不被破坏、篡改或移动;只采取最必要措施。只有在非做不可时才允许做,特别要防止做过头、做太多。在绿化梳理调整方面,梳理园内绿化品种、数量及品质,合理配置、提升品质,保护古树名木及其后续资源。

由于进行不闭园施工,工程分 3 个阶段。第一阶段修缮舟而不游轩、碧梧轩、碧光亭、观水亭。第二阶段修缮亦是轩、屏山堂、宾藻风香室、洗句亭、井亭、城隍庙东南角柱,修复假山叠石及围墙,整治水体,改造电气设备,增设无障碍设施。第三阶段调整绿化为保留原有种植及景观,改造绿化 5 500 余平方米;恢复蜡梅林、杜鹃山、竹林,新增二乔玉兰群、垂丝海棠群;种植大吴风草、扶芳藤及常春藤、长春花等地被植物 4.2 万余棵,茶花、蜡梅、紫薇、杜鹃等花灌木 150 余株,淡竹、茶杆竹等千余杆,弗吉尼亚桤、二乔木兰等乔木 20 余株,为 12 棵古树名木、21 棵后续资源创造适宜生境。

局部修缮和调整后,古建筑延续文脉,增强"静观自得"的观赏性,提升古园的文化底蕴;优化植物景观,构建多层次植物群落,古树名木及后续资源生境良好;加固假山叠石,改造电气管线,增设消防、监控设备及无障碍通道,保障游客安全。

【主要活动】

艺术展 2000 年,举办春季花卉盆景艺术展,竹文化艺术展。2009 年,举办著名书法家高式熊书法作品展。

摄影展 2006 年,举办上海历史风景图片展,旅游风光摄影展。2007 年,举办和谐乡村摄影艺术展。2008 年,举办上海百年掠影展。

影视拍摄 2000 年,上海电影制片厂《梧桐雨》。2001 年,上海电视台《栀子花白兰花》。2002 年,中央电视台《熊猫与女人》(中美合拍)。2003 年,上海电影制片厂《南翔小笼包》。2004 年,东方电视台《中秋赏月》《祝枝山传奇》。2005 年,中央电视台《冼星海》,东方电视台《王小毛》(滑稽戏)、《大雷雨》《董梅卿》(沪剧)、《血手印》(越剧)、《三女抢班》(淮剧)等。

二、豫园

豫园位于黄浦区安仁街 218 号,老城隍庙以东以北,福佑路以南,安仁街以西,占地面积逾 2 公顷,为上海五大古典园林之一。

豫园始建于明嘉靖、万历年间。1956 年进行大规模修缮,历时 5 年,1961 年 9 月对外开放,1982 年 2 月被国务院列为全国重点文物保护单位。园内著名景点有江南三大名石之称的玉玲珑,清末小刀会起义的指挥所点春堂和三穗堂、铁狮子、快楼、得月楼、积玉水廊、听涛阁、涵碧楼及园内静观大厅"晴雪堂"、古戏台等 40 余处。

【绿化情况】

绿化布局合理,植物配置得当,特色为古树名木较多。园内有乔灌木 670 余株,常绿树与落叶树各占半数。古树名木 27 株,其中百年以上 20 株,300 年以上 2 株,200 年以上 5 株。万花楼前一株古银杏,树龄 430 余年,树高 26 米,冠幅 13.8 米。玉华堂前一株白玉兰,为上海最古老的市花。静观大厅前一株白皮松,树龄 200 余年,树高 6.2 米,冠幅 7.2 米。鱼乐榭南侧一株紫藤,树龄 300 余年,树高 4.2 米。园内亭、台、楼、阁、厅、堂、廊、榭周围栽植银杏、女贞、广玉兰、白玉兰、紫薇、白皮松、罗汉松、茶梅、香樟、紫藤及铁树、五针松、罗汉松等大盆景;在群置、散置的湖石间与桥旁栽植青枫、茶花、桂花、杜鹃、瓜子黄杨、黄馨,墙脚处栽植箬叶、天竹、麦冬、竹等,展现明清时期江南古典园林艺术风格。

【主要活动】

书画展及民俗活动 1977—1980 年,刘海粟、谢稚柳、唐云、应野平等 50 余位书画家参与豫园雅集,作画 18 幅。1990 年,在点春堂举办"上海豫园书画藏品展",展出任伯年、齐白石、虚谷、张大千、江寒汀、丰子恺、关良、沈尹默等书画精品 40 余幅。1991 年,举办"纪念上海建城 700 周年,保护老城厢文物古迹"书画义卖展等活动。每年农历六月初六,园内有晒袍会,晒袍即展示各种款式的服饰。

灯会及花展石展 1979 年,重新举办元宵灯会,至 1992 年举办 8 届。其中,规模较大的有 1988 年集观灯、品曲、赏画为一体的龙年游园会;1989 年,与江苏镇江俗艺灯彩公司联合举办的灯会;1990 年,为迎亚运会、迎国庆,由南市区政府同市文化局、市旅游局、市广播电视局、解放日报社、文汇报社、新民晚报社联合举办灯会;1992 年,为迎接'92 中日友好观光年及江、浙、沪旅游年,由苏州姑苏灯彩厂创作、布置的灯会及南京雨花石精品展。1991 年,豫园与市工人文化宫联合举办菊花盆景展览,有 5 000 余盆菊花及盆景参展;在绮藻堂举办柳州红河奇石展览会。1992 年,举办上海菊花艺术展,有 4 500 余盆菊花参展。1999 年,豫园建园 440 周年,中共中央总书记江泽民题词"海上名园",镌刻于黄山石,立大门内。

三、上海古猗园

上海古猗园位于嘉定区南翔镇,占地面积 8.68 公顷,为上海五大古典园林之一。

古猗园始建于明嘉靖年间,初名借园。万历年间闵士籍改建,取名猗园。清乾隆十一年(1746),叶锦购得,改名古猗园。乾隆五十三年(1788)当地人士捐购古猗园做城隍庙庙园。1959年,古猗园修缮后重新开放。"文化大革命"期间,改名南翔公园、红卫公园。1977年恢复古猗园园名。

1985—2010年,古猗园连续26年被评为市文明单位。1996年,被评为市双优公园。2004年,被评为五星级公园,全国建设系统精神文明建设先进单位。2005年,被评为市文明公园、国家AAAA级旅游景区。2006年,被评为全国旅游系统先进集体、全国建设系统思想政治工作先进单位、市平安单位。2009年,被评为市文明示范公园。2010年,获得全市公园社会公众满意度测评第一名。

【改造情况】

1978年,古猗园被市建委列为旅游点,实施一期工程建设,原铁丝围篱改建成花色漏窗围墙,重建绘月廊、柳带轩,投资28万元。1979年,二期工程征用土地5亩,园基扩至92亩,重点建设松鹤园的松鹤轩、假山、瀑布,原宋代普同塔迁置荷花池,投资78万元。

1982年,建成仿砖雕照壁,重建逸野堂。1983年,据清沈云禄《古猗园记》,改建北大门,筑幽赏亭。1985—1989年,园基东扩33亩,建青清园,广植绿竹,筑荷风竹露亭、君子堂,原熊山改建为龟山及镌刻百寿碑,原南市区火神庙打唱台迁至青清园,形成逸野堂、戏鹅池、松鹤园、青清园、鸳鸯湖、南翔壁等6个景区。

1991年,建梅花厅碑廊,镶嵌27块名家书法碑刻。1994年,建古猗园餐厅,旧餐厅恢复为春藻堂景点,投资390万余元。1995年,改造茶室、曲香廊、梅花厅、围墙、地坪,新建职工休息室、办公室,投资197万元。1996年,为配合南翔镇古猗园路商业街建设,原南出入口调整至西南侧,设牌楼、门庭,建造古猗园路西侧商业用房1 000平方米。

2005年,原花圃改造为盆景园。2008—2010年,实施古猗园改扩建工程,主要为东部扩建22.37亩,投资2 900万余元。依据清代《江南园林志》记载,进行叠山理水、园林造景,恢复老园区历史风貌,南出入口由西南侧调整至原南门位置。同期,实施古猗园迎世博600天专项整治,主要为基础设施改建、更新,园林建筑修补、刷新,植物群落优化、调整,投资1 200万余元。

改造后,古猗园保存唐代经幢、宋代普同塔、清代玩石斋、民国微音阁等文物及小松岗、洛阳桥等遗迹。园林布局定格为猗园、花香仙苑、曲溪鹤影、幽篁烟月等四大景区,形成绿竹猗猗、明清建筑、花石小路、幽静曲水、楹联诗词等五大园艺特色。更新景观水体净化、给排水系统,污水处理设备;改造消防、电力、照明、餐饮等设施,增设探头,完善监控系统;建成游客咨询服务中心、志愿者工作室、无障碍通道及公厕;根据景区主题,优化游览景点,形成一步一景、精致典雅的江南古典园林特色;保护古树名木及后续资源,增植牡丹、梅花、杜鹃、桂花及古桩盆景等传统花木,形成四季成景的植物群落。

【主要活动】

领导视察   1978 年,全国人大常委会副委员长胡厥文来园,题额"古猗园";市委书记彭冲来园,指示"恢复古典园林特色"。1981 年,市政协副主席宋日昌来园,题额"不系舟"。1982 年,中国驻联合国大使林青一行来园视察。1983 年,副市长裴先白来园视察。1984 年,胡厥文副委员长来园,题额"微音阁"。1987 年,中国人民银行行长陈慕华来园视察。1992 年,市长黄菊来园视察;市委书记吴邦国来园,题额"荷风竹露亭";副市长顾传训来园视察。1996 年,副市长蒋以任陪同国家计划委员会副主任曾培炎来园视察。1997 年,国务院副总理吴邦国来园视察;俄罗斯最高法院院长一行来园参观。1998 年,全国政协副主席经叔平来园视察。2004 年,全国政协副主席张思卿来园视察。2010 年,市委书记俞正声来园视察。

展览活动   1992 年,举办中外门券、盆景插花、蝴蝶标本、金秋菊花、名人书画展。1993 年,举办珍稀动物标本、根雕艺术作品展。1994 年,举办'94 灯艺展。1995 年,举办秋之韵画展、蓝天菊艺展。1997 年,举办历代花灯展、仲夏民间陶艺展、陈春荣竹刻艺术展。1998 年,举办首届杜鹃花展。1999 年,举办上海民间收藏博览会。2001 年,举办诗文书画摄影大奖赛、老年书画展。2003 年,举办牡丹花展、古镇南翔 1 500 周年书画展。2007 年,举办盆景赏石暨杜鹃花展。2008 年,首次举办新春灯谜会、首届荷花展及"为祖国祝福,为奥运加油"放荷灯仪式。2009 年,举办首届牡丹花友会,猗园记忆老照片展。

其他活动   1994 年,举办胡兆康先生珍贵供石捐赠暨"玩石斋"开幕式。1995 年,首次举办夏季纳凉晚会。1997 年,陈香梅女士来园拍摄上海电视台纪录片《陈香梅》。1998 年,举办"大红灯笼贺新春"活动。2000 年,举办"万蝶欢庆新世纪"活动。2001 年,拍摄上海电视台电视剧《平地》。2002 年,拍摄东方电视台《品戏斋夜话》;接待德国大众集团公司年会游园活动 300 余名外籍人士;举行"古牡丹捐赠仪式",接受市民陈珑等 8 人联合捐赠家传 90 龄牡丹,植于曲廊花园;古猗园牌南翔小笼获得中国烹饪协会"中国名点"称号。2003 年,组建一支30 余人老年护绿队,古猗园志愿者队伍扩至 90 多人。2005 年,与上海城建学院签订大学生实习基地协议。2006 年,举办南翔镇百年好合婚礼庆典活动;开展新建的盆景园征名活动,经评选命名"怡景苑"。2007 年,推出"最受游客喜爱的盆景"电话投票有奖活动。2009 年,举办"双庆欢乐颂"活动。

四、曲水园

曲水园位于青浦区公园路 612 号,护城河以东、以北,公园路以南,城隍庙以西,占地面积 1.82 公顷,为上海五大古典园林之一。

曲水园曾名一文园、灵园,清乾隆年间为城隍庙庙园。嘉庆三年(1798)易名曲水园,曾毁于战乱,后重建。宣统三年(1911)由县公款公产管理处管辖,称公园。民国十六年(1927)改名中山公园。抗日战争期间,公园大部分遭日机炸毁。20 世纪 50 年代逐步恢复,1959 年被列为县文物保护单位,1980 年恢复曲水园园名。

2007 年,曲水园被评为四星级公园。

【改造情况】

1982—1986 年,市政府拨款 93.5 万元整修曲水园。修复夕阳红半楼、有觉堂、得月轩、御书楼,重建清籁山房、佛谷亭,新建西大门、清泉廊、写意亭、接景廊、五间廊、绿波廊、豢鹤轩;凿清泉溪,架清泉桥;园前围墙北移至稻香村,园门移至花神堂东南面;杉林区命名观寿园,镜心庐、涌翠亭恢复原名。1986 年,"整修曲水园记"碑刻嵌于涌翠亭壁。

2004 年,由于市政建设,改造公园路北侧景观。拆除园前围墙,沿墙基建长廊。廊前挖水渠,引护城河水入园。园门迁至凝和堂正南面,重建仪门。

2005—2007 年,曲水园再次整修。一期工程 2005 年 11 月至 2006 年 11 月,修缮凝和堂、涌翠亭、花神堂、牡丹亭、迎曦亭、小飞来峰,翻修写意亭、恍对飞来厅、米拜石、小濠梁、玉字亭、玉字廊、佛谷亭、冰壶、石柱六角亭、石柱长方亭、绿波廊,改建西大门、清泉廊、清泉桥、九峰一览、镜心庐、竹榭、接景廊、五间廊,新建石鼓亭、茶楼北门、机云亭、听橹阁;疏浚清泉溪,重凿放生池;改造园路、地坪,安装变频水泵,增设消防栓,铺设电缆。期间,石柱六角亭定名水月亭,石柱长方亭定名衍圣亭,五间廊易名邀月廊;观寿园改名石鼓文书艺苑,展示复旦大学中国文人书法暨石鼓文研究中心仿制石鼓 10 只,刻有石鼓文研究者诗文石碑 80 多块嵌于清泉廊壁。

二期工程 2007 年 5—9 月,新建咏真斋,修缮舟居非水、迎仙阁、夕阳红半楼、得月轩、有觉堂、御书楼、坡仙阁、茶楼、清籁山房、九曲桥、鬟鹤轩;调整绿化,建成石鼓秋韵、岁寒三友、俏梅劲松、莺歌燕舞、玉堂富贵、幽篁舞倩、绿肥红瘦、玉树琼花等植物景点。

改造后,全园以凝和堂为中心,横向一轴三筑,凝和堂左右为有觉堂、花神庙对峙;纵向前堂后房、一山二池,前为凝和堂,后为青籁山房,山为大假山小飞来峰,池为荷花池、睡莲池。古建筑保持原特色,厅、堂为青瓦墙,青砖构成拱门、圆门及长方门;亭、台为葫芦顶、花瓮顶,有观象物装饰。景区环湖而设,西园以建筑为主,厅堂华美,庭院幽静;中园以山水见长,山峰耸立,池水清澈;东园以野趣相映,林地平旷,花木繁茂;书艺苑以古雅盛誉,石鼓林立,碑刻嵌壁。

湖里放养花鲢、螺蛳,新增变频水泵 2 台,改善水质。园路布置庭院灯,设导游图、古树名木标识,建星级厕所 3 座及无障碍坡道。百年以上古树名木 53 株及后续资源 20 株建立一树一卡档案。

【主要活动】

每年在得月轩画廊举办书画展览。有志愿者百余人,分班定时协助维持环境卫生,宣传文明游园。2005 年 5 月始,每月 5 日中山医院青浦分院医务人员定期举行医疗咨询活动。

五、醉白池公园

醉白池公园位于松江区人民南路 64 号,人民南路以东,驻军营房与松江区第一中学以南,长桥南街以西,人民河以北,占地面积 5.11 公顷,为上海五大古典园林之一。

公园原址为宋代谷阳园,有园内乐天轩辅以旁证。明末董其昌建四面厅、疑舫等处。清初顾氏修建别墅花园,以黄石驳岸的长方形荷花池为主体,有莲叶东南、花露含香、半山半水半书窗、疑舫、《云间邦彦图像》石刻、雪海堂、四面厅、乐天轩、卧树干、池上草堂等十景,取园名醉白池。后为松江善堂公产,抗日战争期间日军在园内设"慰安所",民国二十九年(1941)汪伪在园内建"迎宾馆",抗战胜利后为国民政府交通警察部队驻地。1958 年 8 月,松江县人大常委会通过《醉白池辟为公园》决议,1959 年 10 月 1 日对外开放。1965 年改名人民公园,"文化大革命"期间毁坏惨重。1979 年恢复原名,1980 年进行整修及局部改建工程,1986 年完成。园内有四面厅、乐天轩、疑舫、雪海堂、宝成楼、池上草堂、雕花厅等亭台楼阁;《云间邦彦图像》石刻、历史艺术碑廊、《赤壁赋》真迹石刻等艺术瑰宝;树龄三四百年的古银杏、古香樟,百年以上的古牡丹等。

【改造情况】

2000 年,重新翻建西大门,新建两层仿古楼一座。2008 年,修缮深柳读书堂西侧五色泉。2009 年,改造五色泉周边道路,辟建牡丹园,调整绿化。改造后,基础设施完善,设置无障碍通道;调整建筑使用功能,设游客中心及志愿者工作室;在园内游客集中场所增设监控设备,更新消防设施;调整绿化布局,增加新优植物品种,加强古树名木保护,丰富园林景观,为游客提供舒适、整洁的游园环境。

【主要活动】

公园举办汉服游园、戏曲进园、中秋笔会等活动,杜鹃花展、菊花展为特色项目。碑刻画廊的东西厢房辟为展览厅,有书画、剪纸、盆景、雕刻、紫砂等艺术作品展示。

第二节 特 色 公 园

本节主要选介 1978—2010 年上海建设的 5 座特色公园,有古银杏树公园、梦清园、豆香园、九子公园和静安雕塑公园。

一、古银杏树公园

古银杏树公园位于嘉定区泰海路 230 号,地处安亭汽车工业区内,众百路以东,安辰路以西,泰海路以北,占地面积 2.06 公顷。

公园以生长着一棵上海古树名木中树龄最长、编号为 0001 号的古银杏树命名。据文献记载,该树植于唐贞元年间(785—804),树龄 1 200 余年,被称为上海第一古树,又被称为树王,有六个朝代的文献记载,亦称六朝文物。该树为雄性,高 25 米,胸径 6.65 米,冠径 20×12.5 米,树根分布达数千平方米。古银杏树被当地人信奉为老祖宗传下来的"宝",每逢农历初一、十五有许多当地居民前来敬香。上海解放前,曾有权势者千方百计想要占有它,都被村民设法抗拒。1987年,古银杏树为全市首批立石碑,实行一级保护。

公园原址为嘉定区方泰镇光明村 23 生产队的村庄、农田及养鸭场。为保护古银杏树,为其创造良好的生长环境,同时为市民提供游憩场所,通过了解古银杏树的历史,提升保护古树名木的意识,区政府投资 100 万元辟建古银杏树公园。

【设计施工】

2002 年 4 月,公园动工建设,10 月竣工开放。2004 年,安亭镇政府投资 360万元扩建公园,以改造水体为主,增设九曲亲水平台及亭、榭、花架等。

公园设计以古银杏树为主体,利用原有地形、水体及树木,配置亭、桥、廊、榭、假山等。布局自然,富有野趣,游客在园内各处均可欣赏"树王"雄姿。

辟建施工主要营造群树护"王"景观,保留原椿树、榆树、朴树、构树等 20 余株乡土树种,设置橡木花架、木亭、木桥、假山、汀步等。

扩建施工以改造古银杏树西侧的水体为主,黄石叠岸,架设九曲亲水平台及廊、榭,岸边种植垂柳等。

【主要景点】

公园主要景点有树王景观、九曲亲水平台、莲花观赏区、公园广场等。

树王景观　凸显古银杏树神采,西南原乡土树种形成群林,西侧筑亭点缀,西北角置一枚 30 米高的避雷针保护古树,南北两侧配植银杏林,"树王"生长旺盛。

九曲亲水平台　为利用原水体因势利导之作,水道迂回曲折,亲水平台及水榭与小岛相连,水乡景色丰富多彩。

莲花观赏区　依山贴水,为幽静的赏莲胜地,筑有高低石景墙,景墙与木栈道之间种植睡莲,莲花有白、红、粉、黄等色。

公园广场 在安辰路出入口处,为六级台阶的下沉式广场。广场西侧经小木桥通往九曲亲水平台,广场上植有 4 株银杏,树下设置半圆形座椅,为附近居民及游客的活动场所。

公园绿化种植突出银杏及乡土树种,构成多层次植物群落。乔木有椿树、榉树、无患子、青桐等 22 种 900 余株及原胸径 20～50 厘米构树 12 棵。花灌木有垂丝海棠、木芙蓉、木槿、紫薇等 27 种 2 000 余株。竹类有刚竹、慈孝竹等 3 种 270 余平方米。地被植物有麦冬、大吴风草及草坪等 25 种 11 600 余平方米。水生植物有睡莲、黄菖蒲等 5 种 400 余平方米。乔灌木比例为 1∶2.26,常绿与落叶植物比例为 1∶1.22。

二、梦清园

梦清园位于普陀区宜昌路 66 号,江宁路桥以东,苏州河以南,昌化路以西,宜昌路以北,占地面积 8.6 公顷。梦清园以水体净化再生为环保主题,为苏州河沿岸标志性生态、休闲绿地和上海第一座集园林绿化、历史文脉、科普教育、水环境整治于一体的活水公园。

梦清园由市、区两级政府投资建设,园内苏州河景观水体净化系统为国家 863 计划项目之一。

【设计施工】

2003 年 3 月,梦清园动工建设,2004 年 7 月建成,免费开放。

梦清园原为 2004 年完成的苏州河综合整治工程(一期)重点项目,位于昌化路桥与江宁路桥之间的半岛绿地。绿地内保留建于 20 世纪 30 年代原斯堪脱维亚啤酒厂(上海解放后为上海啤酒厂)的灌装车间和酿造楼两幢历史建筑。2005 年 6 月,灌装车间改建为苏州河展示中心(梦清馆)对外开放。2008 年 6 月,梦清馆完成升级改造,更名为上海水环境展示馆,分 3 个展厅,1 楼展厅介绍治理苏州河污染,2 楼展厅凸显水污染代价,3 楼展厅以四幕模型多媒体剧《苏州河的诉说》,展现苏州河河水沧桑变化,为镇馆之宝。

梦清园由苏州河综合整治办公室设计、建设,普陀区企业出资管理。

【主要景点】

梦清园有近 1 千米的亲水岸线,园内环路旁有云帆、彩云间、听水等雕塑及蝴蝶泉、音乐广场、空中水渠等景点。沿亲水平台,可观赏石阶回澜、芙蓉步道、游船码头、大鱼岛、星月湾、小鱼岛等景观。园内有一条微缩的"小苏州河",河水流向、河道弯曲与苏州河相似,河旁仿制水车缓缓转动,喷雾设施散发朦胧雾气。星月湾形似一轮弯弯新月,为公园出水口,夜晚水下彩灯射出美妙光色。

梦清园绿化率达84%,草坪面积9 450平方米,有3 000余平方米竹林,植毛竹、哺鸡竹、慈孝竹等1万余杆。园内北部山坡高8.4米,有种植金桂、银桂、四季桂的桂花林,山坡下路旁遍植樱花。

【重要活动】

2009年3月31日,上海儿童世界基金会幼儿园200余名小朋友来园参观,举行"种植一棵树,爱护一片绿"活动;4月10日,"川流五洲"艺术作品上海展览会在梦清馆揭幕,英国总领事馆文化领事安格文、教育领事白艾岑等百余人出席揭幕酒会;6月25日,国务院以及各省市参事室领导等来园参观。

2010年5月2日,上海电视台、东方卫视在"世博"场外馆——梦清园现场,直播"城市与水"专题节目;6月25日,中共中央政治局委员、市委书记俞正声等领导来园参观;9月14日,俞正声、韩正、殷一璀等来园参观;7月29日,广州市委书记张广宁等来园参观。

三、豆香园

豆香园位于浦东新区陆家嘴地区灵山路412号,源深路以东,灵山路以南,桃林路以西,杨源路以北,占地面积3.6公顷。为颇具特色的居住区公园。

豆香园原址为工厂及村落,总规划用地6.9公顷,分两期建设。一期工程占地面积3.6公顷。

【设计施工】

2005年8月,豆香园动工建设,2006年6月28日建成开放。

豆香园设计思路以中国悠久的豆文化为主线,《诗经》《齐民要术》等提及,四五千年前祖先就培育大豆,2 000多年前汉朝淮南王刘安发明制作豆腐;王维《相思》"红豆生南国,春来发几枝"有红豆,李白《紫藤树》"紫藤挂云木,花蔓宜阳春"有紫藤,嵇康《养神论》"合欢蠲忿,萱草忘忧"有合欢,杜甫《得舍弟消息》"风吹紫荆树,色与春庭暮"有紫荆等;豆科植物丰富多彩,有草本、藤本、灌木、乔木,全世界有 650 属 1.8 万种,我国有 172 属 1 500 种;豆科植物根部有根瘤菌,能固定大气中游离氮素,地球上每年由豆科植物根瘤菌固定的氮素为 8 000 万吨,占地球生物固氮的 40%,为全世界工业合成氮肥的 2 倍。

豆香园建设指导思想为满足休闲、游览、活动等功能的居住区公园,以豆文化为特色,景观布置、种植设计、科普教育、娱乐活动、经营服务等围绕其特色展开,建成具有独特文化内涵的植物专类园。一期工程按照《公园设计规范》规定,陆地面积 2～5 公顷专类植物园其园路及铺装场地占陆地面积 10%～20%,管理建筑<1%,游览、休息、服务以及公共建筑<7%,绿化用地>70%,布局合理。

【主要景点】

豆科景点 位于豆香园东侧,灵山路桃林路口。有栽植红花刺槐、树锦鸡儿、金枝槐、双颊决明的合欢路;聚集国槐、刺槐、毛刺槐、红花刺槐及花榈木、黄檀、胡枝子的槐花坡;种植 6 株木本象牙红及木蓝的刺桐湾;以红豆树为主体配置蝴蝶槐、盘槐、伞房决明的红豆谷;以收集加拿大紫叶紫荆、紫荆、巨紫荆等各种紫荆的紫荆苑;以双颊决明、伞房决明等决明属植物为主体的决明苑;以美国皂荚、金叶皂荚、皂荚等各种皂荚为骨架的皂荚坪;以 30 余株紫藤为主及白花紫藤、日本紫藤等品种的紫藤棚;以收集蚕豆、大豆、豇豆、豌豆、刀豆、赤豆、扁豆等豆科农作物及蔬菜的豆香圃等。

雕塑 园内有两组以豆为主题的雕塑——福豆和豆凳。福豆外壳采用不锈钢结构,里面的豆子绘有京剧脸谱,象征豆与中国历史文化悠久的渊源和情结。豆凳材质为大理石,造型宛若成熟的豆荚,自然分成两半,其中一半豆荚中有两颗豆子,第三颗则掉落在地上。

青砖绿瓦与彩色沥青路面 园内建筑装饰清一色为冷色调,以传统建筑的青砖贴面、素墙及灰色的木装饰为主。主干道为沪上公园首例彩色沥青排水路面,与园内传统风格以及周边环境的现代气息有机融合,尤其冬季树木凋零,主干道表现的亮丽色彩别有一番韵味。

园内种植豆科植物 80 余种,乔木有红豆树、紫叶皂荚、金叶国槐、红花刺槐等 1 013 株,灌木有紫叶紫荆、大叶胡枝子、伞房决明、鸡冠刺桐、红花羊蹄甲、紫藤等 4 907 株,蔬菜有豇豆、毛豆、绿豆、扁豆等,地被植物 1 882 平方米,草坪 11 850 平方米。配植雪松、落羽杉、香樟、乌哺鸡竹等百余种。

园内服务设施主要有浦东新区防汛办会议室、茶室以及篮球场4处，免费开放。

四、九子公园

九子公园位于黄浦区成都北路高架以东，苏州河以南，市果品公司仓库以西，成都北路1050弄以北，占地面积7700平方米。

公园原址为码头、仓库，21世纪初曾建住宅样板房。根据苏州河沿岸景观绿地系统规划，该地块为苏州河乌镇路陆域绿化整治项目。经市建委、黄浦区政府协商，地下部分为苏州河水域工程（二期）市政泵站雨天排河水量削减工程成都路调蓄池建设项目，调蓄池项目建成后由区政府实施绿化建设，总投资700万元，区绿化局为建设单位。

2006年，公园被评为市文明公园，被命名为上海市社区公共运动场、上海市传统弄堂游戏示范点。2008年，被评为二星级公园。2009年，市志愿者协会、市绿化市容局授予"九子游戏志愿者工作室"称号。

【设计施工】

2005年10月，公园动工建设，2006年1月22日竣工开园。

公园以民间传统弄堂游戏为特色，"九子"游戏即打弹子、滚轮子、掼结子、顶核子、抽陀子、造房子、跳筋子、扯铃子和套圈子，为上海人所熟悉的石库门弄堂传统游戏。

公园设计运用点、线、面连接，将"九子"项目融入园景中。其特色为绿化配置以乔木为主，运用植物造景展现春景秋色；采用雕塑、景墙等写实及抽象艺术手法诠释"九子"游戏；通过九子大道，有机连接九组雕塑和形状各异的"九子"游戏场地。

公园由上海蓬莱园艺有限公司设计，上海欣浦园艺有限公司施工，获上海市2006年"园林杯"优质工程。

【主要景点】

公园北门右侧为石库门式样的牌坊，镶嵌"九子公园"中英文景墙背面镌刻"九子"游戏图样，左侧沿南苏州河路植有一片翠绿的乌哺鸡竹林，进门即为九子大道，大小、形状及质地各异的"九子"游戏场地设置于大道两侧，各场地间有一排绿篱分隔。

公园西北的主广场占地 350 平方米,铺设绿色塑胶材料,为"扯铃子"爱好者活动场地。广场上设置拉膜遮阳棚及园椅,供市民、游客休憩。广场北面绿地上,由全美华人协会总会长邹作雄和夫人冯佳琳女士代表全美华人华侨,于 2005 年 12 月捐赠的纪念石,上刻"思念——故乡的青山绿水和儿时的游戏是海外游子永远的思念"。广场西北有一组不锈钢制作的"九子"游戏展示廊。园内各游戏场地旁设置相关雕塑,采用写实或抽象的艺术手法诠释"九子"游戏,显现公园主题。公园西面、北面采用钢结构、河卵石组成具由欧陆风格的景墙,独具特色。

公园四周植以香樟、银杏、合欢、水杉等高大的常绿、落叶乔木,与周边环境及城市高架道路隔离,形成闹中取静,别有风味的绿色空间。早春,日本早樱、茶梅、垂丝海棠、杜鹃等相继绽放;盛夏,为周边市民、游客纳凉消暑好去处;深秋,桂花飘香,黄山栾树果实累累,银杏叶色金黄,多姿多彩;冬季,九子大道西侧蜡梅盛放,花香四溢。

公园绿化凸显春景秋色,种植配置以大树为主,有香樟、雪松、银杏、黄山栾树等 40 余种 1.3 万余株,高羊茅草坪 2 500 平方米,乌哺鸡竹林 400 平方米,春鹃、茶梅混植花坛 300 平方米等。

【重要活动】

2008 年 9 月,副市长赵雯一行来园参观。2009 年 5 月,副市长沈骏一行来园检查迎世博 600 天整治工作等。

公园得到中央电视台、《人民日报》《光明日报》《中国体育报》《解放日报》《文汇报》《新民晚报》《劳动报》《青年报》、东方电视台、上海人民广播电台等新闻媒体关注,记者多次来园采访、报道,新华社上海分社特派记者作海外版专题报道。

社会各界在公园举办主题活动有中法、中韩学生文化交流活动,特奥会英国小运动员接待活动,春节·元宵游园会,迎世博冲刺 100 天活动,百座公园、百万市民文明游园签名活动,"世界水日"宣传咨询活动,"五一"趣味九子比赛,庆祝"六一"国际儿童节活动,来沪少数民族相约四季俱乐部暨迎"六一"亲子九子弄堂游戏大赛,"世界环境日"低碳环保宣传活动,"新世界"黄浦区第一届市民运动会九子比赛,上海旅游节九子嘉年华暨九子大赛等。

五、静安雕塑公园

静安雕塑公园位于静安区北京西路 500 号，石门二路以东，山海关路以南，成都北路以西，北京西路以北，占地面积 6.49 公顷。为上海中心城区唯一一座兼有生态、艺术、文化等功能的城市雕塑公园。

2004 年，经市政府批准，静安区 56、57、58 街坊用地调整为公共绿地，辟建公园。

【设计施工】

2005 年，市城市规划局组织公园规划国际方案征集，中标单位为易道国际设计公司。2006 年，区绿化局立项实施公园项目，经招投标，由上海现代建筑设计集团有限公司负责深化设计。在实施中，区绿化局根据地块特点，经设计团队优化规划方案，保留总体布局，优化廊架、水景、景观小品等设计，新增红花槭树阵、七彩花带植物景观，巧妙利用影响景观的 50 万伏市政地下变电站顶部进、出风井建筑，因地制宜建造一处梅园。

公园建设分为两期，一期工程面积 2.9 公顷，2007 年 10 月 28 日开工建设，2008 年 2 月 9 日建成开放；二期工程面积 3.59 公顷，2009 年 10 月 10 日开工建设，其中 2.7 公顷于 2010 年 4 月 29 日建成开放，北侧 0.89 公顷由于周边其他建设项目施工影响尚未建成。公园建成部分占地面积 5.6 公顷。

【主要景点】

公园布局有入口广场、流动展示长廊（景观林荫大道）、中心广场、雕塑展示区、梅园景观区和小型景观区，以景观林荫大道为主线，串联各主题景观空间。

园内有长廊、樱花道、跑泉、七彩花带、叠瀑池、曲廊、白玉兰花瓣草坪、中央下沉式草坪、台地园、梅园等景点。梅园为颇具特色的园中园，廊壁上雕刻一部具有 1 700 余年历史集梅花物候、品梅、赏梅于一体的宋代名著《梅花喜神谱》。

园内植物配置凸显春景秋色，构成春季繁花、秋季色叶及夏季绿荫、冬阳落地，季相景色精彩纷呈的城市花园。

主要植物有银杏、香樟、梅花、桂花、茶花、萱草等乔灌木、草花及地被植物。梅园有梅花 77 个品种 282 株。

第三节　公　园　活　动

　　本节主要选介 1978—2010 年期间上海举办的上海国际花卉节、中国国际花卉园艺展览会、第三届中国国际园林花卉博览会、上海国际立体花坛大赛、2010世博·静安国际雕塑展、第四届中国花卉博览会暨首届中国花卉交易会、上海参加的昆明世界园艺博览会上海馆·明珠苑，以及上海桂花节、上海牡丹花会、都市森林菊花展、上海花展、红楼文化艺术节、竹文化艺术节、上海国际音乐烟花节、意大利巴洛克大型光雕展、徐家汇公园星期音乐会、免费电影进公园、中秋联欢晚会，动物风情节、"妈祖祭典"、城市龙舟国际邀请赛等活动。

一、展览活动

【第四届中国花卉博览会暨首届中国花卉交易会】

　　1997 年 4 月 11—20 日，第四届中国花卉博览会暨首届中国花卉交易会（以下简称"两会"）在长风公园举行。中共中央政治局委员、国务院副总理姜春云题词"展世上名花，交天下好友"，中共中央政治局委员、市委书记黄菊致贺词，全国人大常委会副委员长、中国花卉协会名誉会长陈慕华题词"努力发展现代花卉产业"。对外贸易和经济合作部部长吴仪、林业部部长徐有芳、市长徐匡迪、中国花卉协会会长何康为两会题词。副市长冯国勤主持开幕式，陈慕华宣布开幕，市委副书记孟建柱致欢迎词，何康致开幕词，林业部副部长祝光耀致贺词，吴仪以及江泽慧，市领导叶公琦、陈铁迪、孙贵璋、陈正兴和省市代表团负责人及外国驻沪领事等出席，《花满人间》团体歌舞表演以"花的微笑、花的魅力、花满人间"三幕展现两会主题"花卉与文明"。国家计委副主任、中国花卉协会常务副会长陈耀邦在闭幕式代表国家 7 个部委向关心、支持两会的各界人士和工作人员表示感谢。冯国勤致欢送词。

　　两会期间，参观、游览及交易的总人数逾 110 万人次，营销成交额达 2 000万元。两会组委会与多方合作，开展以花为主题的书画、集邮、摄影、插花表演活动;举办专题研讨世界花卉业发展与趋势学术报告会等。参展作品评出科研成果奖、花卉产品奖、设计布置奖等 15 个奖项，团体总分前三名为山东省、江苏省、北京市花协,日本以及山东省展团将展品——樱花园、菏泽牡丹园作为礼物赠予上海市民,留在长风公园。

【第四届亚太地区盆景赏石大会暨展览会】

1997 年 10 月 31 日—11 月 2 日,第四届亚太地区盆景赏石大会暨展览会在上海植物园举办。印度尼西亚、新加坡、日本、韩国、越南、加拿大、美国等 14 个国家以及地区的代表团和国内 28 个省、自治区、直辖市展团参展,展出中外盆景、赏石精品 300 余件。展览期间,中外盆景、赏石专家进行学术交流,切磋技艺。

【上海国际花卉节】

1998 年 4 月 10 日,第一届上海国际花卉节在长风公园开幕。农业部部长陈耀邦致贺信,中国花卉协会副会长、中国林科院院长江泽慧,市领导胡正昌、刘恒樑和驻沪领事馆、各界人士代表 400 余人出席开幕式,副市长左焕琛宣布花卉节开幕。园内铁臂山下、银锄湖畔,新加坡的胡姬花,以色列的玫瑰、紫菀,荷兰的郁金香,欧亚大陆的百合、风信子、洋水仙以及中国台湾地区的蝴蝶兰、嘉德利雅兰,长春、鞍山的君子兰,上海的香石竹、仙人掌、多肉类植物等百花争妍,花卉节节花为郁金香。展区布置迎宾畅想、风景名胜、田园春色、都市风光、异域风情、自然山水等六大景区 40 个景点。花卉节期间,举办 12 项以花为题的旅游文化活动,在怒江路设 2 万平方米的花卉交易销售区。上海国际花卉节每两年在长风公园举办一次。

2004 年 4 月 9 日,第四届上海国际花卉节在长风公园开幕,市人大常委会副主任胡炜,副市长杨雄,市政协副主席王荣华等出席。展出来自荷兰、丹麦、美国、墨西哥等 25 个国家以及地区的奇花异卉 4 000 盆。园内 36 万株地栽郁金香盛开怒放,银锄湖畔由 200 万盆鲜花、干花、绢花、盆景等布置 24 组花卉景点,8 个主题展馆具欣赏性、知识性。开幕日接待参观者逾 4 万人次。

【中国国际花卉园艺展览会】

1998 年 4 月 23 日,第一届中国国际花卉园艺展览会在虹桥开发区上海国际展览中心揭幕。展出面积 6 000 平方米,来自荷兰、以色列、美国、法国、英国、意大利、西班牙、日本、中国以及地区 200 多家企业展出各自培育的花卉精品。展览会期间,举办 10 次研讨会,各国插花艺术家表演插花技艺。中国国际花卉园艺展览会每年在上海国际展览中心举办。

2003 年 4 月 16 日,第五届中国国际花卉园艺展览会在上海国际展览中心揭幕,来自荷兰、德国、美国、中国等 18 个国家以及中国香港、台湾地区 300 多家企业参展,展出面积 1.2 万平方米。全国政协副主席陈奎元,中国林科院院长江泽慧,副市长周禹鹏等参观展览。

2005 年 4 月 6 日,第七届中国国际花卉园艺展览会在上海国际展览中心揭幕。来自荷兰、德国、美国、丹麦、西班牙、日本、韩国、新西兰、中国等 16 个国家以及地区的 400 多家企业参展。展览会期间,举办 14 次研讨会、19 次交流会。中国海关总署副署长、中国花卉协会副会长赵光华,市人大常委会副主任朱晓明,云南省副省长孔垂柱等出席开幕式。

【上海世界名花博览会】

1999 年 3 月 19 日,上海世界名花博览会在上海植物园揭幕。博览会展出英国、德国、荷兰、中国等 40 个国家百余种名花 60 万株和 20 个国家的国花及澳大利亚的袋鼠爪、秘鲁的石竹、法国的白花鸢尾、尼泊尔的杜鹃等。

【昆明世界园艺博览会"上海馆""明珠苑"】

1999 年 9 月 3 日,昆明世界园艺博览会举行"上海活动周"开幕式,市长徐匡迪,云南省委书记令狐安,市人大常委会主任陈铁迪,市委宣传部长金炳华,副市长蒋以任,云南省委副书记孙淦,省纪委书记陈培忠,省人大常委会副主任王义明,省政协副主席麦赐球等出席,徐匡迪、令狐安致辞,为开幕式剪彩。沪、滇领导同在场数以千计游客一起观看上海文艺工作者周冰倩、魏松、马艳丽等表演,上海女足孙雯等向云南省领导赠送签名足球。

上海馆、明珠苑在昆明园博会各项园艺评比中共获奖牌 143 项,含盆景,牡丹,君子兰,月季,盆栽花卉,多肉类植物,草本花卉,庭院设计、施工等项目评比最佳展出奖 1 项,大奖 9 项,金奖 24 项,银奖 56 项,铜奖 53 项。其中,盆景金叶五针松"拂云擎日"、牡丹"八千代椿"获大奖;盆景黑松"虎踞龙盘"、大阪松"东方神韵"、微型盆景"荟萃",牡丹"黑达谷拉斯""金色爱丽斯"获金奖;盆栽花卉新几内亚凤仙、秋海棠获金奖。室外展区"明珠苑"展示大树移植、花坛布置、立体绿化等,体现上海园艺特色和园林科技水平。室内展馆"上海馆"主题为"迈向新世纪的上海",空间布局展现海派风格。

市政府赠予昆明园博会的礼物"世纪花坛"中的花钟，钟面直径 19.99 米，分针长度 7.4 米，重 42 千克，采用 GPS 卫星时号自动校时系统，选用制造航天火箭尾翼的铝镁合金复合板材制成。

【第三届中国国际园林花卉博览会】

2000 年 9 月 20 日—10 月 20 日，由建设部、市政府主办，市园林局、浦东新区管委会、中国风景园林学会、中国公园协会承办的第三届中国国际园林花卉博览会（以下简称"花博会"）在世纪公园举行。花博会组委会名誉主任为建设部部长俞正声、市长徐匡迪，组委会主任为建设部副部长赵宝江，副市长韩正、周禹鹏。委员单位有市总工会、团市委、市妇联、市委宣传部、市园林局、浦东新区管委会、建设部城建司、中国园林国际旅行社等。韩正宣布开幕，赵宝江、周禹鹏致辞。出席开幕式的有率团参展的北京市副市长汪光焘、天津市副市长王德惠等。开幕式结束后，在浦东世纪大道举行规模盛大的花车巡游和方阵行进表演。

花博会主题"绿都花海——人·城市·自然"。13 个国家以及地区的 34 家园林花卉企业和国内 50 个城市及上海 45 个单位参展。展出面积达 50 万平方米，景点 80 个，各种花卉 120 万盆。景点布置以植物造景为主，展现各国园林花卉特色、园艺精品。花博会 6 个展区：棕林田园区有音乐喷泉广场、银杏大道、花亭、花路、蝶恋花、瓜果园、蜂媒忙；观景平台区有观景平台、大型浮雕墙；湖滨水景区有音乐广场，春、夏拼花花艺；山林草地区有王莲池、中轴对景、花桥、水柱喷泉；水生植物区有鱼乐园、鸳鸯睡莲池；国外展示区有圆形大花坛、悬铃木大道等。6 个室内展馆为插花艺术馆、奇花异草馆、盆景馆、赏花馆、园林科技馆和园外展馆。花博会期间，接待游客 150 万人次，举办学术报告会、交流会及插花表演、科普宣传、摄影展、歌舞汇演、家庭养花比赛等活动。

花博会设参展作品评奖委员会，广州市"我的家园"、上海市"世纪之光"、香港特别行政区"香港常见的植物"、杭州市"音韵——走近杭州"、深圳市"深圳湾"和北京市"龙翔奥运"获得室外景点金奖。

【第八届中国菊花展览会】

2004 年 10 月 23 日—11 月 21 日，第八届中国菊花展览会在世纪公园举行。展览会设 7 个展区 37 个立体景点，展出 1 000 多个品种 300 万盆菊花。

【上海国际立体花坛大赛】

2006年9月15日—11月30日，由立体花坛国际委员会、上海市政府、中国风景园林学会主办，市政府外事办、浦东新区政府、市绿化局承办的上海国际立体花坛大赛（以下简称"大赛"）在世纪公园举行。15个国家55个城市82件（组）"植物雕塑"——立体花坛作品参赛。参赛国驻沪领事、参赛城市市长及技术人员和市民代表600余人出席开幕式。

大赛主题为"地球·家园"。各国参赛城市精选展现当地风土人情、文化内涵及具技术含量的作品有加拿大蒙特利尔的"蒙特利尔大舞台"，主景为10米高的枫树，基座为蒙特利尔皇家山造型，12个小提琴手、号手、吉他手等造型围绕四周，体现都市文化风情及美国牛仔之乡——雷丁的"西部牛仔"，法国马赛的"圣母加德大教堂"；韩国釜山的"翱翔"，以电影胶片形式，采用植物材料塑造大长今、候鸟栖息地、东莱鹤舞等场景，表现釜山的昨天、今天和明天。

国内城市参赛作品64件，武汉的"知音"，占地面积300平方米，讲述"高山流水觅知音"感人故事。长沙的"湘情"，以湘绣——芙蓉花为主题，主体人物湘女高2.2米，为营造湘土气息，专程从长沙移种240株楠竹作为背景及长沙市市花杜鹃、乡土植物红花檵木等。扬州的"五亭桥"，采用传统木结构制作。广州的"西关风情"、太原的"晋商文化"、合肥的"九狮城雕"、大连的"兰疆舞曲"等作品别有风味。

大赛后，加拿大蒙特利尔国际立体花坛大赛公司、韩国釜山市政府将展出作品赠予市政府，留在世纪公园做公益性展出。

【第十二届中国梅花蜡梅展览会】

2010年2月，第十二届中国梅花蜡梅展览会在世纪公园举行，展出昆明、北京、重庆、成都、苏州、杭州等16个城市的梅花精品盆景100余盆。世纪公园从浙江长兴等地引进梅花大树2 000余株、梅花盆景500余盆。展览会为弘扬中国梅文化，丰富市民文化生活，打造世纪公园梅花蜡梅文化品牌，取得良好的社会效益和生态效益。

【第八届中国杜鹃花展】

2010年4月16日至5月16日，第八届中国杜鹃花展在上海滨江森林公园举行。展出来自23个城市及上海9家企业200多个品种2万余株（盆）杜鹃花。展区面积达35公顷，设14个主题景点，一个2 400平方米的展馆和一个500平方米的精品展馆,演绎花展主题"杜鹃花开庆世博"。花展期间举办杜鹃花产业论坛。滨江森林公园专门进行土壤改良,置换100多万平方米沃土,为来自全国各地的杜鹃花提供良好的生长环境。

【2010世博·静安国际雕塑展】

2010年9月1日—10月31日,2010世博·静安国际雕塑展在静安雕塑公园举行。来自8个国家以及中国港、澳、台地区31位艺术家68件作品参展,参展艺术家有阿曼、蓬塞、伊其理等雕塑大师及国际雕塑界新生代代表Arne Quinze。雕塑展自静安雕塑公园主展区延伸至800秀、马勒别墅、静安别墅及南京西路等展点。

雕塑展由静安区政府主办,上海世博会事务协调局、市城雕办为支持单位,区城雕办、区绿化局、静安雕塑公园为承办单位。上海世博局、市城雕办、静安区领导和西班牙、比利时、美国、荷兰等国驻沪领事及文化参赞,国内外知名雕塑艺术家200余位嘉宾出席开幕式。国务院三峡办,中国公园协会,西安市、唐山市、加拿大蒙特利尔市代表团和市民参观展览。

雕塑展实现"六个一"目标,即一个平台——建立一个高品质、国际化的公共艺术展览平台;一个标准——制定进园作品的准入水准及品质;一个品牌——创立"JISP"为静安区文化艺术品牌;一种影响——让更多艺术家了解"JISP"平台,提升"JISP"在世界公共环境艺术领域的影响力;一支队伍——通过雕塑展的筹备、布置及各项活动,培养策展、办展的专业队伍;一个梦想——让公共环境艺术大众化,提升市民艺术品位和城市文明形象,实现"城市,让生活更美好"愿望。

雕塑展期间,中央及各地50余家新闻、艺术媒体进行报道,《文汇报》整版报道,上海电视台外语频道连续两周播出60分钟专题报道。国际著名杂志*DOMUS*出版2010世博·静安国际雕塑展专刊,互联网信息量突破3万。由雕塑展组委会、市摄影家协会主办的2010世博·静安国际雕塑展摄影比赛,500余名摄影爱好者2 000多幅作品参赛。志愿者服务305人次2 440小时。

二、动植物观赏活动

【上海桂花节】

1991年始,桂林公园每年举办"上海桂花节",由徐汇区人民政府主办,为上海秋季大型节庆活动之一。桂花节期间,举行游园赏桂,民族艺术、茶道、插花、书画、摄影等展演,桂花系列食品展销等。

【上海牡丹花会】

1993 年 4 月 17 日—5 月 5 日,由徐汇区政府、市园林局主办的首届上海牡丹花会在上海植物园牡丹园举行。花会主题为"让世界了解上海,让上海了解世界",展出 7 000 余株牡丹及 3 000 余株芍药。花会期间,举办迎接东亚运动会百名少年画东东大赛、百句英语大赛、家庭体育大赛及诗歌、征文比赛,牡丹猜谜活动,接待中外游客 10 万人次。

1994 年 4 月 16 日—5 月 3 日,第二届上海牡丹花会在上海植物园牡丹园举行,展出牡丹万余株,接待游客 11 万人次。同时,在植物园新建的黄道婆纪念馆内展出牡丹品种 500 余缸,有红牡丹、白牡丹、紫牡丹等。

1995 年,第三届上海牡丹花会在上海植物园牡丹园举行,牡丹园四景轩的牡丹精品展,展出珍稀品种有"魏紫""一品朱衣""葛巾紫""大棕紫""青龙卧墨池""璎珞宝珠"。花会期间,举办花海音乐会、插花艺术大师王路昌以牡丹为题的插花作品展及上海图书馆文达书苑的"读书、爱书、藏书"活动。

1996 年 4 月 16 日—5 月 2 日,第四届上海牡丹花会在上海植物园牡丹园举行,市人大常委会副主任胡正昌等出席揭幕仪式。展出来自安徽宁国、河南洛阳、山东菏泽等地 100 多个品种万余株牡丹及芍药,精品有"姚黄""魏紫""豆绿""二乔""一品朱衣"。花会期间,举办春日风筝放飞、牡丹书画展、少儿摄影大赛、花海音乐会、家庭体育比赛等活动。

自 1997 年始,上海植物园每年举办上海牡丹花会。1998 年 4 月 15—26 日,上海牡丹花会展出日本友人安部功先生赠予的黑牡丹"初乌"、金牡丹"金晃"、花冠特大的"八千代椿"和从甘肃引种的高达 2.5 米以上、花瓣基部有紫色斑纹的紫斑牡丹,接待游客 4 万人次。

2004 年 1 月 16 日—2 月 8 日,由上海植物园和洛阳神州牡丹园举办上海—洛阳迎春牡丹花展,运用促成栽培技术,将牡丹花期从传统的谷雨前后提前至春节期间,为新春佳节的喜庆盛事添色。

【上海郁金香花节】

1996 年 3 月 15 日,由市园林局主办,荷兰郁金香电脑公司协办的上海郁金香花节在上海植物园揭幕。展出从荷兰引进的 50 个品种 20 万株郁金香,有珍贵的黑郁金香——夜皇后,名贵品种阿拉廷、阿普多美、白帝。展区花团锦簇,有荷兰风车、木屋、啤酒桶及花车、城堡。花节为期 1 个月,举办"郁金香杯"园林知识竞赛等活动。

【莘庄公园梅展】

1998 年始,莘庄公园每年举办以中国生肖为主题的梅展。园内布置充满艺术氛围和生活气息的梅花景点,每年有新的梅艺作品问世。梅展期间,举办以梅为题的书画展、摄影展等。2008 年始,同时举办"梅闹元宵"系列活动,传播梅文化,元宵赏梅逐渐成为莘庄当地习俗。

【都市森林菊花展】

1999 年 10 月 22 日—11 月 30 日,由市绿委、市旅游委、市教委、市园林局和杨浦区政府组织的上海旅游节重要活动'99 上海菊花展在上海共青森林公园举行,副市长韩正宣布菊花展开幕。区县园林部门及 60 余家单位参展,展出面积 40 公顷,用花量 120 万盆,品种菊 1 100 种(个),丈菊、九头菊、菊花树、小轮菊、吊篮菊等首次展出。运用植物造景精心布置五大展区 60 个景点,展现花景、花境、花海、花墙、花廊、花门、花柱、花桥等艺术造型。展览期间,举办咏菊书画展、菊花诗会、咏菊文学联谊活动、摄影大赛、幸运家庭双休营及每天一场文艺表演等。

2005 年始,上海共青森林公园每年秋季举办都市森林菊花展,在园内中心区域展示国内外菊花精品、新品和景点造型、传统菊艺,普及菊文化知识。

【"森林之春"世纪郁金香展】

2001 年 3 月 30 日,由市旅游委、市绿化局和杨浦区政府主办的"森林之春"世纪郁金香展在上海共青森林公园开幕,展出 70 个品种 50 万株从荷兰引进的郁金香。园内面积 40 公顷的中心区域种植郁金香等花卉 80 万株(盆),室内展馆面积 3 000 平方米,有假山瀑布、小桥流水,自然气息浓郁。

【桂林公园"唐韵中秋"活动】

2001 年始,桂林公园每年中秋节前后举办"唐韵中秋"活动,有舞台演出、华服展示、猜灯谜、民俗手工艺表演等,展示中秋传统习俗,为上海旅游节特色主题品牌活动。

【都市森林百花展】

2002 年始,上海共青森林公园每年春季举办都市森林百花展,主题为"人·森林·花海",以自然式花艺展示手法,将百花融于富有野趣的森林中,颇具特色的有郁金香展览、竖线条花卉展览等,每年游客四五十万人次。

【上海花展】

2007 年始,上海植物园每年春季举行上海花展。花展以优良的花卉品种,适宜的植物配置,节能的造园工艺,精美的园艺景观,凸显创新性、节能性和示范性等三大特色。2 号门区域为花展主展区,4 号门区域为观赏花草展示区,展览温室展出来自世界各地的热带奇花异草,有樱花、桃花、牡丹、山茶、杜鹃、月季专类园。

2007 年 4 月 6 日—5 月 13 日,首次花展主题为"城市,让生活更美好",展出 1 000 多个花卉品种 400 万株花卉。布置景点 61 个,包括独立景点 15 个、庭院绿化 21 个、草花品种展示区 11 个、花坛花境展示区 14 个。在花展期间,开展游客参与活动——"我为世博选花",举办第一届 2 007 观赏园艺论坛,开设园艺科普讲座 12 次,接待游客 36 万人次,收入 506 万元。

2008 年 3 月 28 日—6 月 1 日,花展时值实施"迎世博 600 天行动计划"阶段,高新技术应用较多,环保节能理念融入景点布置,通过特色鲜明的主题花卉展示,为世博会场馆花卉景点布置提供技术储备和支撑。布置景点 52 个,展示 3 000 多个品种 560 万株花卉,布置展览首创同一地块分期展示形式。展览温室引进台湾热带兰花 20 个大类 80 个品种 2 000 余株。植物楼展出面积 1 000 平方米,布置迎世博插花艺术展、芳香植物体验活动区。花展期间,推出名、特、优球根、宿根花卉筛选活动,邀请游客参与,选出适宜世博会期间布置的优质花卉 30 种,其中球、宿根花卉 19 种,草花 11 种;专设节假日专家讲解花卉知识活动,内容有球宿根花卉、热带植物和多肉类植物;组织多项专业交流活动,举办第二届 2008 观赏园艺论坛。接待游客 32 万人次,收入 520 万元。

2009 年 4 月 3 日—5 月 10 日,花展传递世博会前夕信息,为园林绿化专业单位搭建实施"迎世博 600 天行动计划"新技术平台,让游客在赏花游览中享受浓郁的世博情。花展集中展示布置世博会园区的花卉品种；引进北京奥运景点新技术，制作大型景点"海宝人家"；日本三得利株式会社制作的景点"特色绿化的魅力"，展示国际先进的无土栽培技术；各区园林绿化管理部门及企业参展的景点"容器组合"，引入移动花墙、移动花箱、移动轨道等新技术；上海植物园设计制作的场外景点——港汇广场"世博花墙"，展示为世博会研发的立体模块绿化专利技术。花展创新点为市、区绿委办组织的"同享园艺成果，齐迎世博盛会，共创美好生活——2009 上海市民家庭养花作品展"，为市民提供一个讲述养花故事，交流养花心得，展示养花技艺，培育养花雅趣的公共平台，500 余盆作品显示上海市民养花的品位与技艺。花展期间，推出门票抽奖、赠送花种等系列酬宾活动，"五一"假期"Cosplay 樱花祭"表演及免费导游活动。接待游客 36.3 万人次，收入 680 万元。

2010 年 4 月 2 日—5 月 10 日，花展以"四精"展览目标——精致的办展理念、精湛的园艺技术、精美的景观布置、精细的配套服务，展示主题"世博'卉'——汇世界花卉"。花展为期 39 天。接待游客 28 万人次，收入 503 万元。花展改造 9 个景点，新建 11 个景点，展出面积 50 公顷，分为历届世博会举办国家景点展示区、"世博"花卉展示区、珍奇花卉展示区、传统花卉展示区、"世博"参展国巡礼等五大展区，展示球、宿根花卉 50 余种 100 多个品种，观赏草花 100 余种数百个品种，传统花卉 600 余种，国花国树百余种，特色植物 1 000 余种。河南省第 28 届洛阳牡丹花会在花展设牡丹花会分会场。花展期间，周六、周日及"五一"假期开展科普系列活动，有"世博"参展国国树国花对对碰，各国风土影片展，科普导游讲解等。

【上海古猗园荷花展】

2008 年始，上海古猗园每年 7—8 月举办荷花展。以荷花形象美和出淤泥而不染的拟人化品格为主线，通过新优品种展示、主题造景、荷文化体验活动，营造清新脱俗的游园氛围。

【上海古猗园牡丹花友会】

2009 年始，上海古猗园每年 4—5 月举办牡丹花友会。以花为媒、以花会友，弘扬传统文化。通过地栽、盆栽、造景等形式，展示中外精品牡丹及芍药以及赏诗、作画、摄影等活动，营造浓郁的牡丹文化氛围。

三、文化娱乐活动

【上海大观园红楼文化艺术节】

1991—2001 年,上海大观园连续举办 11 届"红楼文化艺术节"。"红楼文化艺术节"为上海旅游节组成部分,以主题鲜明、内容丰富、形式多样吸引上海及周边省市大批游客前来观赏,成为上海都市旅游的一道独特风景。

【闸北公园举办首届上海国际茶文化节】

1994 年 4 月 17 日至 21 日,闸北公园举办首届上海国际茶文化节,在宋园茶艺馆举行"当代茶圣吴觉农在上海"陈列室揭牌仪式。茶文化节期间,举办茶文化学术研讨会、茶艺交流、宋园茶艺荟萃、茶趣征文、经贸展销、风情旅游及大型游园活动。14 万海内外各界人士和上海市民参与各项系列活动。

【上海古猗园竹文化艺术节】

1998 年始,上海古猗园每年 9—10 月举办竹文化艺术节(2005 年、2006 年未举办)。自 2008 年始,每两年举办一次。艺术节以知竹、品竹、赏竹、悦竹、颂竹为主线,通过盆栽、缸栽、地栽、大型立地标本等形式,展示竹的生态习性与种竹的园艺水平;以"竹"为题的书法、绘画及竹编、竹刻、竹艺表演,展现中国竹文化。

1999 年 9 月 27 日,'99 上海旅游节活动之一的古猗园竹文化艺术节揭幕,为期 65 天。景点有弄竹坊、听竹轩,活动有学竹编、踩竹高跷、坐竹花轿、下竹帘围棋、跳竹竿、品竹会、观竹景、赏竹画、看竹书及竹刻留印、小笼品赏等。

【上海国际音乐烟花节】

2000 年,由世纪公园承办上海国际音乐烟花节,至 2010 年连续举办 11 届,被国家旅游局称为"中国最具亮采的节庆活动之一"。烟花节交融专业性与娱乐性、知识性与趣味性、艺术性与观赏性,成为国庆假日期间市民、游客感受烟花艺术,体验烟花文化,享受烟花之美的保留节目。

烟花节举办的音乐烟花表演赛(以下简称"表演赛"),为中外烟花行业切磋技艺、展示形象、推广产品、交流信息、互惠合作、传播烟花文化的国际化平台。每年 9 月 30 日及 10 月 3 日、6 日三天晚上在世纪公园举办两场表演赛,每场场内外观众逾 10 万人。表演赛由 1 支中国队与 5 支外国队同场竞技,来自亚洲、欧洲、北美洲、南美洲 20 多个国家以及地区的专业音乐烟花燃放公司数十支优秀团队参赛，成为国际烟花行业一流水准的专业赛事。

【和平公园举办世界风车艺术展】

2002 年，和平公园与四川剑南文化有限公司联合举办世界风车艺术展，展出各类中小型风车 1.5 万余件。

【黄兴公园激光音乐烟花表演】

2002—2004 年，黄兴公园多次举办激光音乐烟花表演。

【长风公园举办意大利巴洛克大型光雕展】

2003 年 9 月 30 日—11 月 2 日，长风公园举办第五届上海国际艺术节"意大利巴洛克大型光雕展"，由上海国际艺术节中心和普陀区人民政府联合主办。光雕展有 13 组造型各异、五光十色的巨型光雕宫殿，其中最引人注目为一组高 18 米、宽 150 米的标志性巴洛克超级豪华光雕组合群。

【大宁灵石公园激光音乐烟花表演】

2003 年、2004 年秋季，2007 年、2008 年国庆节期间，大宁灵石公园举办激光音乐烟火表演晚会及空中芭蕾跳伞等活动。

【徐家汇公园星期音乐会】

2004 年 4 月 3 日，由徐汇区绿化局、文化局主办，上海音乐学院承办的徐家汇公园星期音乐会首次在中唱小红楼前音乐广场举行；音乐广场获得文化部"全国特色文化广场"称号。2005 年，星期音乐会获得"上海特色广场文化活动"称号；2006 年，获得文化部"全国特色广场文化活动"称号。

【闵行区免费电影进公园】

2005 年始，闵行区开展免费露天电影进公园活动。8 月 27 日，区公园管理所在闵行体育公园放映《生死千里》，9 月 2 日在闵行公园放映《白马飞飞》，受到公园周边居民、游客欢迎。派出所安排警力维护治安。

2006—2010 年每年 6—9 月，在闵行体育公园、闵行公园、华漕公园、吴泾公园、莘城中央公园、平阳双拥公园等共计放映电影 86 场，观影居民、游客 5.5 万人次。派出所出动 20 余次警力维护治安，公园志愿者协助维持秩序。

2010 年，由于闵行区暑期电影放映工作出色，市绿化市容局赠予该区两套数字电影放映设备。

【上海野生动物园首届动物艺术节】

2005 年 9 月 25 日—11 月 30 日,上海野生动物园举行首届动物艺术节。金丝猴、白虎、非洲狮、格力犬等 300 余头来自世界各地的动物在 4 个表演场馆为观众献艺,有海狮表演、格力犬赛跑、赛骆驼、赛马、骑鸵鸟比赛,游客可与大象拔河,与海狮打排球,与狮、虎、熊合影留念等。

【首届中国国际音乐烟花大赛】

2006 年 4 月 28 日晚上,首届中国国际音乐烟花大赛在大宁灵石公园举行,来自英国、美国、法国、西班牙、意大利、中国的烟花设计大师竞技沪上,市政协副主席左焕琛和数万市民观赏。代表中国参赛的浏阳东信烟花集团表演的"华夏激情",伴随 11 首中国古典名曲,配以舞姿动态的特制烟花,分光荣与梦想、金色浪漫和燃情岁月等 3 个"焰章"。代表英国参赛的凯尔特烟花公司表演的"花都风情",7 首世界名曲伴随灿烂的烟花,诉说一个战胜困难取得战争胜利的民间故事。5 月 3 日晚上表演主题为"梦幻美国""漫步法国",6 日为意大利的"热情火山"、西班牙的"狂野舞韵"。

【大宁灵石公园中秋联欢晚会】

2006 年 10 月 6 日,大宁灵石公园举办中秋联欢晚会,市长韩正等领导出席。2009 年 10 月 1 日,举办上海各界人士庆祝国庆暨中秋联欢晚会,市长韩正、市人大常委会主任刘云耕、市政协主席冯国勤、市委副书记殷一璀等领导出席。

【复兴公园举办首届上海爵士音乐节】

2006 年,复兴公园举办首届上海爵士音乐节——"2006 复兴爵士音乐节",由上海和堂文化传播有限公司主办,日本首席 Bossa Nova 女王小野丽莎参加。

【复兴公园上海时装周】

2006—2008 年,复兴公园连续举办上海时装周,由上海国际服装服饰中心主办,展示当代新潮服装服饰。

【九子公园举行特奥会代表团入区仪式】

2007 年 9 月 29 日,九子公园举行特奥会英国代表团入区仪式。

【上海野生动物园动物风情节】

自 2009 年始,上海野生动物园将 4 月 14 日定为园内来自世界各地具代表性的 200 余种上万头（只）动物的"情人节"，每年举办动物风情节。

2009 年，动物风情节有展现动物野性之美——"野性的呼唤"大型动物表演及动物风情大迎宾活动、动物风情摄影大赛，野生动物风情大观展现各种动物独特的风情表示方式，让游客感受动物风情的浪漫与狂热。风情节期间，举办的各项活动，使游客认识、了解动物的生长习性，增强保护动物的意识。

四、民俗活动

【上海共青森林公园举办风筝艺术展】

2000 年，上海共青森林公园举办上海潍坊风筝艺术展，布置百鸟朝凤、二龙戏珠等风筝造型景点，在"松涛幽谷"大草坪设大型风筝放飞场，放飞表演 300 多种风筝。

【上海共青森林公园都市森林狂欢节】

2001 年始，"十一"黄金周期间上海共青森林公园举办"都市森林狂欢节"，在大草坪搭建一个 170 平方米大舞台，有踢踏舞、非洲风情鼓乐、高台花鼓、国内外民族歌舞等节目，游客可参与欢乐总动员、挑战赛等活动。

【上海方塔园"妈祖祭典"活动】

2002 年，为弘扬、传承妈祖文化及为在沪台商、闽商和妈祖信众服务，由上海社会科学院提议，经松江区政府同意，从福建湄洲妈祖祖庙分灵妈祖神像至上海方塔园天妃宫，恢复天妃宫"浦江妈祖"民俗文化活动。9 月 28 日，天妃宫举行浦江妈祖开光典礼。每年农历三月二十三、九月初九，方塔园举行"妈祖祭典"活动。2003 年，天妃宫浦江妈祖赴福建湄洲祖庙举行"妈祖分灵神像回娘家"活动；举办正月十五放水灯活动。

【上海古猗园新春灯谜会】

2008 年始，上海古猗园每年元旦至春节期间举办新春灯谜会。灯谜会以弘扬传统文化为主线，分设元旦迎春赏花、春节民俗庙会、元宵赏灯猜谜等。通过展示"名、奇、特、优"花卉精品，群众喜闻乐见的灯谜、灯彩等民俗文化活动，营造喜庆祥和的节日氛围。

【梦清园城市龙舟国际邀请赛】

2009 年 5 月 28 日，第六届上海苏州河城市龙舟国际邀请赛在梦清园畔苏州河上开锣,来自荷兰、比利时和上海各区县、高校等 36 支龙舟队参赛。

【上海古猗园欢乐民俗节】

2009 年始,上海古猗园举办欢乐民俗节,每两年一次,时间在 9—10 月间。民俗节以展示优秀传统文化为主线,开展丰富多彩的民俗文化系列活动,彰显"民族、民俗、民风",营造浓厚的民俗风情。

五、科普活动

【上海植物园】

上海植物园组织开展植物讲解、"两栖爬行类动物"讲座、押花书签制作、互动展厅互动游戏、鸟巢制作、探访神奇的种子世界、识别记录植物生态多样性、物候现象观察、叶的百态、昆虫的翅、水生昆虫调查与观察及低碳生活等科普主题活动。以保护生态环境为主题的植物科普活动,从静态的文字展示拓展至参与性较强的游客互动有观鸟、欢乐田园、向日葵采摘、郁金香种植等体验活动;从常规的日间活动延伸至夜间探险的有"暗访夜精灵"夜游夏令营活动;从园内讲解扩展至学校、社区课堂讲座的有 60 多个科普活动套餐,为市科委二期课改的科普教育基地,接待来园参加二期课改的学生团队 100 余批次 8 000 人次。

1980 年,植物园科普室与上海市青少年科技指导站生物组联合举办科普讲座。通过介绍含羞草、睡莲、合欢等植物,解释感震、感光运动。

1983—1991 年,植物园在暑假期间推出科普夏令营主题活动,举办 7 次上海市中小学生林学夏令营。以植物园为活动基地,赴浙江西天目山,长兴岛、崇明东平林场,江苏常熟虞山、浏河风景区等进行植被分布考察、长江口生态调查、采集动植物标本等活动。夏令营总人数 280 名,论文及观察日记 193 篇,制作植物标本 1 000 余件。

2009 年始,推出"暗访夜精灵"夜游夏令营活动。每年进行 10 余次,从下午 5 点始,至晚上 9 点结束。孩子们在他们的家长陪同下打着手电,进行神奇的"暗访夜精灵"旅程。他们能找到在夜空中飞翔的夜鹭、蝙蝠,结网的蜘蛛,草叶上的螳螂、螽斯,草丛里的小刺猬,聚居在石头下的西瓜虫,爬在树干上的鼻涕虫、天牛、独角仙、巨锯锹甲以及传说中的金蝉脱壳,池塘里的金线蛙、小龙虾、田螺,林间草地上的萤火虫等。惊奇地发现,让孩子及家长大开眼界。活动高潮为灯光诱虫,便于孩子们近距离用眼睛观看,用耳朵聆听,用鼻子嗅闻,用手触摸,用心体会,提升他们对大自然的兴趣和愉悦的感受。

2002年,上海植物园被授予上海市科普教育基地。2003年,被授予中国生物多样性保护示范基地。2005年,被授予国际生物多样性保护基地。2010年,被授予全国科普教育基地,连续8年被上海市红领巾理事会评为"六一"好去处。

【上海动物园】

上海动物园科普活动主要有1997年首届动物艺术节;"千姿百鹤庆回归"科普文化艺术展;首届野生动物知识竞赛。1998年"认识老虎,拯救老虎"图片展;"我最喜爱的十大动物明星"评选;"马利杯"动物画展;"我爱野生动物"摄影竞赛、展览。1999年小大熊猫征名;小长颈鹿征名。

2000年"大手牵小手,不食野生动物"科技传播活动,"我爱野生动物"绘画表演,"世界动物日"活动。2001年上海市青少年"保护环境,爱护野生动物"摄影、绘画竞赛、展览,小象征名,"柯瑞杯"生物知识竞赛,"春游观鸟"活动。2002年"保护人类的朋友——保护天敌行动"活动,"拒食野生动物"展览,小巴西狼征名,小亚洲象征名。2003年"爱鸟护鸟"科普宣传进校园活动,"我爱野生动物"摄影竞赛、展览。2004年"网上动物园"开通WCS保护野生生物教育项目课程,"鸡年寻鸡"冬令营,"猴年话猴"展览进学校活动。2005年上海市小学生"欧莱雅杯"关心母亲河,拯救白鳍豚绘画、摄影、书法、征文系列科普活动;"狗年话犬"展览。

2006年"欢乐动物"儿童节,饲喂演示活动。2007年"善待动物,和谐共处"动物福利展览。2008年鼠年生肖文化节,"倡导生态文明,构筑和谐社会"——上海野生动植物摄影展,"我和青蛙有个约会"爱蛙护蛙主题活动。2009年牛年生肖文化节,小大猩猩征名,"爱鸟周"——爱鹤节主题活动。2010年虎年生肖文化节,大猩猩生日会,"我爱熊猫"知识竞赛,"熊猫奥秘大探索"主题活动月,"生物多样性日"活动等。

1992年,动物园建成科学教育馆,为野生动物科普宣传、爱国主义教育活动基地,被长宁区政府评为青少年教育基地、科普教育基地。1998年,被评为上海市科普教育基地。1999年,被评为全国科普教育基地、全国青少年科技教育基地。

六、专类活动

【动物交换】

20 世纪 70 年代始,上海动物园通过上海友好城市交流项目,与国外动物园建立合作关系,开展动物交换活动,10 多个国家百余种近 400 头(只)珍稀动物落户动物园,大猩猩、巴西狼、亚达伯拉象龟、金头狮狨等国内首次饲养的濒危珍稀野生动物繁殖成功,建立稳定的种群。2005 年始,上海野生动物园陆续引进珍稀野生动物有耳廓狐、大食蚁兽、小食蚁兽等。2009 年,野生动物园转让澳门石排湾郊野公园儿童动物园 3 只松鼠猴、4 只节尾狐猴,支持该园科普教育。2010 年年初,塞舌尔共和国的一对亚达伯拉象龟以"世博"礼物名义赠送市政府,落户上海动物园。

荷兰鹿特丹动物园 1979 年始,与上海动物园建立姐妹动物园,进行 10 余批次动物交换、技术交流、人员互访等交流活动。鹿特丹动物园赠送大猩猩、金头狮狨、斑嘴环企鹅、黑白疣猴等 20 余种具代表性的珍稀濒危野生动物,在上海动物园建立稳定的种群,成为"明星"动物及优势物种,提升上海动物园野生动物移地保护水平。

日本大阪天王寺动物园 1974 年,上海市与大阪市缔结为友好城市,上海动物园与大阪天王寺动物园进行动物交换、技术交流,为两座友好城市文化交流重要的组成部分;至 2010 年,共进行 17 次动物交换及代表团互访等交流活动。天王寺动物园珍稀动物长颈鹿、驼羊、海狮、棕胸虹雉、笑翠鸟、蜜熊、臭鼬、金刚鹦鹉、企鹅、云豹、白臀长尾猴、黑帽悬猴、赤大袋鼠等在上海动物园深受游客喜爱。

日本横滨动物园 上海动物园与横滨动物园建立合作关系后,开展多批次动物交换活动。上海动物园输送横滨动物园的金丝猴合作项目,在日本引起轰动。

澳大利亚新南威尔士动物园 2007 年,上海动物园与澳大利亚新南威尔士动物园签订合作谅解备忘录,确立姐妹动物园关系,双方同意在动物交换、技术交流等方面开展合作。

美国孟菲斯动物园 上海动物园的雄性大熊猫"乐乐"在美国孟菲斯动物园

生活,双方开展大熊猫合作研究。

美国旧金山动物园 20 世纪 80 年代,上海动物园一对金丝猴在旧金山动物园进行为期 3 个月展出,深受美国人民喜爱。

与上海动物园建立合作关系的还有俄罗斯圣彼得堡动物园、以色列海法动物园、新加坡动物园、美国亚特兰大动物园、菲律宾大马尼拉市动物园、比利时安特卫普动物园、西班牙巴塞罗那动物园、匈牙利布达佩斯动物园、瑞典斯康森动物园等。

【动物"友谊使者"】

大猩猩 属国际极度濒危野生保护动物,受《濒危野生动植物国际贸易公约》保护,被列入 CITES 附录 I 保护级别,现野外总数约有 1 万余头(只)。1994年,上海动物园从荷兰鹿特丹动物园引进一只出生于 1973 年名叫"博罗曼"的雄性大猩猩,深受市民欢迎。2006 年 2 月,鹿特丹动物园园长发来赠送函,决定赠送上海动物园 3 只(1 雄 2 雌)成年大猩猩。5 月 31 日下午,赠送大猩猩仪式在上海动物园举行,鹿特丹市市长出席。上海动物园投资 1 000 多万元,新建一座具非洲风味的大猩猩馆,展区室内建筑 1 700 余平方米、室外活动场地 2 200 多平方米。展区最高处设假山让大猩猩攀爬,植物种植选用稀树草坡形式,游客参观面采用塑料假山装饰面与玻璃面结合的仿生态形式,使游客产生身临其境的感觉。上海动物园派员前往鹿特丹动物园学习大猩猩饲养管理、疾病防治、笼舍建设等,鹿特丹动物园多次派专家前来指导大猩猩馆建造。2007 年 4 月,大猩猩馆建成,4 月 12 日,3 只大猩猩由鹿特丹动物园饲养人员陪同搭乘班机经 30余小时飞行抵达上海浦东机场,当晚顺利入驻上海动物园大猩猩临时隔离场进行为期 1 个月的检疫隔离。在隔离检疫合格后,大猩猩种群正式落户上海动物园。

巴西狼 又名鬃狼,为全球濒临灭绝的珍稀动物,其一身火红色皮毛尤为靓丽。巴西狼属 CITES 附录 II 保护动物,野外数量稀少,以素食为主,为巴西国宝。1998 年,市长徐匡迪会见来沪参加庆祝中国和巴西矿冶公司合作 20 周年纪念活动的巴西代表团时,欣然接受巴西矿冶公司总裁卡马戈先生提出将象征巴西生态保护成果的巴西狼赠送上海动物园以见证双方友谊的希望。1999 年 4月,上海动物园派员前往巴西考察巴西狼的饲养管理。上海动物园在食肉动物展区内修建一幢设施齐备、独门带院的"小别墅"作为巴西狼来沪的新家,建造费用一半由巴西矿冶公司捐赠。10月2日,一对巴西狼作为友谊使者正式落户上海动物园,巴西矿冶公司卡马戈总裁一行7人与市建委、市外办、市园林局以及中信公司、上海宝钢等领导在上海动物园巴西狼展区举行隆重的交接仪式,巴西驻华大使及夫人专程自北京前来参加活动,徐匡迪和卡马戈命名一对巴西狼为"宝宝"和"妮妮"。巴西狼落户上海得到巴西各界关注和支持,时任巴西劳工党主席、后任巴西总统的卢拉先生访问上海时,特意前往上海动物园巴西狼展区参观,种植一棵纪念树。上海动物园重视巴西狼饲养管理,特设巴西狼饲养、繁殖研究课题,2002年属亚洲首次成功繁殖一只雌性巴西狼,取名"宝妮"。为扩大巴西狼种群,提升繁殖水平,2005年上海动物园从荷兰鹿特丹动物园引进2只雄性巴西狼。同年,成功繁殖一胎4只,成活3只。2010年,上海动物园有巴西狼6只。

第七章 规划与法规

1978年，上海园林绿化建设重新纳入上海城市建设规划。1983年，市园林局首次编制的《上海市园林绿化规划》提出，中心城区绿地布局结构为点状、环状、网状、楔状、放射状和带状相结合。

1993年编制的《上海城市绿地系统规划（1994—2020）》，为上海第一个指导园林绿化发展的纲领性文件，以获建设部科技成果二等奖的市重大课题"迈向21世纪上海绿化发展的研究"为依据，首次提出城乡结合、建成区与市郊绿化协同发展模式及"环、楔、廊、园"合理的布局结构。为上海改善生态环境质量，跨入绿化先进城市行列起到重要作用。该规划分主城、辅城、郊县新城区和郊县集镇等四个层面展开，形成以郊区环防护林、滨海林地、滩涂绿化、果园、经济林、风景区为城市外围大环境绿化圈；河滨绿化、公园、各种特色空间绿化组成的市中心绿化为核心；道路、河道绿地为框架网络的多功能、有特色、多效益、完整的绿地系统。

20世纪90年代，上海提出绿化大变样的具体目标和措施，市级规划建设面积10公顷以上的大型公共绿地，有延安中路绿地、黄兴绿地等，区级规划建设4公顷以上的公共绿地，有徐家汇绿地、凯桥绿地等，街道规划建设3 000平方米以上的公共绿地；规划奉贤海湾、南汇滨海等人造森林，苏州河、黄浦江风景绿地，郊区干道绿带和滨海防护林。

2000年始，全市连续实施城市环境建设和保护三年行动计划。市绿化局编制《上海市城市绿地系统规划（2002—2020）》《上海市中心城公园绿地规划

(2002—2020)》《上海绿化系统实施规划(2008—2015)》。

《上海市城市绿地系统规划(2002—2020)》为《上海市城市总体规划(1999—2020)》的绿化专业规划。该规划将市域作为一个整体,城市化地区以各级公共绿地为核心,郊区以大型生态林地为主体,市域范围以沿"江、河、湖、海、路、岛、城"地区绿地为网络,形成核心、主体和网络相互作用的市域绿地系统,实施城乡一体化绿化发展战略;在市域范围、规划理念、要素拓展、布局演变、结构变异等方面,完成从"城市中的绿地布局"到"城市绿地系统",再到"市域绿、林地系统"的有机演变。

第一节　五　年　计　划

一、"六五"计划(1980—1985)

"六五"计划的主要目标、任务为公共绿地面积增至 132.2 公顷,种植树木 593.5 万株,增加专用绿地 580 公顷;市区人均公共绿地面积增至 0.7 平方米,全市绿化覆盖率提高至 9.7%;建成长青、彭浦两个小区公园,改建东安、内江、兰溪、南阳、西康、华山、昆山、天目、绍兴等 9 个市区小公园;新建、扩建金山县朱泾镇金枫公园、南汇县惠南镇金钟园、奉贤县南桥镇古华园和崇明县城桥镇瀛洲公园,郊县城镇公园达 12 个,增加面积 20.9 公顷,实现每个县城有一个公园的目标;建成龙漕、嘉定、松江、青浦、浦江等 5 条风景游览线。

"六五"期间,全市园林绿化建设共投资 1.25 亿元。至 1985 年,市区公园面积增至 412.4 公顷(含动物园),行道树达 15 万株,街道绿地 1 288 处、面积 109.6 公顷,专用绿地 1 550.9 公顷,苗圃 143.2 公顷。

二、"七五"计划(1986—1990)

"七五"计划的主要目标、任务为新建公园 24 座,改建、扩建公园 9 座,全市公园总面积达 286 公顷;市区新辟、扩建街道绿地、林带 125.6 公顷,新植行道树 7 万株。

"七五"期间,全市园林绿化建设共投资 1.19 亿元。1988 年,全市园林绿化管理实行市、区分工，各区园林绿化业务和市属黄浦、桂林、襄阳、淮海公园及主要道路行道树、街道绿地划给所在区管理。1989 年，全市 84 个单位被评为花园单位，843 个单位被评为绿化先进单位。1990 年，全市公园除动物园、植物园、共青森林公园、人民公园、龙华公园、古猗园以及淀山湖大观园游览区外，全部由各所在区管理。同年，全市 53 家具备资质等级证书的园林绿化施工企业获得施工许可证和经营许可证。至 1990 年，市区人均公共绿地面积增至 1 平方米，全市绿化覆盖率提高至 12%；专用绿地面积达 2 060.6 公顷，占全市绿地总面积逾 60%。

三、"八五"计划（1991—1995）

"八五"计划的目标、任务主要为市区人均公共绿地面积增至 1.65 平方米，全市绿化覆盖率提高至 16%；新建、扩建民星、泗塘、友谊、凉城、济阳等 15 座公园；建设、改造人民广场、徐家汇、外滩、浦东滨江绿地，杨高路、内环线绿化带，南浦大桥小游园等大型街道绿地；基本完成太浦河绿化工程。

"八五"期间，上海园林绿化建设进入高速度、高质量发展阶段，共投资 3 亿元。全市广泛开展群众性绿化活动，235 家工厂、学校、部队等单位被评为花园单位；建成竹园新村、梅园新村、甘泉苑、章家巷、延吉新村等一批绿化配套、环境优美的居住区。

四、"九五"计划（1996—2000）

"九五"计划的目标、任务主要为市区人均公共绿地面积增至 4.6 平方米，全市绿化覆盖率提高至 22%；新建世纪、曲阳、甘泉等 22 座公园；建设 2 条市级绿化景观道路，各区建设 1～3 条区级绿化景观道路，形成市、区两级绿化景观道路网络；构筑城乡一体的城市生态大绿化圈，郊县开展"一镇一园"建设和营建人工森林。

"九五"期间，全市 386 家工厂、学校、部队、机关等单位被评为花园单位，居住区绿地面积达 2 448.79 公顷，相比"八五"期末净增 1 312.58 公顷。至 2000 年，全市公园总数达 122 座；新建、改建延安中路绿地工程（一期），新虹桥中心花园，陆家嘴中心绿地、滨江大道、长寿绿地，上海体育馆、浦东国际机场绿化配套工程,环城绿带 100 米林带等;移植胸径 15 厘米左右的大树 29 种 18 万株;破墙透绿 10 万余米;环城绿带建成沪嘉高速公路至浦东迎宾大道长 46 千米、宽 100 米林带工程(一期)380 公顷;建成 500 平方米以上公共绿地 140 块,3 000 平方米以上 120 块;推广新优植物 103 种,其中乔木 37 种,灌木 34 种,草本、地被 22 种,藤本 10 种。

五、"十五"计划(2001—2005)

"十五"时期,全市园林绿化发展在总量上要有较大幅度提高,在质量上要形成具有上海特色的城市园林绿化面貌。建立城乡一体的园林绿化网络体系,形成城郊联动发展模式;以"建管并举,重在管理"为核心,完善园林绿化建设与管理"两级政府,三级管理"体系;完善法规,增强执法力度,实现园林绿化持续、快速发展;构筑规范的园林绿化建设、养护市场及养护资金投入多元化,形成全社会同建、共管全市园林绿化;以科技兴绿为先导,提高城市园林绿化科技含量,加强园林植物新品种引进、培育,丰富绿地群落结构,体现生物多样性,引导科技人员创新、创业,加快科技成果产业化步伐。

【计划要点】

绿地发展与管理 至 2005 年,全市人均公共绿地面积达到 7 平方米,绿地率达到 24%～25%,绿化覆盖率达到 28%～30%。实行绿地分级养护管理,形成合理的等级绿地分布与比例,全市初步建成绿化景观道路网络系统;提高行道树养管水平,实行古树名木及古树后续资源保护动态管理;加大绿化执法和依法行政力度,严格控制占用绿地;将公园建成生物多样性保护基地,引进新品种,提高植物配置水平;提倡使用复合型人才,以科技创新为先导解决城市园林绿化建设、管理中的问题;以管理层与作业层分开为突破口,发展多种所有制经济、经营模式的园林绿化市场,形成公平、公开、公正的竞争格局。

建设任务 在中心城区建设环(环城绿带)、楔(楔形绿地)、廊(河道、道路两侧绿化)、园(大型公共绿地)等各种形式绿地;在郊区重点建设河道、道路两侧绿化及人工林。

环城绿带启动建设 400 米绿带 400 公顷,采取"长藤结瓜"式建设大型综合性主题公园;实施张家浜、桃浦楔形绿地 100 公顷。规划控制三岔港、东沟、北蔡、三林塘、吴中路、大场楔形绿地共 6 823 公顷；完成金江港、大治河等 26 条市级骨干河道防护林建设，总长度 200 千米，两侧造林平均宽度 20 米，总量 300 公顷。俞塘河、六磊塘等区县级河道总长度 450 千米，两侧造林平均宽度 15 米，总量 500 公顷。沪杭、沪宁高速公路、318 国道、沪太路两侧林带，沈砖公路（佘山—青浦）林带走廊等道路绿化总量 1 000 公顷；中心城区增绿总量逾 1 000 公顷。每区建成一块 4 公顷以上公共绿地，包括延安中路、凯桥、华山、不夜城、四川北路绿地和徐家汇公园、文化广场等大型绿地。内环线内居民出门 500 米就有一块 3 000 平方米以上公共绿地，共建 39 块，面积 11.7 公顷。建设、改造南浦大桥—杨浦大桥沿线滨江景观绿化带；新建居住区绿地 1 300 公顷，单位附属绿地 1 500 公顷；在黄浦江水源保护区和准水源保护区两侧总长 51 千米范围内建设平均宽度 100 米的水源涵养带，总量 300 公顷。在崇明、宝山、浦东、南汇、奉贤、金山区等长 470 余千米的海岸线上建设防护林总量逾 1 000 公顷；建设南汇滨海，青浦朱家角青少年素质教育基地，松江佘山，闵行，嘉定浏河岛、罗泾等六大片人工林 1 500 公顷，以及规划奉贤海湾，金山石化，崇明东滩、东平等大型人工林；"一城九镇"开展先期规划，绿化指标高于国家园林城区标准。绿地率不低于 30%，人均公共绿地不少于 8 平方米，居住区绿地率逾 40%，单位绿地率逾 30%，道路绿地率 20% 以上，建设 10 公顷以上镇级公园等。

管理任务　在绿地养护管理上，要注重生态、突出功能、兼顾景观，应结构稳定合理、层次色彩丰富、黄土不见天，提高绿地等级；行道树管理，要完善配套设施，丰富树种，创新种植、养护方式；在特色增绿上，要因地制宜，实施以破墙透绿为重点的各种特色绿化形式，提高绿视率；在生态景观绿色道路上，全市形成由"二环，三纵，四横，十射"绿化景观路线、两条绿色水道、七个绿色景观中心组成的市级绿化景观道路框架；在制定公园系统规划、完善公园类型上，每区建造一座特色公园，全市公园实现"100% 达标，60% 双优，15% 示范"目标；依法治绿，严防侵占、蚕食绿地，加强古树名木及后续资源保护；提高生物多样性水平，主要园林植物增至 800 种；推进养护操作市场化，提高园林机械化程度；建立"上海市绿化地理信息系统"及区县"绿化地理子系统"等。

建设资金与管理　绿地建设资金包括动拆迁、征地费用等，"十五"时期共计 144.82 亿元。其中，中心城区 105.74 亿元，其他 39.09 亿元；绿地管理资金共计

15.99 亿元,其中,公共绿地养护经费 9.73 亿元,行道树 1.31 亿元,破墙透绿费用 3 000 万~5 000 万元,古树名木及后续资源保护 1 950 万元,植物新品种引进、推广 2 500 万元等。

【计划实施】

"十五"期间,全市园林绿化事业经历功能性提升、跨越式发展、体制性变化的重要阶段,绿地建设快速推进,绿化管理不断加强。2003 年,上海成功创建国家园林城市。至 2005 年,全市城市绿地总量达 2.89 万公顷,人均公共绿地达 11.01 平方米,城市绿化覆盖率达 37%;结合中心城区旧区改造、产业结构调整,新建公共绿地 7 593 公顷;注重"建管并举、重在管理",加强绿地养护管理,启动老公园改造,125 座公园免费开放,组建绿化投诉、举报受理中心;重视园林绿化种质资源选育、植物群落优化、地带性生态景观构建等重点领域科研攻关,获得市科技进步一、二等奖各 1 项;初步开发完成园林绿化管理"3S"(遥感、卫星定位、地理信息系统)系统,开通上海市绿化林业网;推广公园、志愿者、街道"三位一体"模式,推行公园绿地"三级巡查"制度,初步构建有害生物监测预报体系;行业实现政企分开、事企分开改革,建立园林绿化施工、养护招投标市场;制定《上海市古树名木及古树后续资源保护条例》《上海市环城绿带管理办法》,编制《上海市绿化系统规划》《上海市中心城公共绿地规划》,成立园林绿化行业协会,实现行政许可"一门式"受理等。

六、"十一五"规划(2006—2010)

"十一五"期间,全市园林绿化建设、管理和发展的总体思路,围绕 2010 年举办世博会,在增长方式上,由重数量、重指标向重质量、重功能转变,集约发展;在区域推动上,由城郊二元结构向重质量、重功能转变,集约发展;在管理模式上,由建设型、粗放型向公共服务型转变,和谐发展;在结构布局上,由绿地建设为主向绿地林地、湿地融合提升转变,系统发展。本目主要记录规划有关园林绿化部分。

【规划要点】

至 2010 年,中心城人均公共绿地面积达到 13 平方米,绿化覆盖率达到 38%。

总体布局 推进建设"一环、二区、三岛、五园，多核、多廊、多带"相结合的绿化林业布局结构。一环，外环生态专项；二区，"世博"园区、中心城区；三岛，崇明岛、长兴岛、横沙岛；五园，滨江森林公园、辰山植物园、崇明东滩湿地公园以及郊野公园、村镇公园；多核、多廊、多带，中心城区推进大型绿地建设，消除 500 米服务半径绿化盲区，建设"一纵、两横"（一纵，黄浦江沿岸；两横，延安中路高架沿线、苏州河沿岸）绿化景观带；郊区推进"一城九镇"（一城九镇，松江新城和安亭、罗店、朱家角、枫泾、浦江、高桥、周浦、奉城、陈家镇）绿化建设。

重点工程 在中心城绿地建设工程方面，完善"一纵、两横"绿廊景观骨架，总建设面积 50 公顷；加强立体绿化、"春景秋色"示范点建设；在"世博"园区绿化工程方面，总建设面积 232 公顷，以生态公园为核心，轴线大道、步行景观带和网状道路绿化为主体骨架；在外环生态专项建设工程方面，确保完成 2 506 公顷，力争完成 3 547 公顷；启动桃浦及浦东高行、东沟楔型绿地建设；在临港新城配套绿化工程方面，总建设面积 2 500 公顷，临港防护林、滴水湖绿带、单位及居住区绿化建设；在公园建设工程方面，初步构建国家级公园、城市公园、郊野公园和城镇（社区）公园等 4 个类型体系；在绿化种苗工程方面，园林植物达到 1 200 种；在部门绿化工程方面，新增居住区绿化面积 1 400 万平方米，老居住区新增绿地 3 万平方米；在信息化管理工程方面，完善绿化行业基础数据平台，扩充绿化地理信息、电子政务、病虫害、土壤质量等数据库；在有害生物防治体系建设工程方面，建立病虫疫情预测控制体系、有害生物监测预报系统；在生态系统定位监测工程方面，外环生态专项及生态敏感区域建立生态定位监测点；在绿化作业机械工程方面，推进行道树修剪、树枝处理作业机械化。

【规划实施】

"十一五"期间，全市建成大型公共绿地有外环生态专项、"世博"园区、外滩滨江、徐汇滨江等绿地和顾村公园、辰山植物园，新增绿地面积 6 600 公顷，城市绿地率 34％，绿化覆盖率 38.15％，人均公共绿地 13 平方米，新建屋顶绿化 60 万平方米；依据《迎世博 600 天绿化景观优化规划》，整治绿地 2 829.6 公顷，改造绿地 823.1 公顷，建设立体绿化 42 公顷，完善行道树设施 7.4 万套，改造老公园

53 座、旧居住区绿地 2 000 多个;"城市特殊环境绿化的植物资源选育及应用研究"等 11 个项目获得市科技进步奖,常见园林植物达 860 种,编制国家城镇建设行业标准《城镇污水处理厂污泥处理园林绿化用泥质》等 16 项;修订《上海市绿化条例》,初步建立行政许可事后监管机制等。

第二节 系 统 规 划

20 世纪 80 年代,市园林局首次编制《上海市园林绿化规划》,其中绿地总体布局、规划目标、指标等被纳入《上海城市总体规划(1981—2000)》。1993 年,市园林局编制《上海城市绿地系统规划(1994—2020)》,为上海第一个指导园林绿化事业发展的纲领性文件。2001 年,国务院批复同意《上海城市总体规划(1999—2020)》,其中绿地空间发展结构为中心城"环、楔、廊、园"和郊区大面积"人造森林"。上海园林绿化部门按照各个五年计划的中心任务和城市发展的需要,主要编制完成《上海市绿地系统规划(2002—2020)》《上海市中心城公园绿地规划(2002—2020)》《上海市绿化系统实施规划(2008—2015)》。

一、上海市绿地系统规划(2002—2020)

2002 年市绿化局编制的《上海市绿地系统规划(2002—2020)》为《上海市城市总体规划(1999—2020)》的绿化专项规划。为使上海经济和城市建设健康、持续、稳定发展,根据上海市城市总体规划提出加大绿化建设力度,与现代化国际大都市的功能定位相匹配,规划以生态、景观连续性和格局优化、多样性、因地制宜、统筹兼顾为原则,对市域绿化建设提出新目标。

【规划指标】

规划提出,调整绿地布局,完善绿地类型,提高绿地配置和养护水平,丰富城市景观,使绿地系统构成要素多元化、结构网络化、功能生态合理化,增加绿地总量,兼顾生态和景观双重功能。市域绿化总体布局以"环、楔、廊、园、林"为基本构架,以及居住区、单位附属绿地和立体绿化建设等,建立大都市开放型绿化网络体系,实施城乡一体化绿化发展战略。

表 7 - 1　　　　　　　　《上海市绿地系统规划（2002—2020）》指标情况表

指　　标	范　　围	2000 年	2005 年	2020 年
人均公共绿地 （平方米）	中心城	2.78	4	6
	集中城市化地区	4.60	7	10
绿化覆盖率 （%）	中心城	17.03	22～25	35 以上
	集中城市化地区	22.19	28～30	40 以上
全市覆盖率 （%）	全市森林覆盖率	9.45	20	32
	全市绿化覆盖率	11.66	22～23	35

【规划内容】

规划包括城镇环境绿化规划、生态敏感区控制规划、郊区造林规划、风景区和自然保护区规划、生物多样性保护规划等。

主要内容为：环，绿化总面积 302 平方千米，包括外环绿带 98 千米两侧 500 米宽林带，郊区环 180 千米两侧 500 米宽林带，郊区城镇环 20～200 米宽林带；楔，绿化总面积 69 平方千米，包括浦东三岔港、东沟、张家浜、北蔡镇、三林塘地区；浦西大场、桃浦镇、吴中路地区等 8 块楔型绿地；廊，绿化总面积 320 平方千米，包括高速公路两侧 100 米宽林带，主要公路两侧 50 米宽林带，次要公路两侧 25 米宽林带，市管一级河道两侧 200 米宽林带，二级以及次要河道两侧 25～150 米宽林带；园，绿化总面积 161 平方千米，包括中心城大型公共绿地、公园、近郊公园（4 个）、体育公园、雕塑公园；林，绿化总面积 1 293 平方千米，包括生态林地、人工林、自然保护区、海防林带，其中片林 513 平方千米、带形绿化 158 平方千米、四旁林 622 平方千米。环、楔、廊、园、林，绿化总面积合计 2 145 平方千米。

规划主要以依法建绿、依法护绿，加强行业管理，强化政策支持，加快建设环城绿带和楔型绿地，推进园林行业改革，构筑人才高地，加强科技创新能力等作为实施对策措施。

二、上海市中心城公园绿地规划（2002—2020）

2002 年市绿化局编制的《上海市中心城公园绿地规划（2002—2020）》以《上

海市绿地系统规划(2002—2020)》为指导,结合城市景观、生态环境建设,优化中心城公共绿地结构布局,扩大绿地规模范围,持续推进绿化建设超常规发展,作进一步深化的绿地系统规划。规划为中心城公共绿地分区规划的重要依据。

【规划指标】

规划指导思想为建设生态城市、绿色上海;建设与上海国际经济、贸易、金融和航运中心相匹配的绿地系统格局和绿色空间体系;开创上海生产环境高效、生活质量优越、生态效应优先的大都市环境发展之路;体现中心城环境增绿化、增景观。

规划理念　创造生态"源"林,建设城市森林;构筑"水都绿城",让城市重回滨水;构筑城市"绿岛",平衡城市"热岛";构筑"绿色动感都市",建设绿色标志性景观空间。

规划指标　集中建设外环绿带 58 平方千米,楔型绿地 40～45 平方千米,绿色敏感区 35～40 平方千米,新增公共绿地 30 平方千米。绿化总体布局结构,以"一纵、两横、三环"为骨架,"多片、多园"为基础,绿色廊道为网络。

【规划内容】

一纵、两横、三环为城市"绿骨架"　一纵,黄浦江沿岸;两横,延安路高架沿线、苏州河沿岸;三环,外环线、中环线以及规划的水环沿线地区。

多片、多园为城市"绿岛群"　主要为中心区城市"绿岛",杨浦区江湾体育场、五角场一带,闸北区(今静安区)共和新路、闸北体育场一带,西藏北路至东宝兴路一带,普陀区真北路立交桥周围,黄浦区中部,徐汇区内环线一带和延安中路绿地、徐家汇公园、长寿公园、不夜城绿地等。

绿色廊道为城市"绿网络"　通过中心城"环形放射"道路系统和"环形十字式"河道水系,将城市中的绿点、绿线、绿带、绿廊和绿色敏感区、生态林等连接成绿色网络系统。

规划主要以严格控制绿化用地,禁止违法占绿,建立绿化建设目标责任制,深化绿化建设投融资改革,建立城市绿化和房地产用地同步调控与储备机制,制定促进绿化长效管理法规等作为实施对策措施。

三、上海市绿化系统实施规划(2008—2015)

2008 年市绿化局及市园林设计院编制的《上海市绿化系统实施规划

(2008—2015)》提出,构建网络完善、系统高效、结构合理、生态效益良好的绿化网络系统;发展方式由城乡二元结构转变为城乡统筹,注重板块建设转变为构建绿化网络系统,绿化、林业、湿地融合转变为构建复合生态系统,外延式转变为内涵式为主,形成"三环、三带、四片、五区、六楔、多廊、多园"绿化布局结构,以及老公园功能提升改造等。

【规划指标】

至 2010 年,规划主要实施规模为:三环,环城绿带、郊环绿带、水环绿带,绿化总面积 3 014 公顷;三带,崇明沿海防护林带、长兴岛—横沙岛沿海防护林带、吴淞口—杭州湾沿海防护林带,绿化总面积 1 293 公顷;四片,金山化工区防污染隔离林、吴泾化工区防污染隔离林、奉贤化工区防污染隔离林、宝山宝钢地区防污染隔离林,绿化总面积 1 008.7 公顷;五区,青浦淀山湖湿地修复、重建示范区和崇明东滩互花米草生态控制与鸟类栖息地重建工程,绿化总面积 3 860 公顷,以及长兴青草沙水源地保护区、横沙东滩湿地自然保护区、宝钢水库水鸟栖息地保护区;六楔,桃浦楔型绿地(一期)、东沟楔型绿地、张家浜楔型绿地、三林楔型绿地(一期)以及大场楔型绿地、北蔡楔型绿地,绿化总面积 693 公顷;多廊,交通绿廊、滨水绿廊,绿化总面积 2 378 公顷;多园,中心城区公园绿地,绿化总面积 217.09 公顷,新城公园绿地,绿化总面积 267 公顷,新市镇公园绿地,绿化总面积 421 公顷。

老公园功能提升改造 37 座,总面积 1 172.28 公顷;片林 4 片,总面积 101 公顷;农田林网控制率达到 98% 以上,四旁绿化覆盖率达到 35% 以上;低效林改造总面积 5 328 公顷;开放青西湿地公园、浦东金海湿地公园,总面积 1 502 公顷;立体绿化布局为"一横一纵、两环四射、五线十区":一横,延安路高架;一纵,南北高架;两环,内环线高架、中环线;四射,逸仙路高架、沪闵路高架、沪宁和沪嘉高速入城段;五线,南京路、淮海路、四川路、西藏路、世纪大道等各段;十区,人民广场、徐家汇、静安寺、世博会、陆家嘴、五角场、上海站、上海南站、虹桥机场、浦东机场等区域。

【规划实施】

至 2007 年,全市绿地总面积 31 800 公顷,林地总面积 94 700 公顷,湿地总面积 282 852 公顷,绿化总量与规划远期目标差距较大。其中,环:外环绿带

100 米林带实施情况较好,郊环绿带一般;楔:推进较慢,大多处于规划编制阶段;廊:个别区段实施情况较好;园:中心城区公园绿地实施情况良好,消除大部分 500 米服务半径盲区;林:推进较快。

表 7 - 2 　　　　　　《上海市绿化系统实施规划(2008—2015)》指标情况表

范　围	指　标	2007 年	2010 年	2015 年	
				方案一	方案二
全　市	森林覆盖率(%)	11.63	12.5	13.98	18.01
	湿地保有率(%)	25	30	40	40
建成区	绿化覆盖率(%)	37.6	38	39	39
	人均公共绿地(平方米/人)	12	13	13.5	13.5

表 7 - 3 　　　《上海市绿化系统实施规划(2008—2015)》实施情况表(截至 2007 年)

期　限		规　划				实施情况
		2000 年	2005 年	2007 年	2015 年	2007 年
人均公共绿地(平方米/%)	中心城	2.78	4	—	6	—
	建成区	4.6	7	—	10	12
绿化覆盖率(%)	中心城	17.3	22～25		35 以上	—
	建成区	22.19	28～30		40 以上	37.6
全市覆盖率(%)	森林覆盖率	9.42	20		32	11.63
	绿化覆盖率	11.66	22～23	22	35	
	湿地保有率	—	—	—	—	25

表 7 - 4 　　　　　1983—2006 年历次涉及上海城市生态空间相关规划情况表

年 份	城市规划	专项规划	主 要 内 容	备　注
1983	—	《上海市园林绿化系统规划》	规划范围主要集中在城市中心区,提出中心城园林绿化设想,到 2000 年,中心城绿化覆盖率达 20%,人均公共绿地达 3 平方米,郊区城镇人均公共绿地达 4～5 平方米等园林绿化指标	

年　份	城市规划	专项规划	主　要　内　容	备　注
1986	《上海市城市总体规划方案》	—	提出结合城市建设和改造，通过多途径提高城市公共绿地，结合多中心开敞结构，设置大型结构绿地	—
1990	《浦东新区总体规划方案》	—	提出浦东新区绿地系统规划，按人均绿化用地指标 20 平方米和绿化覆盖率 35% 控制	
1993	《上海市外环线规划方案》	—	提出全长 97 千米外环线绿带初步规划，规划标准路段红线宽度 100 米，两侧各留 25 米绿化隔离带	
1994	—	《上海市城市绿地系统规划（1994—2020）》		总体规划的重要专项支撑
1994	—	《上海市环城绿化系统规划》《上海城市环城绿带规划》	主要确定环城绿带、绿线以及相关控制目标	综合性、灵活性不够，缺乏实施保障措施，与城市其他专业系统规划结合不够，与交通、市政、防灾减灾等设施规划缺乏衔接。对于绿带动迁用地和捆绑开发用地等规划滞后
2001	《上海市城市总体规划（1999—2020）》	—	按城市与自然和谐共存原则，调整绿地布局，完善绿地类型，以建设中心城"环、楔、廊、园"和郊区大面积人造森林为重点，形成具特大城市特点的绿地系统，改善城市生态环境。到 2020 年，人均公共绿地指标 10 平方米以上，人均绿地指标 21 平方米以上，绿化覆盖率大于 35%	对生态敏感区、城市建设敏感区、风景区和自然保护区提出总体布局，绿化专项规划较完善，其他生态用地专项规划推进较慢以及缺失

年　份	城市规划	专项规划	主　要　内　容	备　　注
2002	—	《上海市城市绿地系统规划（2002—2020）》	对市域进行系统的绿化规划。形成中心城以公共绿地为核心，郊区以大型生态林地为主体，市域形成"环、楔、廊、园、林"绿化总体布局。到2020年，人均公共绿地指标10平方米以上，绿地率大于30%，绿化覆盖率大于35%	上海城市总体规划的绿化专项规划，对市域进行系统绿化规划，提出市域绿化总体布局为"环、楔、廊、园、林"
2002	—	《上海中心城公共绿地规划》	对中心城公共绿地系统规划作进一步深化，以优化中心城公共绿地结构布局，扩大公共绿地规模、范围，推进绿化建设快速持续发展。到2020年，中心城规划人均绿地面积30平方米，人均公共绿地面积10平方米以上，绿地率35%，绿化覆盖率40%	对中心城公共绿地系统规划进行深化，为分区规划重要依据
2003	—	《上海城市森林规划》	在《上海市绿化系统规划》基础上，对城市森林规划目标、规划布局等作进一步深化和优化。重点对郊区林地进行规划布置。到2020年，森林覆盖率达35%以上	对郊区林地进行规划布置，与基本农田矛盾较大，可实施性较弱
2004	《上海市中心城分区规划（2004—2020）》	—	根据服务半径，重点对中心城绿地进行系统规划	对中心城绿地进行指标分解和落地，为社区控制性详细规划重要依据
2006	《上海市城市近期建设规划（2006—2010）》	—	根据"环、楔、廊、园、林"总体布局设想，按照绿地、林地布局均衡性、层次性和整合性原则，推进建设"一环二区三岛四园，多核多廊多带"相结合绿化林业布局结构	突出近期绿化重点项目

第三节 专 项 计 划

一、环境保护和建设三年行动计划(绿化建设部分)

1999 年 9 月,市政府下发《关于加强本市环境保护和建设若干问题的决定》,启动第一轮环境保护和建设三年行动计划(2000—2002 年),建立计划基本框架,涉及水环境治理、大气环境治理、固体废弃物处置、绿化建设、重点工业区环境综合整治等 5 个领域 110 个项目,总投资 343 亿元。其中绿化建设,市区新建公共绿地面积 3 000 公顷,实现每个街道拥有一块 3 000 平方米绿地目标,建成一批标志性生态景观绿地;郊区完成人造森林 3 740 公顷、黄浦江水源涵养林 410 公顷、沿海防护林 1 330 公顷、河道防护林 1 510 公顷。通过计划实施,建成区绿化覆盖率由 1999 年 19.8％提高至 2002 年 30％,人均公共绿地面积由 3.5 平方米增至 7.6 平方米,为上海建成国家园林城市起到重要作用。

第二轮环境保护和建设三年行动计划(2003—2005 年),总体目标为 2005 年环境质量处于全国大城市先进水平,成为国际国内适宜生活居住的城市之一,逐步建立与国际惯例接轨的环境管理体系等。其中绿化建设,主要指标为基本形成"环、楔、廊、园、林"为特征的绿化布局框架,中心城区绿化覆盖率达到 37％以上,人均公共绿地面积增至 11 平方米,全市森林覆盖率达到 20％;中心城区新建 33 块公共绿地、3 块楔型绿地、2 个近郊公园、环城绿带 400 米绿带,郊区包括国有农场减粮造林、大型片林、黄浦江水源涵养林、沿海防护林工程和商品林工程建设,以及绿色生态走廊建设,九段沙、崇明东滩自然保护区建设。通过计划实施,绿化建设实现跨越式发展,中心城区人均公共绿地面积达到 11 平方米,市民出门 500 米可走进公园、绿地。上海总体环境质量达到全国大城市先进水平。

第三轮环境保护和建设三年行动计划(2006—2008 年),总项目 256 个,固定资产总投资 400 亿元。计划包括水环境治理与保护、大气环境治理与保护、固体废弃物利用与处置、工业污染治理与清洁生产和循环经济、农业污染治理与农村环境保护、生态保护与崇明环境基础设施建设等 6 个领域。其中生态保护与崇明环境基础设施建设领域,重点加强环境友好型、资源节约型"世博"园区建设,崇明生态环境基础设施建设,全市绿地林地建设、自然生态保护等。

第四轮环境保护和建设三年行动计划(2009—2010年),总体目标为全面完成污染减排等"十一五"规划明确的各项环保目标任务,努力建成国家环境保护模范城市,使上海环保工作继续走在全国前列,以良好的环境质量为成功举办世博会创造条件。绿化建设主要指标为建成区人均公共绿地达到13.1平方米,绿化覆盖率达到38.2%。计划主要任务共安排260个项目,总投资820亿元。其中,生态保护和建设有42个项目,重点为努力打造环境友好型世博园区,加快推进崇明生态岛建设,继续推进外环生态专项、公共绿地和郊区涵养林、隔离林、防护林建设,推广屋顶、垂直、悬挂立体绿化建设,提高绿化建设生态效益等。

二、上海市绿化林业行业迎世博 600 天行动计划

2008年,为贯彻市委、市政府提出"市容市貌明显改观,各项窗口服务明显优化,城市管理明显改善,城市文明程度明显提高,市民文明素质和精神面貌明显提升"的要求,演绎"城市,让生活更美好"世博会主题,结合上海园林绿化实际,市绿化局出台《上海市绿化林业行业迎世博600天行动计划》。

计划的基本原则为统一部署,分步实施;市区联动,区县为主;整合资源,协作配合;广泛动员,全民参与;整体推进,重点突破。

计划的主要任务为重点实施绿化景观优化、市民生活环境改善、绿化管理水平提升和窗口服务质量提高等4个工程。

计划实施的第一阶段为计划编制阶段(2008年4—8月)。按照市委、市政府要求,制订、完善计划,编制重点区域及重要线路的绿化优化设计方案,制定相应的标准及考核办法,建立苗木及相关配套材料的储备机制。

第二阶段为实施推进阶段(2008年9月—2009年12月)。按照计划,实施、推进各项工作。基本完成全市绿化景观优化、公园品质提升工作,初步展现良好的绿化面貌。储备世博会期间所需的花卉植物及配套材料,形成各公园主题活动、新农村生态游览活动。

第三阶段为展示验收阶段(2010年1—4月)。完成绿化景观优化收尾、组合容器花卉和主题绿化景点布置等工作。组织开展全面检查,防漏补缺,巩固成

果,不断提高,形成全市迎接世博会欢乐喜庆的良好氛围。

　　计划保障措施主要为加强组织领导,健全工作机制;明确工作职责,落实推进责任;统筹各方资源,确保办博需求;完善工作制度,确保工作质量;加强宣传动员,引导公众参与。

表7-5　　　　　　　迎世博600天行动计划重点区域责任情况表

序号	区 域 名 称	区 域 边 界	责任部门
1	浦东机场	机场区域	机场集团
2	虹桥机场	机场区域	机场集团
3	铁路上海站(含长途汽车站)	天目西路—恒丰路—交通路—大统路	闸北区
4	上海南站(含长途汽车站)	沪闵路—柳州路—石龙路—桂林南街	徐汇区
5	徐家汇	广元西路—宜山路—南丹东路—宛平路—广元路	徐汇区
6	上海体育场	上海体育场、万体馆周边区域	徐汇区
7	领事馆区域	领事馆周边区域	徐汇区 长宁区
8	人民广场	南京西路—西藏中路—金陵中路—黄陂南(北)路	黄浦区
9	外滩	南外滩区域	黄浦区
		北外滩区域	虹口区
10	豫园	复兴东路—河南中路—人民路—中华路	黄浦区
11	静安寺	延安中路—常熟路—愚园路—常德路	静安区
12	世博周边区域	鲁班路—斜土路—斜土东路—国货路—南浦大桥—黄浦江	黄浦区 卢湾区
		龙阳路—杨高南路—成山路—长清路—耀华路—黄浦江	浦东新区
13	陆家嘴	黄浦江—浦东南路—东昌路、杨高中路—张家浜—锦绣路—民生路	浦东新区
14	五角场	国定路—国定东路—国和路—政立路—淞沪路—政通路	杨浦区
15	中山公园周边区域	中山公园周边区域	长宁区

序号	区 域 名 称	区 域 边 界	责任部门
16	长风地区	长风商务区周边区域	普陀区
17	旗忠网球中心周边区域	旗忠网球中心周边区域	闵行区
18	大学城	大学城区域范围	松江区
19	F1赛车场周边区域	F1赛车场周边区域	嘉定区
20	朱家角	朱家角旅游区域	青浦区
21	吴淞客运中心	吴淞客运中心周边区域	宝山区
22	枫泾	枫泾旅游区域	金山区
23	南桥新城中心区域	南桥新城中心区域	奉贤区
24	惠南镇中心区域	惠南镇中心区域	南汇区
25	崇明码头区域	城桥镇、堡镇码头区域	崇明区

表7-6　　　　迎世博600天行动计划重要线路责任情况表

序号	线　　路	路　　段	责任部门
1	黄浦江		宝山、杨浦、虹口、黄浦、浦东、徐汇区等
2	苏州河		长宁、普陀、静安、闸北、黄浦、虹口区等
3	长宁路—长寿路—天目西路—天目中路—海宁路—周家嘴路	中环—曹家渡	长宁区
		曹家渡—苏州河	普陀区
		江苏路—安远路南侧	静安区
		苏州河—河南北路	闸北区
		河南北路—大连路	虹口区
		大连路—中环	杨浦区
4	— 延安西路—延安中路—延安东路—世纪大道	外环—虹梅路南侧	闵行区
		外环—镇宁路	长宁区
		镇宁路—南北高架	静安区
		南北高架—西藏路南侧	卢湾区

续 表

序号	线 路	路 段	责任部门
4	延安西路—延安中路—延安东路—世纪大道	南北高架—中山东一路	黄浦区
		滨江大道—锦绣路	浦东新区
5	虹桥路—肇嘉浜路—徐家汇路—陆家浜路—南浦大桥—龙阳路	外环—淮海西路	长宁区
		淮海西路—陕西南路	徐汇区
		陕西南路—西藏路	卢湾区
		西藏路—黄浦江	黄浦区
		黄浦江—杨高路	浦东新区
6	曹杨路—江苏北路—江苏路—华山路—漕溪北路—沪闵路	桃浦路—苏州河	普陀区
		苏州河—淮海中路	长宁区
		淮海中路—虹梅路	徐汇区
		虹梅路—七莘路	闵行区
7	共和新路—成都北路—重庆南路—鲁班路—卢浦大桥—耀华路	外环—共康路	宝山区
		共康路—苏州河	闸北区
		苏州河—延安路	黄浦区
		延安路—黄浦江	卢湾区
		苏州河—延安路西侧	静安区
		耀华路	浦东新区
8	中山南路—中山东二路—中山东一路—吴淞路—四平路	苏州河以南	黄浦区
		苏州河—大连路	虹口区
		大连路—五角场	杨浦区
9	南京东路—南京西路	延安路—南北高架	黄浦区
		南北高架—中山东一路	静安区
10	淮海东路—淮海中路—淮海西路	虹桥路—兴国路北侧	长宁区
		虹桥路—陕西南路	徐汇区
		陕西南路—西藏路	卢湾区
		西藏路—人民路	黄浦区
11	内环线（浦西段）	区界划分	市市政局绿化部门
12	中环线	区界划分	市市政局绿化部门

续 表

序号	线 路	路 段	责任部门
13	武宁路—武宁南路	中环线—长寿路	普陀区
		长寿路—万航渡路	静安区
14	昌平路、新闸路、北京西路	—	静安区
15	复兴西路—复兴中路—复兴东路	华山路—陕西南路	徐汇区
		陕西南路—西藏路	卢湾区
		西藏路—黄浦江	黄浦区
16	西藏北路—西藏中路—西藏南路	柳营路—苏州河	闸北区
		苏州河—黄浦江	黄浦区
17	河南北路—河南中路—河南南路	虬江路—苏州河	闸北区
		苏州河—陆家浜路	黄浦区
18	龙阳路—龙东大道	黄浦江—外环线	浦东新区
19	浦东南路、东方路、罗山路	全段	浦东新区
20	锦绣路、浦东大道	全段	浦东新区
21	浦建路—沪南路—外环线—迎宾大道	陆家嘴—浦东机场	浦东新区
22	杨高南路、杨高中路、杨高北路	外环线内	浦东新区
23	天山路、仙霞路、新华路	全段	长宁区
24	宜山路、漕宝路	中环线以东	徐汇区
		中环线以西	闵行区
25	衡山路、龙吴路	外环线内	徐汇区
26	金沙江路	外环线内	普陀区
27	广中西路—广中路—大连西路—大连路	沪太路—北宝兴路	闸北区
		北宝兴路—黄浦江	虹口区
		密云路—黄浦江	杨浦区
28	四川北路、多伦路	全段	虹口区
29	东大名路—杨树浦路	吴淞路—大连路	虹口区
		大连路—中环线	杨浦区
30	轨道交通沿线	—	绿化部门申通公司

表7-7　　　　　　　迎世博600天行动计划高速公路(铁路)责任情况表

序　号	名　　称	责任部门
1	沪奉金高速(A4)	市市政局
2	新卫高速公路(A6)	市市政局
3	郊环线(A30)	市市政局
4	沪杭高速(A8)	市市政局
5	沪青平高速(A9)	市市政局
6	沪宁高速(A11)	市市政局
7	沪嘉高速(A12)	市市政局
8	沪宁铁路	铁路局
9	沪杭铁路	铁路局

第四节　法规与规章

　　1978年市园林局成立后,重视园林绿化法制建设。1994年设置政策法规部门,负责立法、政策研究工作。1996年成立法制工作领导小组,统盘考虑立法、执法监督、普法、法制培训及行政复议、诉讼等事务,参与重大违法事件有关协调及拟实施处罚等相关工作。1997年,上海市园林绿化监察大队成立,负责全市园林绿化执法工作,上海园林绿化法制体制逐步完善,法制工作进入全面开展、良性发展阶段。2005年,上海开展市级层面城市管理领域相对集中行政处罚权工作,市园林绿化监察大队并入上海市城市管理执法总队。

一、地方性法规

【上海市古树名木和古树后续资源保护条例】

　　1983年,市八届人大常委会第四次会议通过《上海市古树名木保护管理规定》(以下简称《保护管理规定》),为全国第一部关于古树名木保护的地方性法规,明确规定古树名木的保护范围、等级和管理经费、机构以及奖惩办法等。

　　21世纪初,市绿化局调研《保护管理规定》实施情况,分析古树名木保护案例,提出加强古树名木保护,对树龄80年以上的树木作为全市古树的后续资源加以保护。2002年,市十一届人大常委会第四十一次会议通过对《保护管理规定》的修订,同时通过《保护管理规定》更名《上海市古树名木和古树后续资源保护条例》(以下简称《保护条例》)。

2010年,市十三届人大常委会第二十一次会议通过《关于修改本市部分地方性法规的决定》,《保护条例》主要对有关行政管理部门或行政执法主体称谓作修改。

【上海市绿化条例】

1987年,市八届人大常委会第二十五次会议通过《上海市植树造林绿化管理条例》(以下简称《绿化管理条例》),以地方性法规形式规范全市园林绿化管理体制、规划建设、绿化指标制定以及分类、资金来源、奖惩办法等。《绿化管理条例》施行后,市人大常委会根据全市园林绿化发展目标和要求,于1991年、1995年、1997年3次修订《绿化管理条例》部分条款。

2000年,为实施上海市环境保护和建设三年行动计划,加快全市园林绿化建设,对《绿化管理条例》有关建设项目配套绿化比例做较大幅度提高,使大部分指标靠拢建设部颁布指标,以及对主管、有关部门职责的分工,对上海首次提出规划绿线的管理,对收取绿化保证金、绿地补偿费等做较多修订和补充,从法制层面支持21世纪初上海绿化大发展。市十一届人大常委会第二十二次会议通过对《绿化管理条例》的第四次修订。

2003年,为配合《中华人民共和国行政许可法》实施,市十二届人大常委会第七次会议通过对《绿化管理条例》的第五次修订。

2007年,随着全市绿化建设快速发展,绿化管理不断出现新情况、新问题,《绿化管理条例》针对适用范围、实施屋顶绿化、公园周边规划控制、绿化植物检疫以及行政许可条件、期限和程序等作较多修订。市十二届人大常委会第三十三次会议通过对《绿化管理条例》的第六次修订。同时通过《绿化管理条例》更名《上海市绿化条例》(见附录)。

【上海市公园管理条例】

20世纪80年代初,由于全市公园管理经费不足,公园擅自出租土地建设商业用房及合作开发游乐设施等情况较多,有长宁区儿童交通公园占用公园土地建设商业用房,闸北区占用闸北公园土地建设商业一条街,静安区在静安公园内建造高层办公楼出租等事件。1985年,市公园管理处为加强和规范全市公园管理,制定《上海市公园管理规定》。

1994年,市十届人大常委会第十一次会议通过《上海市公园管理条例》(以下简称《公园管理条例》),自10月1日起施行。《公园管理条例》首次以地方性法规形式,明确公园的性质,管理体制,经费和法律责任,规划、建设、保护和管理,游人行为和法律责任,以及任何单位和个人不得侵占、出租公园用地,不得以合作、合资或其他方式将公园改作他用等。

1997年,为配合《中华人民共和国行政处罚法》实施,市十届人大常委会第三十六次会议通过对《公园管理条例》的第一次修订。2003年,为配合《中华人民共和国行政许可法》实施,市十二届人大常委会第七次会议通过对《公园管理条例》的第二次修订。2010年,为配合《中华人民共和国治安管理处罚法》实施,市十三届人大常委会第二十一次会议通过《关于修改本市部分地方性法规的决定》,对《公园管理条例》作第三次修订。

二、政府规章

20世纪五六十年代,全市园林绿化管理领域的政府规章有1958年市人民委员会颁布的《上海市树木绿地保护管理办法》,1963年市人民委员会颁布的《上海市行道树种植、养护管理办法》《上海市郊区林木管理暂行办法》等。上述政府规章在"文化大革命"期间被否定,以致全市园林绿化管理处于"无法可依"状态,毁坏绿化、侵占绿地事件不断发生。

自1978年始,全市园林绿化管理逐步恢复,加快立法进度,加强执法监督(包括行政审批)。1983年,市七届人大常委会第二十五次会议通过《关于开展全民义务植树运动的决议》。同年,市绿委与园林、农业等部门制定《上海市植树造林绿化管理暂行办法》,以及市园林局会同市公安局发布《关于维护本市公园、风景游览区、绿化地带公共秩序和安全的通告》等,为全市恢复在"文化大革命"期间被毁坏的绿化、被侵占的绿地,发展城市园林绿化建设,加强园林绿化管理提供一个有序的法制环境。

2002年,由于外环绿带建设和管理的需要,市政府制定、发布《上海市环城绿带管理办法》(以下简称《环城绿带管理办法》)。2010年12月,市政府公布《上海市人民政府关于修改〈上海市农机事故处理暂行规定〉等148件市政府规章的决定》,《环城绿带管理办法》修改后重新发布施行。

第五节　特定区域委托审批和管理

全市城市管理中有部分需要特殊管理地域,如大型交通枢纽所在地、重点风景名胜区、商业人流密集综合保税区、综合工业区等特定区域,因其地理位置特殊,管理要求高,协调事务多,需要特殊管理。市以及区县政府大多授权专门管理机构负责该区域综合管理。

自1990年起,市政府先后决定成立外高桥保税区、上海化学工业区、临港新城、洋山保税区、张江高科技园区、长兴岛开发建设、虹桥商务区、浦东机场综合保税区和上海国际旅游度假区等9个管理委员会(派出机构),负责所在区域的建设管理工作。1994年起,市政府先后批准同意黄浦区成立人民广场地区、外滩风景区和南京路步行街等管理委员会,浦东新区政府成立陆家嘴金融贸易中心区管理委员会,闸北区政府成立铁路上海站地区管理委员会,具体负责所在区域的综合管理工作。为使特定区域有效实施依法行政,上海相继出台一系列政府规章和管理办法,并对其中部分条款先后进行3次修正,涉及园林绿化方面的内容也相应进行调整。

1990—2003年,特定区域中涉及的园林绿化等方面的日常管理由所在区域管委会负责实施。2004年起,特定区域中涉及园林绿化等管理工作由市绿化局等部门授权相关管委会通过行政审批和行政许可,以及行政处罚方式进行日常管理。2007年起,为规范行政审批和行政许可工作,市绿化局相继发文,明确文书用印管理、审核事项管理、建设工程流程管理、收费审批标准、复议和诉讼、监督管理等方面的要求。

一、委托审批

临港新城　2003年6月,市政府成立临港新城建设领导小组。2004年5月,市政府调整设立上海临港新城管理委员会,为市政府派出机构,负责临港新城有关行政事务的归口管理和履行相关的行政管理职责。2004年至2009年1月,市绿化局委托临港新城管委会实施对所辖区内的园林绿化工程项目的报建、勘察、设计、施工、监理、招标投标等日常管理工作。2009年2月至2010年,市绿化市容局委托实施 4 项绿化行政许可事项和 1 项绿化行政审批事项。

洋山保税港区 2005 年 6 月,国务院批复同意设立洋山保税港区。2006 年 10 月,市政府发布《洋山保税港区管理办法》。同年,市政府组建洋山保税港区管理委员会,负责保税港区内日常事务管理,并接受上海市和浙江省相关行政管理部门委托在保税港区内履行相关行政管理工作。2007—2010 年,市绿化局、市绿化市容局先后委托实施 5 项绿化行政审批事项。

长兴岛 2008 年,市政府设立上海市长兴岛开发建设管理委员会,下设办公室。9 月,市政府发布《上海市长兴岛开发建设管理办法》。12 月,市绿化市容局委托实施 6 项绿化林业行政许可审批事项。2010 年 12 月,市绿化市容局调整委托实施 4 项绿化林业行政审批事项。

浦东机场综合保税区 2009 年 7 月,国务院批准设立上海浦东机场综合保税区。2010 年 5 月,市政府发布《上海浦东机场综合保税区管理办法》,上海浦东机场综合保税区管理委员会成立,为市政府派出机构。7 月,市绿化市容局委托综合保税区管委会实施 4 项园林绿化行政审批事项。

表 7－8　　　　　1997—2010 年上海市特定区域委托审批事项情况表

区域名称	原委托审批事项	调整委托审批事项
临港新城	园林绿化工程项目的报建、勘察、设计、施工、监理、招标投标	1. 迁移树木的许可 2. 砍伐树木(古树名木除外)的许可 3. 临时使用公共绿地的许可 4. 调整已建成公共绿地内部布局的许可 5. 建设项目配套绿化比例的审核 6. 建设项目配套绿化的竣工验收的审核
洋山保税港区	1. 建设项目配套绿化比例的审核 2. 建设项目配套绿化的竣工验收的审核 3. 迁移树木的许可 4. 砍伐树木(古树名木除外)的许可 5. 临时使用绿地的许可 6. 占用已建成绿地的许可 7. 调整已建成公共绿地内部布局的许可	未调整

续　表

区域名称	原委托审批事项	调整委托审批事项
长兴岛	1. 对迁移树木的许可 2. 对砍伐树木(古树名木除外)的许可 3. 对临时使用公共绿地的许可 4. 对在批准的控制性详细规划范围内符合林地征占用定额管理要求、征占用经济林的许可 5. 对林木采伐(仅限于经济林)许可证的核发 6. 对临时占用林地(仅限于经济林)的许可	1. 迁移树木的审批 2. 砍伐树木(古树名木除外)审批 3. 临时使用公共绿地审批 4. 在批准的控制性详细规划范围内符合林地征占用定额管理要求、属于审核权限内的占用经济林的审批
浦东机场综合保税区	1. 建设项目配套绿化设计方案的审核 2. 建设项目配套绿化的竣工验收的审核 3. 临时使用绿地许可(含公共绿地)审批 4. 迁移树木的审批 5. 砍伐树木(古树名木除外)审批 6. 户外广告设置审批	未调整

资料来源：市绿化市容局。

二、委托管理

人民广场地区　1994年9月22日,市政府发布《上海市人民广场地区综合管理暂行规定》,自1994年10月1日起施行。同年,黄浦区政府设立人民广场地区管理委员会,下设办公室,具体负责广场地区内的日常管理工作。市园林绿化等相关行政管理部门委托黄浦区相关行政管理部门负责日常维护和管理工作,其中涉及园林绿化管理5项。1997—2004年,园林绿化管理调整为4项。2004—2010年,园林绿化管理调整为4项。

外滩风景区　1995年12月19日,市政府发布《上海市外滩风景区综合管理暂行规定》,自公布之日起施行。同年,黄浦区政府设立外滩风景区管理委员会,下设办公室,具体负责风景区内的日常管理工作。同年,市园林绿化等相关行政管理部门委托黄浦区相关行政管理部门负责日常维护和管理工作,其中涉及园林绿化管理6项。

陆家嘴金融贸易中心区　1998年7月1日,市政府发布《上海市陆家嘴金融贸易中心区综合管理暂行规定》,自1998年8月1日起施行。同年,浦东新区管理委员会批准设立中心区城市管理委员会办公室,负责中心区的日常管理和有关组织、协调工作。同年,市园林绿化等相关管理部门委托浦东新区各有关行政管理部门、中心区负责日常行政管理,其中涉及园林绿化管理5项。

铁路上海站地区 1998年9月26日,市政府发布《上海市铁路上海站地区综合管理暂行规定》,自1998年10月1日施行。同年,市政府设立铁路上海站地区管理委员会,下设办公室,该办公室受铁路上海站地区管委会和闸北区政府双重领导,负责铁路上海站地区内的日常综合管理。1998—2004年,该办公室接受市相关行政管理部门委托实施对铁路上海站地区内日常管理事项中涉及园林绿化管理5项。2004—2010年,绿化管理事项未作调整。

南京路步行街 1998年9月,市政府发布《上海市南京路步行街综合管理暂行规定》,自1998年10月1日起施行。1999年,黄浦区政府设立步行街管理委员会(以下简称"步行街管委会"),负责步行街的综合管理和协调工作。步行街管委会下设办公室,具体负责步行街内的日常管理工作。1999—2010年,市相关行政管理部门委托步行街管委会对步行街内的日常管理工作,其中涉及园林绿化管理4项。

第八章 科技与信息化

1978年后,市园林绿化系统设立科技管理部门,建立园林科研所。1981—1990年,市园林局制定园林科技发展规划纲要,对科研课题试行规范化管理,开展园林植物引种驯化、植物组织培养、花期控制研究、土壤肥料及动物饲养、繁殖等研究,100多种野生动物在上海动物园繁殖成功,有的属国内外首次繁殖纪录。1986—1995年,市园林局直属单位完成科研课题111项,其中获国家、部、市级科技成果奖24项。

"九五"期间,上海园林系统科技投入达1 597.3万元,完成科研课题74项,一批城市生态环境基础理论、生态群落优化、市中心增绿、提高绿地养管水平、丰富园林植物种类、新优园林植物繁育推广、草坪常绿、高新技术应用等项科研项目取得成果,为推进上海园林绿化事业发展发挥重要作用。"十五"期间,成功举办"上海城市绿化国际论坛"等多项国际科研交流活动。

1987年,园林系统编制《园林科技期刊检索系统》和《珍稀动物文字/图像资料微机管理系统》。2002年,园林绿化门户网站上线。2009年,建成"绿化和市容"虚拟专网,建成绿化林业专业网格化系统、绿化林业遥感和地理信息系统等一批成效明显的信息化项目。绿化市容数字指挥中心整合绿化专业网格化管理信息系统等22个应用系统,对各种案件进行督办指挥,对重大活动进行指挥保障。

第一节 科　　技

1978年8月,市园林局设置科技教育处,行业科研机构逐步增强,科研队伍不断壮大，科技工作有序发展。1979 年 8 月，上海市园林科学研究所成立，有中级技术职称的科技人员 7 人，初级技术职称的 17 人。1982 年，园林绿化科技在植物引种、移植、修剪、花期控制、物候观察、园林病虫害预测预报的基础上逐渐向纵深扩展，并延伸到细胞、晶体、染色体、基因等方面，以及上海地区的树种、土壤、病虫害调查等基础研究和城市绿化的宏观研究。至 1995 年，园林系统已完成科研课题 100 多项，其中获国家、部、市级科技成果奖 24 项。

"九五"期间，上海园林绿化的科技投入为 1 597.3 万元。完成科研课题 74 项，一批绿化规划、政策、法规、改善城市生态环境基础理论、生态群落优化，市中心增绿、提高绿地养管水平、丰富园林植物种类、新优园林植物繁育推广、草坪常绿、高新技术应用等项科研项目取得了成果，为推进园林事业发展发挥了重要的作用。"上海天牛优势种的发生与城市环境关系及控虫技术的研究"课题被评为 1998 年度上海市科技进步奖三等奖。完成"上海城市信息系统园林子系统中试"等项目。运用航空遥感和卫星遥感新技术以及计算机技术进行园林管理。推广新优植物 103 种，进一步丰富了上海绿化的生物多样性，增添了新的景观，提高了城市绿化的生态效益和景观效益。绿化技术标准相继颁布。其中，《动物园安全图形标志》被列为建设部行业标准，《行道树栽植技术规程》等 7 项技术标准被列为上海市标准，《上海市园林绿化园艺养管标准》等 3 个为市级行业标准（定额）。在全市建立行道树养护、街道绿地养护、古树名木保护、园林植物保护和校园绿化 5 个专业技术网络，对上海园林建设、管理上的相关问题分类、分专业进行全市性调研、科研、技术交流和技术培训，以及开展科技成果发布、展示、推广、病虫害预测预报等工作。

"十五"期间，上海园林绿化科技工作取得新突破，在植物品种引进应用、绿地土壤改良、特殊空间绿化、低效林改造、植物群落构建和植物保护等多个领域取得明显成果，形成上海绿化林业的科技优势和特色。5 年中，完成科研选育并重点推广 300 多个植物品种，优选出 120 种耐盐碱乔灌木种类，城市绿化常用植物种类增加到 820 种，建成一批"春景秋色"示范工程。成功举办"上海城市绿化国际论坛""植物园论坛""中日韩三国城市绿化年会"等国际科研交流活动。

一、科研部门

【中国科学院上海辰山植物科学研究中心】

中国科学院上海辰山植物科学研究中心(以下简称"辰山科研中心")是由中国科学院与上海市政府共建的植物科学研究机构,坐落于上海辰山植物园西北角,建筑面积1.5万平方米,包括办公室、实验室、图书馆、标本馆、报告厅、餐厅等。2008年12月23日,中科院院长办公会议审议通过了《中国科学院上海辰山植物科学研究中心建设方案》;2009年11月4日,辰山科研中心成立,依托单位为中科院上海生命科学研究院;2010年4月15日,成立上海辰山植物园(辰山科研中心)理事会。6月24日,第一届理事会第一次会议召开,审议并任命上海辰山植物园领导班子,审议辰山科研中心相关事宜及理事会章程等;10月11日,辰山科研中心揭牌。辰山科研中心从植物分类与系统进化、保育生物学、园艺与生物技术、植物资源与次生代谢等方向开展研究工作,建成在植物引种驯化、园艺育种、植物多样性保护和资源可持续利用等方面的研究与开发基地,以高水平的科学研究提升上海辰山植物园的办园水平和地位,为上海的植物科学研究和园林绿化提供植物资源与技术支撑,同时也为科普教育和科学知识传播提供平台。辰山科研中心网站当年顺利开通。

科研队伍　2010年春季,辰山科研中心启动科研助理招聘,全国共报名43人,面试18人,录用10人,7月实际到岗8人。夏季进行课题组长招聘工作,全球报名24人,面试10人,录用5人。截至2010年年底,辰山科研中心有工作人员18人,其中课题组长3人(包括中科院植物生理和生态研究所兼职2人)、科研助理11人、支撑和行政人员4人。全部人员中,10人具有博士学位,5人具有硕士学位,3人本科学位。并有1名联合培养的硕士研究生。

科研仪器和平台　辰山科研中心的仪器室由4个平台组成。(1)植物解剖及显微平台——为植物分类学(系统学)和进化研究等提供植物形态解剖、胚胎、花粉形态及花形态发育研究的实验设施。(2)植物组织培养与转化平台——拥有完善的组织培养体系,为药用植物、能源植物以及濒危植物的离体培养及繁育提供良好的技术支撑;植物基因的转化平台则为优良经济物种的选育与栽培奠定基础。(3)植物化学分析平台——拥有植化分析所需的基本分析检测设备,包括气相色谱仪、气相色谱/质谱联用仪、高效液相色谱仪等,为资源植物及药用植物有效成分的分析提供可靠保障。(4)环境化学分析平台——为环境科学和环境保护研究提供重要基础,原子吸收光谱仪、紫外—可见分光光度计可对生物体所处的环境因子进行检测和分析。

另有大型仪器使用信息系统,为实验人员提供高效便捷的服务。辰山科研中心的实验仪器和生化试剂的采购均由专人负责管理,为实验室的正常运作和发展提供硬件保障。至2010年,辰山科研中心共有仪器220台,试剂和耗材种类分别约有200多种。

引种基地 科学引种基地始建于2005年,是辰山植物园建设时期最早建成的区域。位于辰山植物园西北区,占地面积约300亩,共收集5 000余种园艺品种。引种基地按收集类型分为华东野生植物区、植物原种区、观赏园艺品种区和湿生植物区;依习性又分为乔木种植区、灌木种植区、草本种植区和藤本种植区;根据收集重点还设立了木兰区、槭树区、木犀区、鸢尾区、木槿区、月季区等专科专属类收集区。

科研温室 为辰山植物园生产温室的一部分,面积近4 000平方米,主要为展览温室和辰山科研中心实验所需的活体材料提供支撑,包括用于国外苗木的隔离区栽培试验等。生产温室包括4栋温室,分别为A、B、C、D栋。A栋为沙生植物保育区,其中最主要的是令箭荷花类、仙人掌类植物品种的繁育;B栋主要是兰花、蕨类以及一些荫生植物,如天南星科粗肋草属的植物繁育;C栋主要是科研温室和隔离温室,配备较为完备的温度控制条件,为科研和国外苗木的引进栽培提供科学的数据;D栋是一些常用的温室花卉的培育,如藤蔓植物、花叶植物、紫色系植物等。

标本馆 位于辰山科研中心大楼内,其前身是成立于2006年10月的上海辰山植物园建设阶段活植物收集凭证标本室,2010年8月成功在国际上注册,代码为CSH。标本馆规划占地1 600平方米,包括标本馆大厅、标本鉴定室、复份标本间、标本制作室、烘干间、低温冷冻间等,最高可容纳100万份。已启用的存放间面积约100平方米,标本2万余份,主要为辰山植物园活体植物收集与保育研究的凭证标本,采自属于华东植物区系范围各个省市的自然保护区和天然林地等地,也有部分来源于云南、四川、陕西等地。标本馆还收集种子近百种。

标本馆拥有一整套标本制作和鉴定设备，主要有烘箱 6 台、低温冰箱（−40℃）2 台、Olympus 体式镜 1 台、上海牌体式镜和显微镜各 2 台，以及 NikonD90 数码相机、高枝剪、枝剪、小型解剖工具等野外采集工具。标本馆的标本以科排放，其中蕨类植物按照秦仁昌系统，裸子植物按照郑万钧系统，被子植物按照 1964 年版的恩格勒系统，科内的属与种按植物学名顺序。

图书馆 占地面积 1 200 平方米，阅览座位 150 个；全馆分为两层，位于辰山科研中心的 2 层和 3 层，彼此贯通：2 层为图书室；3 层为阅览室。图书馆藏书 2 万余卷册，最高藏书量可达 20 万卷册，以植物学和园艺学专业书和各类工具书为主。图书馆采用中国科学院图书分类法。图书馆先后收到海内外大量捐赠图书，包括上海植物园、中科院植物研究所、中科院武汉植物园以及植物研究专家学者个人的捐赠。图书馆还收到美国哈佛大学植物图书馆馆长和英国皇家植物园标本馆馆长的赠书，包括著名的 *Plant Book* 等。图书馆与中科院上海生命科学信息中心联网，开展图书代借和原文传递服务。

【上海市园林科学研究所】

1979 年 8 月 10 日批准成立，在上海植物园内办公。全所职工 46 人（中级职称 7 人、初级职称 17 人）。1984 年有职工 103 人，其中科研人员 44 人（中级职称 18 人、初级职称 26 人），分属遗传育种、生理生化、土壤肥料、植物保护、花卉栽培、组织培养及气象等专业。1990 年 12 月，园科所迁入龙吴路 899 号（罗城路口）新址工作。新建成科研大楼 4 层共 3 657 平方米，其他生产用建筑共 548 平方米，温室 1 600 平方米。所内设有植物生理生化实验室、土壤实验室、组织培养室、精密仪器室、植物组织切片室、病虫标本室、养虫室、气象台及摄影室；并有温室 13 间，其中 1 间是微电脑自控温室。除具有常规仪器设备外，还配有超速离心机、20 万倍电子显微镜、解剖镜（立体显微镜）、超薄切片机、红外线 CO_2 分析仪、气相色谱仪、原子吸收光谱仪、显微摄影仪等。至 1995 年，全所职工 101 人，其中具有高级技术职称的 12 人、中级技术职称的 59 人，占全体职工人数的 70.3％。1985—1994 年，园科所立题 86 项，有 40 多项科研成果获奖（包括 1984 年前开始的课题），其中获国家、部、市级重大科技成果奖或科技进步奖的有 10 项。所培育的花卉在 4 届（次）全国花卉博览会上共获 28 项大奖或金奖。

1996 年，园科所已拥有一批硕士毕业生，并引进上海园林绿化系统第一个博士毕业生。建立 3 个研究中心,开展木本花灌木引种栽培应用、草本植物的杂交育种选育、养护技术等研究,包含植物、植物群落、植物生态、植物保护、土壤检测、土壤改良等专业,同时成立资料室和中试基地。

2008 年,园科所的人才结构进一步优化,研究范围进一步拓宽。经批准成立园林植物研究部、土壤营养研究部、植物保护研究部、生态景观研究部及科技信息服务部、科研管理科。以信息为导向、植物为核心、土壤为基础、植保为保障、生态应用为目的开展各项工作。

至 2010 年,各研究部均建有比较完善的实验室,先后投入 800 多万元改善实验室仪器设备,拥有高速离心机、原子吸收分光光谱仪、细胞融合仪、PCR 仪、光合测定仪、气象色谱仪、徕卡 MZ16a 生物解剖镜(含摄像装置和图像分析系统)、控温控湿人工气候箱、低温恒温培养箱、昆虫过冷却点自动测量系统等大型仪器和设备。在上海奉贤、闵行、老港等建立 1 000 多亩的基地,有温控大棚 7 746 平方米,全自动荫棚 3 000 平方米,全光照扦插床 2 000 平方米,以及单棚数十个。

园科所拥有教授 5 名、博士 16 名、硕士 10 余名,人员稳定在 100 名左右。按照"为政府主管部门决策提供科学依据,为行业发展提供技术支撑、为重大项目等社会实践提供技术服务"的"三为"方针,科研和转化应用并举,科研工作得到进一步发展。至 2010 年,共承担 200 余项研究课题。

【上海植物园(上海城市植物资源开发应用工程技术研究中心)】

上海植物园(以下简称植物园)是一个以植物引种驯化和展示、园艺研究及科普教育为主的综合性植物园。建园以来,科研工作以植物的引种、驯化为主,此外还担负开发植物资源,创立有上海特色的盆景风格以及植物养护、管理的一些科研课题。至 1995 年,共有 12 项课题获各级科技进步奖。"九五"至"十五"期间,植物园的科研工作水平总体尚处于初级阶段,1996 年仅有 2 名硕士、4 名高级研究人员,课题数量较少,研究设施只有少数生理、土壤检测仪器和一个相对完备的组培室。主要承接市园林局课题,研究领域以引种、栽培和园艺为主。2000 年后,上海植物园的科研工作迎来新的发展契机,科研经费从 20 世纪 90 年代中期的 10 余万元上升至近 2 000 万元。2007 年,在上海植物园科技科基础上,组建科研中心,形成以城市环境园艺和观赏园艺为主要方向的研究体系,研究领域的深度和广度得到提升,实验设备和人才都有明显的进步。科研专业涉及植物分类学、分子生物学、遗传育种、生理生化、土壤肥料、植物保护、栽培、城市生态学等领域。至 2010 年,有科研用房 800 平方米,温室 3 000 平方米、冷库120 平方米和试验基地 27 亩。设有植物生理生化实验室、土壤实验室、组织培养室、分子实验室、微生物实验室、显微镜实验室、标本室、养虫室、气象定位观察站。2009—2010 年,投入 300 多万元改善实验室仪器设备,除具有常规仪器设备外,还配有 Licor - 6400 光合测量仪、叶绿素荧光仪、高速离心机、电子显微镜、解剖镜、徕卡切片机、凝胶成像分析系统、WinRHIZO 根系分析系统、LI2 000叶面积指数分析仪、超低温冰箱、原子吸收光谱仪、HOBO 气象观测站、控温控湿人工气候箱、低温恒温培养箱等。

　　2010 年,经上海市科学技术委员会批准成立上海城市植物资源开发应用工程技术研究中心。为上海首个城市园林绿化系统的工程技术研究中心。作为上海植物园的相对独立机构,下设综合管理部、选育技术研究部、配置技术研究部、工程技术研究部、成果转化部和技术服务部。以上海植物园为依托单位,与依托单位共有一个法人代表,但开展科研开发和成果转化等业务方面相对独立,在经济上实行独立核算,独立账户。

　　至 2010 年年底,植物园拥有科研人员 35 人,其中 90% 人员具有研究生以上学历,高级职称占 40%,教授级高级工程师 3 名,上海市领军人才 1 名。与清华大学、复旦大学、北京林业大学、上海市建筑科学研究院、上海中心气象台,以及英国、美国、加拿大等世界知名植物园积极开展交流合作。承担重要课题 40余项,其中国家级课题 6 项;省部级 16 项,包括国家林业总局课题 1 项、上海市重大科技攻关课题 12 项、上海市科技兴农课题 3 项。先后获首届全国绿色建筑创新奖综合奖一等奖、2005 年全国十大建设科技成就奖、上海市科技进步一等奖、上海市科技进步二等奖等,获得 5 项专利;发表论文超过 100 篇,主编、参编5 部专著,参编国家和地方垂直绿化技术规程 2 项;选育牡丹、月季、茶花及木瓜海棠新品系 30 多个,其中授权新品种 2 个。

【上海动物园(兽医院)】

　　国内外一般较大的动物园既是公园,又是动物的科研机构。上海动物园的科技工作注重于野生动物的收集、驯化、利用、饲养、繁殖及疾病防治的研究,还有动物的科普宣传。1978年,上海动物园设有科教组,主要职责是科普宣传和职工教育培训,科研工作主要是与饲养日常工作相结合的动物副业,开发的项目主要有:金鱼生产、羽毛收集、鸟卵收集、灵猫香收集、鹿茸生产、牛血清生产、水貂饲养、标本剥制和青虫菌农药生产等。1990年,上海动物园把科研作为重要职能之一。1992年,成立总工室,科研工作步入正轨,从动物的饲养、繁殖、营养、疾病防治、风土驯化等多方面研究课题取得多项重要成果,至1995年,有7项课题分别获得上海市科技进步奖及市园林局科技进步奖。

2002年,动物园进行体制改革,撤销总工室,成立技术管理中心,继续承担科研管理工作。2005年,技术管理中心撤销,科研管理由动物繁育保护管理科负责。2007年,设立动物技术指导中心,分担科研管理工作;2010年,动物技术指导中心撤销,原信息中心更名科技信息科,承担科研管理工作。科研成果有力地推动了园内野生动物迁地保护的实践,形成以华南虎、红斑羚、东方白鹳、卷羽鹈鹕、斑嘴环企鹅等为代表的国内最大繁殖饲养种群,为野生动物的保护研究做出贡献。

科研队伍 2000年,动物园专业技术人数约70名,承担多项局级及园级课题。2003年,由于动物园转制,部分专业技术人员随公司进入转制企业,动物园的专业人员招聘工作也自2003年起停滞,专业技术队伍人员减少,科研水平受到影响,研究项目有所减少。2009年起,再次引进2名高学历人才,之后录用新人进入常态化工作。至2010年,动物园专技人员共41人(含博士2名),其中高级职称13名、中级职称24名、初级职称4名。科研队伍年龄结构趋于老化,专业技术人员中35岁以上的达93%。

兽医院 上海动物园1964年成立饲养室,1984年正式命名为"兽医院"。2000年以来,经受了非典和禽流感等疫情的多次考验,全面保障了野生动物的健康和公共卫生安全。

上海动物园兽医院现有各类专业人员13人,高级兽医师4名,兽医师5名,助理兽医师4名,其中9人取得全国执业兽医资格。内设有临床检验室、微生物检验室、寄生虫检验室、免疫病理检验室、影像诊断室等各类检验室,并配置有先进的专用仪器设备。由富有经验的兽医团队全面负责圈养动物的健康,进行定期健康检查和免疫接种工作。

在临床治疗上,按照鸟类、食肉类、食草类、灵长类等动物分类分块负责,通过日常巡诊,发现异常及时有效地处理,积累了丰富的临床经验。坚持"预防为主",积极防病治病,提高新进动物的存活率。在已掌握的动物疾病发病规律的基础上,积极与技术员、饲养员共同探讨,使防病治病工作更加科学化,真正落到实处。依托临床工作积累大量动物医疗数据,取得丰硕的科研成果。在基本控制动物传染病发生的基础上,加大常见病的诊治和疑难病的攻关,并对野生动物的老年病、眼科和牙科疾病进行有效的治疗。旨在构建有效的野生动物疫病防治体系,全面降低动物发病率,提高治愈率,同时保证患病动物能得到及时的治疗。

兽医院在负责圈养野生动物疾病预防、诊治的同时积极开展疫病监控和科研等工作。包括全面开展重要动物传染病和人兽(禽)共患病流行病学调查和防治、动物生理学和病理学、动物麻醉和化学保定、动物临床医学、环境因素对动物疾病防治的影响等研究,以有效保障动物及相关人员的健康与安全。

二、科技管理

在市建交委、市科委、科协、科普联合会的支持下,行业科普管理以分管局领导挂帅,明确责任单位和责任人,组织并依靠行业科普专业单位和广大科技人员,分绿化、林业、市容环卫等3个专业主线,联合市教委和有关委办局、绿化市容行业区(县)部门、街道(乡镇)、行业专业协会(学会)等群众社团组织、有关中小学校、大专院校和有关专业单位,有重点、有计划、有检查地推进行业科普工作。积极参与科普基地联合会、上海国内外有关单位的科普推广的组织与协调工作,积极参与上海科技节组织的活动和其他环保公益科普宣传。行业中市级科普基地由3个发展到5个(上海动物园、上海植物园、古猗园、共青森林公园、崇明东滩鸟类保护区),国家级科普基地由1个发展至3个(上海动物园、共青森林公园、崇明东滩鸟类保护区),崇明东滩鸟类保护区曾先后荣获"中国自然博物馆协会2008年度先进集体""上海市科普教育基地",在2009年被评为国家级科普教育基地。崇明东滩鸟类保护区和上海植物园分别获得2009年市级科普先进集体。

同时,加强科普工作队伍建设。选派业务部门和专业单位的领导出国学习国外的科普技术和经验,选派科普专业人员参加业务培训,植物园、动物园等科普基地逐步加强科普专业队伍中有经验、高层次的人才配备,招募和培训兼职科普人员、生态讲解员、科普志愿者、科普导游的队伍建设,行业科普队伍得到稳定和发展。

在新建大型公园绿地时积极推进"春景秋色"新优植物推广与配置示范区(点)建设,丰富上海绿地中的植物品种,改善植物群落结构,便利百姓识别新优植物。在迎世博 600 天行动计划中实施 35 座老公园改造项目,编制发布《公园绿地植物铭牌设置规范》、规范公园绿地中植物铭牌设置,对公园科普宣传专栏进行系统设置,全市公园绿地质量和园容园貌明显改善。

【上海动物园盲人体验馆】

致力于动物展区的生态化改造,尽量减少水泥地、铁栏杆等非自然式展出更符合动物的生活需求,使整个展区呈现的景观仿佛就是一个袖珍的大自然。改造动物园猩猩馆等科普设施,更新动物说明牌近 350 块、植物说明牌 423 块,以清晰的图片、生动的文字、趣味的小问答,使游客了解动物的基本知识。2010年,完成国内首家以动物为主题的盲人体验馆建设,其中的每项内容都着重开发盲人的听觉、触觉与嗅觉体验,集互动性与趣味性于一体,体验馆 150 平方米,内容丰富有趣。完成食肉动物区的科普设施建设。

【上海植物园"大自然放映厅"】

植物大楼和展览温室完成改造,新建"大自然放映厅"等专供科普用途的场馆,并新添投影仪、望远镜、显微镜、互动触摸屏等科普活动设施。同时,探索形成一套有特色的科普教案,并大量收集各类与自然生态或主题活动有关的科普影片或影像资料。

【森林科普知识宣传室】

共青森林公园 2010 年科普投入经费为 400 万元,完成森林科普知识的宣传室改造和新优品种植物引进及绿化调整,公园在游客服务中心设有森林科普知识宣传室,为游客提供咨询、投诉、导游、展示等详尽的服务。另外制作精美的导游图、宣传公园文化的书籍、宣传册,对公园的各个路口的指示牌、导游图等进行更换,方便游客游园,又起到了森林文化宣传的作用。

【《关于加快上海市绿化林业科技发展的若干意见》】

《关于加快上海市绿化林业科技发展的若干意见》(以下简称"意见")2006

年 8 月发布,总体目标是重点建设动植物种源及群落、绿化林业信息技术及机械装备、有害生物防治及预警、生态修复及功能评价等四大绿化林业科技新高地,并在若干领域形成核心竞争力,达到国内领先水平。提出绿化林业生态定位监测及指标、地带性植物的恢复和培育及群落营造、树枝落叶等有机废弃物的资源化循环利用、受损土壤和受损生境及困难立地的生态修复、园林与建筑风貌等保护、古树名木保护及绿林地等维护、有害生物风险评估与预警防控、陆生野生动物疫情疫源监测与预警、野生动物饲养繁育、经济果林标准化生产及绿林地生态经济高效复合等 10 项关键技术。

意见确定到"十一五"期末的阶段主要目标,主要有:(1) 基本建成辰山国家植物园,植物品种达到 6 000 种以上,建成 3～5 个具有国内一流水平的专类园,2～3 个植物研究领域达到全国领先水平;(2) 加强研究和攻关,成熟技术在世博、外环生态专项,郊区造林,老公园改造和新郊区新农村建设等重点工程中得到集成和示范;(3) 储备一批适合世博绿化及绿林地重点工程的苗木,绿化常见植物达到 1 000 种以上;(4) 推广实用新技术、新品种,重点实施主要道路两侧、公园和部分居住区"春景秋色"示范工程;(5) 建设东滩国家自然保护区信息化监控系统、重点绿林地区域森林防火监控系统;(6) 高技能型人才与行业技能劳动者的比例达到 25% 以上;行业从业人员岗位培训率 100%;培训林农、果农骨干 1 万名。

意见明确提出成立上海市绿化管理局科技工作领导小组,协调解决绿化林业科技工作的重大问题;成立上海市绿化林业科技委员会,作为绿化林业科技工作的决策咨询机构,负责重大课题前期立项、项目评估和技术咨询工作。在绿化林业重大工程中安排一定资金用于科研工作。并要求行业协会、学会发挥各自优势,配合做好行业科技发展的推进工作。

【《上海市绿化林业科技奖励实施办法(试行)》】

提出设立上海市绿化管理局科技进步奖、上海市绿化林业创新奖、上海市绿化林业中青年优秀科技论文(著)奖,鼓励开展科学研究、科技创新、管理创新、服务创新、营销创新等活动,鼓励科技工作者在国内外各级刊物上发表科技论文、科普文章及出版论著,为上海绿化林业事业建功。对申报范围、奖励类别、申报条件、申报材料、评审方法、奖励方法与形式等做出明确规定。局科技进步奖每项奖励标准为一等奖 2 万元、二等奖 1 万元、三等奖 6 000 元。创新奖每项奖励标准为一等奖 5 000 元、二等奖 3 000 元、三等奖 1 000 元、鼓励奖 500 元。中青年优秀科技论文（著）奖每项奖励标准为一等奖 2 000 元、二等奖 1 000 元、三等奖 600 元、鼓励奖 300 元。在影响评价因子 0.2 以上的 SCI 刊物上发表的论文，每篇论文奖励 1 万元，奖励不重复。已申报和评定为局科技进步奖的，可继续申报国家级和部市级的科技奖项，奖励经费不重复，就高不就低。2006 年 8 月起试行。

三、科研活动

【上海市绿化林业行业科技大会】

2006 年 8 月 8 日，上海市绿化管理局（上海市林业局）召开上海市绿化林业行业科技大会。会议回顾"十五"期间，上海绿化林业科学研究、技术推广应用先后投入近 3 000 万元，立科研项目 200 余项，被各类机构认定科研成果 105 项；有 10 项科研成果先后获得国家相关部门专利或知识产权认定。5 年中，市绿化林业行业完成科研选育并重点推广 300 多个植物品种，城市绿化常用植物品种增加至 820 种，成功注册并扩大繁育植物新品种"东方杉"，建成 67 块"春景秋色"绿化示范工程，完成国家级、市级标准规范共 17 项。会议部署"十一五"期间绿化林业科技工作的基本思路、总体目标和主要任务。会上表彰上海市绿化林业行业 12 位专业技术学科带头人和 12 位技术能手标兵；发布《关于加快上海市绿化林业科技发展的若干意见》《上海市绿化林业科技奖励实施办法（试行）》和《上海市绿化管理局科研课题管理办法》等 3 个政策性文件。市园林科研所、市林业总站、上海园林（集团）公司、卢湾区绿化管理局、上海市（马陆）葡萄研究所等 5 家单位作交流发言。会议提出统一思想、调整战略、建立创新型科技体系、稳定科技投入机制、加快成果转化和加强人才培养等 6 点要求，为建设生态型城市做出新的贡献。市、区县绿化林业有关领导、各部门负责人、绿化林业行业科技人员代表，有关学会、协会及高等院校、科研机构的代表近 200 人参加会议。

【上海市绿化林业行业第二次科技大会】

2008 年 6 月 26 日下午，上海市绿化林业行业（第二次）科技大会在上海市绿化管理局报告厅召开。会议表彰绿化林业系统获得 2007 年度上海市科技进步奖的科技人员。会议主报告对绿化林业科技工作提出提高科技兴绿、兴林的意识,提升科技对行业的贡献率,推进绿化林业行业科技创新,加强科技人员自身建设以及加强对科技工作的领导等5点要求。特别强调要集中全行业科技力量,围绕世博绿化环境综合整治600天工作,在园艺技术、有害生物预警、果品安全生产等方面有突破。会上还对荣获2006—2007年度上海市绿化林业科技进步奖(6项)、科技创新奖(8项)、中青年优秀论文奖(31项)进行表彰和奖励。

【专项研究】

园林绿化系统科研主要集中在园林科研所,设有多个研究团队开展不同方向专业研究。

园林植物研究　有科研人员6名,其中博士3名、硕士3名。主要研究植物引种栽培。在花灌木、耐盐碱植物、色叶植物的引种、栽培等方面开展研究,成果包括:《国外影叶树种引种、选育及砧木选育等综合技术研究》《槭树科、壳斗科新叶观赏树木速生砧木选育及栽培技术研究》《15种新优色叶观花灌木绿地应用》《耐盐碱花灌木乔木状技术研究》《福建山樱花遗传多样性和核心种质构建研究》《木槿、百子莲等特色观花、耐盐碱植物在新农村建设中的推广应用》《蔷薇科樱属、忍冬科植物种源收集及选育技术研究》《几种新优夏秋花卉耐荫经济型地被的引种筛选和应用开发》等。以植物研究部为主完成的《红刺玫与月季杂交子代的选育及推广应用》《长三角滨海城镇绿化耐盐植物筛选和生物材料改良盐渍土技术研究与应用》分别获得2010年上海市科技进步三等奖。

植物保护研究　有科研人员6名,其中博士3名、硕士2名,发表过多篇SCI和大量高等级研究论文。主要开展生物防治研究和病虫害普查等研究,主持编写《园林病虫害防治技术规程》,制定的《园林病虫害防治月历》获得全国科学大会奖,主持的病虫害普查课题分获局、市、建设部技术进步奖。20世纪90年代研究集中于蛀干害虫和草坪病虫害的防控方面,通过大量研究制定的冷地型草坪病虫害防控技术得到普遍应用。2010年起,研究偏重于病虫害数据库编制,尤其在有害生物防控预警、风险分析和应急预案制定等研究方向取得突破性进展,承担"世博园区潜在危险性有害生物预警监测及综合防控关键技术研究""周氏啮小蜂、蒲螨等天敌在绿化中的控虫技术示范推广""城镇绿化地生态安全预警防控技术研究""世博园绿化植物有害生物的监测预警、风险评估及应急控制技术研究"等。先后完成建设部、市科委、市农委和市绿化局有关园林有害生物方面的几十项课题项目，研究项目曾获得全国科学大会奖，建设部科技进步二等奖，上海市科技进步二、三等奖，上海市园林管理局科技进步一、二、三等奖等多项荣誉。同时在外来有害生物入侵监测技术、入侵机制、数据库开发、风险分析理论与技术、CLIMEX 和 GIS 软件应用方面做了许多探索。另外，从 1963 年起编写的《园林病虫害预测预报》坚持 40 余年，每年编写发送 15～20 期。

土壤营养研究　有科研人员 11 名，其中博士 1 名、硕士 4 名。土壤研究、示范领先。研究方向主要集中于土壤理化性状分析、土壤改良技术和土壤生态修复技术，根据课题成果研制的"YL-园林活性栽培介质"获得上海市高新技术证书，得到广泛应用。"十一五"期间，研究方向逐渐渗透到废弃物循环利用、土壤碳汇功能研究等领域，承担的课题有"上海绿林地土壤监测与受损土壤修复关键技术研究及示范""上海辰山植物园土壤动态检测与改良技术""污泥改良滨海盐渍土关键技术及其工程应用"等。根据研究成果编制《绿化用基质质量标准及应用技术规范》《绿化植物废弃物处置和应用技术规范》《绿化种植土标准》等一批部市级技术规范和标准。

生态景观研究　有科研人员 5 名，其中博士 1 名、硕士 4 名。以生态为先、景观创优为主旨，先后完成"上海绿地植物群落的评价体系及其在群落优化示范研究中应用""上海城市绿地系统生态效益及评价指标体系的研究""上海与英国主要城市生态绿化及管理比较研究"等大量课题。"十一五"后期，集中主要技术力量开展生态修复和群落生态功能评价等方面的研究，研究课题有"上海沿海防护林体系结构优化与树种配置研究""大莲湖湿地区域湖滨带植物群恢复及水质净化系统应用""崇明岛生态绿化指标分析""城镇绿地特殊生境生态修复关键技术研究""上海郊区森林生态系统定位研究""水生植物引种及应用研究""上海湿地资源优势在城市绿化建设中的应用途径研究"等。

【动物科研和医疗】

主要由上海动物园承担，其科研管理一直有专门的部门承担，名称因机构的调整而有所变化。2000 年，科研管理工作由总工室承担；2002 年，上海动物园成立技术管理中心承担科研管理工作；2005 年，由动物饲养科承担科研管理工作；2006 年，成立技术指导中心承担科研管理工作；2010 年，科研管理工作划归新设立的科技信息科承担。

2000—2010 年,以科研课题形式投入野生动物保护科学的经费共计 167 万元。科研项目或针对动物园野生动物饲养管理疾病防治中遇到的具体问题开展,或从动物园发展的需要出发,开展多项课题。

野生猫科动物犬瘟热的流行病学调查研究　收集猫科动物疑似犬瘟热病资料和血清,建立了猫科动物犬瘟热 PCR 检测与血清中和抗体检测方法。通过电镜观测、pcr 检测和血清中和试验对动物园中猫科动物进行流行病学调查。研制并成功将犬瘟热灭活疫苗应用于野生猫科动物。

野生草食兽出血性肠炎的病原及防治研究　通过对患病和死亡动物进行流行病学调查和微生物学检验,基本查清上海动物园野生草食兽出血性肠炎的发病历史、发病范围、发病特点和发病诱因.通过病理剖检、病原分离培养与鉴定、毒力试验、动物试验等大量研究工作,确定出血性肠炎的病原主要是产气荚膜梭菌(Clostridium perfringes)(A 型),研制出针对出血性肠炎的 A 型产气荚膜梭菌氢氧化铝胶灭活疫苗与高免血清,制订综合防治措施,基本控制出血性肠炎等传染病。

野生动物吸入麻醉研究实验　先后对华南虎、梅花鹿、鸸鹋等多种野生动物进行吸入麻醉试验。选择出安全、高效、快速的基础麻醉剂和复合麻醉用药,提高诱导麻醉的安全性和效率。建立较为完整系统的用于野生动物气管内插管技术方法和适应不同动物的通气方法。

【特色研究】

城市生态研究取得多项绿化创新成果　上海植物园在"九五"期间,针对快速城市化进程剧增的环境压力和城市特殊环境条件,收集、选育和配置高功效的适生植物,开展工程化重建城市生态的系统研究,并进行成果转化和示范。相继进行"高架路下荫地环境绿化植物的选择""垂直绿化材料的引种与筛选和实施""阳台绿化配套措施研究",带动上海垂直绿化的发展,"上海适生小灌木引种、示范研究""观赏草种质资源收集及示范研究"等课题成果丰富了上海的城市绿化材料,"上海城市园林植物群落生态结构及其优化的研究""绿化对城市建筑综合症的影响"则开启了城市绿化结构和生态功能的深化研究。2001 年以后,植物园科研工作以"上海城市绿地生物多样性的研究与实施"课题为主导,完成上海城市绿地 300 种新优木本和宿根植物的引种推广，增加了上海城市植物的多样性并引导上海及周边省市的绿化苗木生产方向。上海常见园林植物从 500 种增加至 800 种（2003 年）。"宿根植物的引种、筛选、繁殖及示范研究""耐热月季品种筛选及繁育研究"课题率先进行园林植物耐热生理指标体系研究。2003 年以后，设立观赏园艺和环境园艺选育两个研究方向。观赏园艺方向主要以植物品种选育和园艺创新为主线，集中于牡丹、山茶、木兰、月季以及宿根花卉，在运用传统杂交技术培育新品种的同时，利用分子遗传技术，挖掘抗逆性基因，为创建观赏花灌木的遗传育种体系奠定基础。环境园艺聚焦城市人居环境和城市特殊生境，通过筛选高功效植物，配置合理群落模式，优化绿化布局，提升城市绿化低碳、生态和品质功能；通过筛选抗性植物、配制多功能介质、开发一体化绿化技术，构建城市特殊环境绿化技术体系。2005 年，完成国家科技部"十五"攻关课题"绿色建筑绿化配套技术研究"，并获得多项专利。"十一五"时期，完成上海市科委重大科技攻关课题"生态建筑绿化配置技术的研究"。2010 年，完成国家科技部"十一五"支撑计划课题"城镇居住区景观绿化与热岛效应改善关键技术研究"，利用遥感技术与生态定位测试技术，构建国内首个城镇居住区绿化植物资源信息库（含上海、北京、重庆），创立大—中—微多尺度绿化效应评价的理论体系和方法，解决长期以来该领域的难题。提出并验证热环境指数模型，为快速评估居住区热环境提供支撑。成果已在上海、北京、重庆等地应用，面积达 56 万平方米，对改善城镇人居环境、实现节能减排目标具有重要的战略意义。发明并实现种植模块技术，筛选适合华东地区的低维护特殊绿化植物资源 21 种；以农林有机废弃物为主研制的景天毯一体化介质，荷载仅为 30～50 千克/平方米，超过国际领先水平（60 千克/平方米）；与同类介质相比，可缩短成毯时间 50％以上、节水 25％以上。主承担植物筛选和一体化栽培介质等核心技术研发，建成 2010 上海世博会的世博主题馆植物墙，得到国内外同行专家的高度评价，《人民日报》、"CCTV1"等进行了专题报道。研究成果显著扩展可绿化空间和降低绿化成本，推广面积为 51 万平方米，年节电约 0.5 亿千瓦时。

辰山科研中心开展多项基础和实用课题研究　2005—2009 年，上海辰山植物园筹建阶段，先后上百余人赴云南、广西、广东、海南、陕西、江西、福建、安徽、浙江、四川等地野外考察几十次，上海市内五十余次，采集科研标本和实验样品。

同园艺部门合作,先后 10 余次赴野外采集,并引种 200 多种蕨类植物和其他观赏植物及科研材料。市绿化市容局、市财政局、市科委、市建交委和中科院对辰山的科研工作给予了大力支持。在中科院植物生理研究所、上海植物园、上海市园林科研所等多家单位的共同努力下,上海辰山植物园共立项开展 12 项课题。其中,市绿化市容局资助项目 9 项、市科委立项课题 2 项、市建交委立项课题 1 项;共发表论文 71 篇,申请专利 1 项。2010 年,辰山科研中心在研项目共计 14 项,包括作为第一主持单位的课题 11 项。其中,财政部战略生物资源科技支撑运行专项项目 1 项,市建交委科研项目 1 项,市绿化市容局科技项目 12 项。

2010 年,辰山科研中心共发表论文 13 篇,SCI 论文 2 篇;完成课题 2 个("华东区系重要资源植物迁地保护与可持续利用的研究""鸢尾属等健叶类水生与湿生植物的收集与繁育"),并通过验收。辰山科研中心还在《云南植物研究》(2010年增刊)出版上海辰山植物研究专辑,收载文章 10 篇,主要报道辰山植物园研究人员的工作,包括建设时期的研究工作、辰山植物园研究人员与上海植物园及园林科学研究所研究人员合作的研究成果。

【标准体系研究】

绿化林业、市容环卫相关标准工作起步较早,1979 年恢复市级行政建制后,发布相应的市级作业标准或技术规程。1980—1995 年,适应市区两级园林、环卫管理体制的确立和完善,城市绿化建设突破性发展和城市生活垃圾无害化的需要,共牵头组织制定环卫行业标准 33 项,园林绿化地方标准和企业标准 24 项。"十五"期间,重点开展紧缺标准的制定,主要围绕行业的主业在标准化方面进行积极探索。"十一五"期间,结合行业发展、标准化建设需要,注重国际先进标准的采标率,制定《上海市园林绿化标准体系》《上海市林业标准体系》《上海市市容环境卫生标准体系》三大行业标准体系,实现标准管理从零散建设向体系构建方向的转变;围绕行业业务管理工作重点领域,制定《绿地规划设计规范》《城市道路保洁作业及质量标准》等 19 项建设部行业标准,制定或修订《上海市行道树养护技术规程》《上海市生态公益林建设技术规范》《上海市屋顶绿化技术规范》《机动车车容车貌通用规范》《城市环境(装饰)照明规范》等 8 项引领上海城市绿化林业市容环卫技术水平的标准。2008 年,制定《上海世博会园区环境卫生标准》,对世博会环境卫生作业和管理,保障世博会优良的环境容貌起到了关键的技术支撑作用。

上海市园林绿化标准体系 2003年起,市绿化局着眼于适应上海构建国际化大都市的发展战略,抓住上海申博成功的机遇,安排专项科研经费,组织有关行业管理单位,以研究课题的形式,立项开展上海市绿化标准体系研究。在市质量技术监督局的支持下,于2004年编写完成上海市绿化标准系统,共包括标准196项。至2008年,在196项标准项目中,已发布标准110项,在编、待编标准86项。2008年,市绿化林业局启动修订《上海市园林绿化标准体系》课题研究,从4个方面完善标准体系:(1)标准制定朝节约型方向发展。在规划、设计、施工等方面制定标准时,引导使用环保型、节约型材料。(2)体现上海绿化建设由"重视数量"到"重视质量"的转变,提高园林绿化市场准入门槛。(3)适应信息化发展趋势,加强3S系统在绿化上的应用和资源数据库建设,推动绿化电子商务、电子政务的应用。(4)相关标准制定跟上新技术、新材料、新工艺的发展。2009年,完成课题研究并发布经修订的《上海市园林绿化标准体系》,该标准体系分为3个层次:第一层为基础标准38项,包括术语、分类、制图、标志标准等;第二层为通用标准共计70项,是园林绿化七大系统各自范围内覆盖面较大的共性标准,可作为制定专用标准的依据,包括设计、建设施工通则、绿地管理通用规范等;第三层为专用标准共计88项,总数仍为198项。

四、成果推广

1978—1995年,上海园林绿化在植物组织培养、植物栽培和植物保护等科研领域,率先在全国开展抗污染植物的筛选,成果在上海发展化工区的厂区绿化中得到应用。植物研究方面的科研重点是鲜切花的引种、繁殖和栽培技术,如丝石竹、六出花,鲜切花的科研、栽培水平和种苗的生产质量、生产能力位于全国领先水平,并因之召开香石竹、丝石竹的栽培技术现场会和全国性培训班,每年生产的组织培养苗达到100万株以上,行销全国主要鲜切花生产区和美国、荷兰等国家。上海园林科学研究所为了促使科技成果转化为生产力,1985年开始先后与上海县梅陇乡梅陇园艺场、上海县七一乡农业公司种子站、嘉定县安亭乡兰塘大队及马陆乡马陆苗圃建立松散型的科研生产联合体,合作生产香石竹、扶郎花、菊花等鲜切花。与上海吴泾化工厂合作试制彩色花友高级园艺肥料,获

1985年上海市优秀新产品奖,并销售到香港、新加坡、菲律宾、联邦德国、美国等国家和地区。依靠科技进步,促进园林绿化建设。上海动物园在珍稀动物繁殖方面取得很大成果,由于加强配种、临产、孵化、育幼等各个繁殖环节的管理,使许多珍贵的及不易繁殖的动物,如长颈鹿、羚羊、麋鹿、华南虎、黑叶猴、白鹳、扬子鳄等得以繁衍。1992年,开展生态园林理论系统研究和示范实践,对园林建设产生重大影响。玉簪组培苗当年出口美国7万株,地被菊的引种栽培获得成功,筛选出优良适生品种并开始推广。金鱼饲养废水循环利用技术取得成功,节省大量用水,简单实用。香石竹病毒血清检测技术为病毒快速检测,生产无毒苗提供保证。香石竹、丝石竹等优质种苗在全国广泛推广应用,融杀蚧螨新杀虫药防治园林蚧虫获得成功,突破防治蚧虫必须在幼虫孵化初期的框框。非种植期大树移植技术在外滩拓宽工程得到运用,夏季高温移栽大树获得成功。1993年,上海市园林科学研究所提供国内外40万株优质花卉种苗。上海动物园繁殖珍稀动物56种,直接价值39.6万元。1994年,"行道树品种选育、繁殖和应用示范研究""美洲黑杨繁育集约经营与在园林中应用研究""一品红矮化栽培""适应上海地区地被植物开发应用研究""东方白鹳提高繁殖率的研究"等项目,通过边研究、边开发推广,取得显著社会、经济效益。园林科研所向国内外提供105万株优质花卉种苗,直接经济价值46万元。动物园繁殖珍稀动物56种286只,直接经济价值78万元。1995年,开展城市绿地系统与生态环境、居室环境质量、热岛效应研究,并深入进行城市适生行道树、耐寒花卉、常绿草坪的引种、试验、开发、示范,以及严重危害园林植物的主要病虫害防治攻关等研究。国内新增花品种补血草、玉簪组培出口苗、花坛适生南方型地被菊等,通过边引种、边试验、边规模生产推广,取得显著社会效益和经济效益。南北高架绿化工程取得成效。该工程以新颖的设计、精湛的施工,在全长7千米通道下,种植树木及球根类、地被植物28万余株,草皮5万多平方米,绿化面积达8万平方米。玉簪组培苗技术,解决大规模工厂化生产中花叶嵌合体分离的问题,成功地用植物培养来增植玉簪试管苗,形成年产100万株玉簪种苗能力的植物种苗工厂。先后向荷兰、美国、日本的花卉市场出口40万株种苗,创汇7.3万美元;向国内市场销售达58万株,产值52万元。

"九五"期间,上海城市绿化建设迅猛发展,园林绿化的科技投入中,新优植物引种费 500 万元,动物引种费 250 万元,新品种推广费 300 余万元。推广新优植物 103 种,其中乔木 37 种,灌木 34 种,草本、地被 22 种,藤本 10 种。这些新优植物进一步丰富上海绿化的生物多样性,增添新的景观,提高绿化的生态效益和景观效益。实施市中心增绿、立体绿化、屋顶绿化等配套技术和政策研究。采取边研究边应用边推广的技术路线,先后在各个示范点种植 35 个品种、1 万多株藤本植物,其中 25 种为先锋植物。经过示范筛选,全市共推广腺萼南蛇藤等 14 种藤本植物,创造简便易行的 7 种系列的墙面固定技术,还发展应用乔灌木墙面贴植的新技术,进一步推动上海的立体绿化。引育、应用适应性强、花期长色彩鲜艳的花卉品种,增添、美化城市色彩。还引进新的行道树树种、花灌木、花坛花卉、草坪地被、色叶植物、垂直绿化和高架桥荫绿化等园林植物 103 种。新优园林植物在 3 000 平方米以上的大型绿地、主要景点、景观道路、外环线环城绿带等处得到了应用。

"十五"期间,绿化林业用于成果转化和推广的资金 1 000 多万元。香石竹遗传研究和种质创新及新品种开发,搜集国内石竹属种质资源,培育出适合国内气候条件,抗病抗逆,观赏价值高的新品种并进行推广,产值超亿。多个领域科技攻关取得阶段性的成果,城市绿化常用植物种类增加到 820 种,成功注册并扩大繁育植物新品种"东方杉"。营造以色叶观花乔灌木为重点的"春景秋色"示范工程 70 个。

"十一五"期间,通过产学研联盟的组成有效解决科研理论与实践、科研攻关与应用推广的鸿沟,缩短科研成果转化时间,提高科研效率,大批科研成果快速转向应用推广。科技成果对行业支撑由基础性向综合性全方位转变。2010 年,结合世博会筹备绿化林业建设管理重点工作,垂直绿化、轻型基质、水培植物景观营造等技术得到较好推广。各区县均开始实施特殊生境绿化,特别是迎世博重点景观道路两侧部分区域,建设屋顶绿化示范点;优花灌木、观赏草、宿根植物、色叶植物、切花等在世博园区周边的街头绿化、小品绿化中得到广泛应用,较好展示了街景设计、配置与养护技术,为世博营造良好的举办环境,体现城市的精彩与靓丽。

【古树名木保护技术应用推广】

2007—2008 年,由上海绿化管理指导站承担的市绿化管理局推广计划项目

"古树周边适生地被应用推广"项目先期在奉贤、宝山、南汇、浦东4个区确定4个示范点,涉及7株古树和古树后续资源,建设内容包括古树周边拆房、扩地、建围墙、设置排水系统、铺设透气砖、配植地被植物等,并对古树进行修剪、防腐等复壮措施,从而改善古树生长环境,以古树为中心做主题景观绿地。项目组通过两年努力共推广紫三叶、青云实等各类地被植物15种,共推广古树地被示范点11个,面积6 535平方米;针对古树的特殊要求和地被植物的生态习性,通过对土壤微生物量的测定,提出古树周边地被的合理配置方式和养护要点,具有指导意义。

另一个示范项目为"上海市一级保护古树无损检测",内容为检测全市一级保护古树,得到了各区、县的大力支持和配合。2008年,古树名木市级技措项目共19个,涉及11个区、县,29株古树。主要包括对古树进行修剪、防腐、复壮,或建护栏、安装避雷设施、透气铺装等措施。"古树周边适生地被应用推广"和"无损检测技术在古树名木上的应用推广"两个项目于9月顺利结题,受到了专家的好评;完成农委攻关课题"上海市古树名木生长评价及保护模式研究"部分古树叶绿素和生长量测试与分析及古银杏土壤测试等节点目标;完成徐汇、静安、长宁、宝山4个区7个点12株古树的光触媒防腐技术的应用。

【上海城市有机废弃物土地循环利用技术的示范研究】

由上海市园林科学研究所承担的上海市建设交通委科研课题"上海城市有机废弃物土地循环利用技术的示范研究"(编号:ZX050205),2009年11月12日通过专家组验收。项目组在城市土壤调查的基础上,针对城市土壤贫瘠、污染严重的现状,把土壤改良和有机废弃物土地利用相结合,进行系统研究,探索既解决城市废弃物出路又提高绿地土壤品质的模式。首次制定有机废弃物土地利用的5项技术标准,对国内城市有机废弃物利用有重要的指导意义,也有利于促进城市节能减排。项目在实施过程中采取科研和实践相结合的方法,研发有机废弃物综合利用、菌种筛选和多环芳烃测定方法3项核心专利技术;提出污泥质量评价体系和重点监控指标,并对上海绿地污泥消纳进行估算;确立树枝粉碎物堆肥工艺、流程以及产品评价方法;建立矿化垃圾的筛分技术、应用技术、产品评价和环境分析技术,为有机废弃物合理处置、应用及评价提供新的技术方法。项目结合上海实际,提出有机废弃物在绿地上利用的产业对策,为有关部门的决策提供服务。

【2009 国际屋顶绿化(立体绿化)发展论坛】

2009 年 8 月 19 日,以"绿色、节能、环保"为主题的 2009 国际屋顶绿化(立体绿化)发展论坛在上海浦东新国际展览中心举行。国内外 7 位专家作了专题发言,交流探讨屋顶绿化(立体绿化)对节能减排的作用和意义,分享屋顶绿化(立体绿化)的应用技术、新型工艺和材料,共同展望屋顶绿化(立体绿化)发展的前景。300 多位代表参加了论坛。对提高社会公众对屋顶绿化、立体绿化的认知度,扩大和提升屋顶绿化和立体绿化应用技术起到较好的推动作用。

【2010 国际植物园研讨会】

2010 年 10 月 11—14 日,市绿化市容局、中科院上海生命科学研究院和植物园保护国际在辰山植物园举办主题为"植物园让生活更美丽"的国际植物园研讨会,大会共邀请 13 个国家的国际代表 26 人、国内 69 个单位主要从事植物学研究单位的代表 111 人,议题包括"生物多样性年:机遇与挑战""植物保护的全球目标""植物园的科研、展示与教育"以及"植物园:服务于众"。上海市绿化和市容管理局局长马云安和中科院上海生命科学研究院院长,作为共同主席出席会议。中外专家学者共 23 人进行学术交流。研讨会专门组织编辑会议论文集。

从 1977 年开始,国家城乡建设部、上海市科学技术委员会均定期评定和颁发重大科技成果奖,1985 年后改为科技进步奖,至 1995 年止,市园林绿化系统各单位获得奖励的共有 24 项,其中全国科学大会奖 2 项、部级二等奖 3 项、三等奖 2 项;上海市科学大会奖 2 项,上海市重大科技成果奖二等奖 3 项、三等奖 12 项(详见《上海园林志》)。"九五"期间,园林绿化行业完成科研项目 74 项,其中获建设部科技进步二等奖 1 项、三等奖 2 项,上海市科技进步三等奖 3 项。

1978—2010 年,园林绿化 42 项科技项目(成果)获得部、市级奖项。

表 8-1　　　1978—2010 年上海园林绿化系统科研课题获部、市级奖项名录

项　目　名　称	获奖名称	等级	完成单位	获奖时间
城市特殊环境绿化的植物资源选育及应用技术	上海市科技技术奖	二等奖	上海植物园	2009 年 11 月 27 日
移动空间信息 3S 集成技术研究及在城市绿化管理中的应用	上海市科技技术奖	二等奖	上海市绿化管理信息中心	2006 年 11 月 24 日

项　目　名　称	获奖名称	等级	完成单位	获奖时间
"3S"技术绿化信息管理系统的开发和应用	上海市科技技术奖	二等奖	上海市绿化管理信息中心	2007 年 12 月 22 日
上海银杏、香樟等古树复壮关键技术	上海市科技技术奖	三等奖	上海市绿化管理指导站	2007 年 12 月 22 日
城市绿地有害生物预警信息系统构建及生态控制新技术	上海市科技技术奖	三等奖	上海市园林科研所	2008 年 12 月 1 日
城市生活污泥绿地消纳和土壤改良的关键技术	上海市科技技术奖	三等奖	上海市园林科研所	2008 年 12 月 1 日
上海城市绿化重要有害生物预警关键技术	中国植物保护学会	三等奖	上海市园林科研所	2008 年 12 月 1 日
城市绿地有害生物预警关键技术及应用	上海市科技技术奖	三等奖	上海市园林科研所	2009 年 11 月 27 日
上海市区绿化现状遥感测评及对策研究	上海市科技进步奖	三等奖	上海市绿化管理指导站	1991 年
上海天牛优势种的发生与城市环境关系及控虫技术研究	上海市科技进步奖	三等奖	上海市绿化管理指导站	1998 年
上海天牛优势种的发生与城市环境关系及控虫技术研究	上海市科技进步奖	三等奖	上海市绿化管理指导站	2007 年
上海主要园林病虫害防治工作月历	全国科学大会奖		上海市园林科研所	1978 年
木本植物组织培养繁育苗木及其细胞组织学研究	市重大科研成果奖	三等奖	上海市园林科研所，协作单位复旦大学生物系	1979 年
大蓑蛾核型多角体病毒的研究与应用	市重大科研成果奖	三等奖	上海市园林科研所，协作单位复旦大学生物系	1982 年
早菊杂交育种及出口切花菊栽培试验	市重大科研成果奖	三等奖	上海市园林科研所	1984 年
百合杂交育种研究	国家城乡建设环境保护部科技进步奖	三等奖	上海市园林科研所	1986 年

项　目　名　称	获奖名称	等级	完成单位	获奖时间
上海市园林病虫害和天敌资源普查及检疫对象研究	上海市科技进步奖	二等奖	上海市园林科研所，协作单位中国科学院上海昆虫研究所、复旦大学生物系、上海农学院植保系	1987 年
香石竹系列化生产	上海市科技进步奖	三等奖	上海市园林科研所	1989 年
丝石竹的开发研究	上海市科技进步奖	三等奖	上海市园林科研所	1991 年
利用中国物质资源培育香石竹新品种生产技术系列研究	上海市科技进步奖	三等奖	上海市园林科研所	1994 年
上海地区中华猕猴桃早期优质丰产栽培研究	市星火科技奖	三等奖	上海市园林科研所	1995 年
玉簪组培苗的技术研究	建设部科技进步奖	三等奖	上海市园林科研所	1996 年
重要进出口花卉病毒血清学及基因特性研究	建设部科技进步奖	二等奖	上海市园林科研所	1998 年
上海地区草坪常绿技术研究	上海市科技进步奖	三等奖	上海市园林科研所	1999 年
重要进出口花卉病毒血清学及基因特性研究	上海市科技进步奖	三等奖	上海市园林科研所	1999 年
鸢尾的生物学技术开发研究	建设部科技进步奖	三等奖	上海市园林科研所	2000 年
园林植物光合作用的特性及其在植物选择配置中的应用	上海市科技进步奖	三等奖	上海市园林科研所	2000 年
构建上海现代化国际大都市城市绿化系统的技术研究	上海市科技进步奖	二等奖	上海市园林科研所、市绿化指导站等	2003 年
上海城市绿化重要有害生物预警关键技术	中国植物保护学会科学技术奖	三等奖	上海市园林科研所、上海市农业科学院	2008 年
城市生活污泥绿地消纳和土壤改良的关键技术	上海市科技进步奖	三等奖	上海市园林科研所	2008 年

项 目 名 称	获奖名称	等级	完成单位	获奖时间
城市绿地有害生物预警信息系统构建及生态控制新技术	上海市科技进步奖	三等奖	上海市园林科研所	2008 年
城市绿地有害生物预警关键技术及应用	上海市科技进步奖	三等奖	上海市园林科研所	2009 年
红刺玫与月季杂交子代的选育及推广应用	上海市科技进步奖	三等奖	上海市园林科研所	2010 年
长三角滨海城镇绿化耐盐植物筛选和生物材料改良盐渍土技术研究与应用	上海市科技进步奖	三等奖	上海市园林科研所、上海大学、慈溪市农业科研所、上海城投绿化科技发展有限公司	2010 年
城市特殊环境绿化的植物资源选育及应用技术	上海市科技进步奖	一等奖	上海植物园、上海市园林工程有限公司、上海上房园艺有限公司	2009 年
长江中下游流域湿热环境条件下花灌木选育关键技术及其应用体系	上海市科技进步奖	三等奖	上海植物园、复旦大学、北京林业大学、上海农业科学院、上海市园林工程有限公司	2010 年
鹤鸵的人工孵化与育雏	上海市科技进步奖	三等奖	上海动物园	1979 年
珍稀野生动物寄生虫的调查及其防治研究	上海市科技进步奖	二等奖	上海动物园、江苏农学院	1986 年
扬子鳄饲养与繁殖研究	上海市重大科技成果奖	三等奖	上海动物园	1982 年
	首届上海科学技术博览会奖	优秀奖		1991 年
东方白鹳提高繁殖率的研究	部科技进步奖（国家建设部）	三等奖	上海动物园	1995 年
	上海市科技进步奖	三等奖		1995 年

续　表

项　目　名　称	获奖名称	等级	完成单位	获奖时间
红斑羚种群繁殖技术研究	上海市科技进步奖	三等奖	上海动物园	1997 年
大熊猫繁殖研究	上海市科技进步奖	二等奖	上海动物园、重庆动物园	1997 年
华南虎种群复壮和基因库建立的研究	上海市科技进步奖	三等奖	上海动物园	2001 年

五、标准与定额

1978 年,市园林局编制一系列技术规程。1979 年发布《上海市育苗技术规程》《上海市行道树技术规程》《上海市园林植物养护技术规程》《园林植物保护技术规程》《假山叠石工程施工技术规程》及《切花香石竹标准》。1980 年,市园林局编制《园林工人技术等级标准》。1991 年,市建委批准市园林局主编的《园林植物栽植技术规程》《园林植物养护技术规程》为上海市标准出版发行,7 月 1 日始实施。1994 年,市园林局制定《绿地设计规程》《行道树悬铃木修剪技术规程》《园林植物栽植技术规程》《园林植物养护技术规程》等 12 项技术规程、标准,出版《园林绿化工程标准汇编(一)》。

"九五"期间,市园林局制定的《动物园安全图形标志》被列为建设部行业标准;《花坛、花境技术规程》《园林栽植土质量标准》《垂直绿化技术规程》《行道树栽植技术规程》《大树移植技术规程》被列为上海市标准;《上海市园林绿化园艺养管标准》《上海市园林绿化分类分级标准》《上海市园林绿化养护综合配套定额》被列为局级行业标准,为加强园林绿化建设、管理提供科学依据。

"十五"期间,市绿化局主编建设部国家标准《城市绿地设计通则》;主编上海市建设工程规范《园林绿化养护技术等级标准》,参编《黄浦江两岸滨江公共环境建设标准》。市园林科研所主编推荐性地方标准《绿化栽培介质》,市林业总站、市园林科研所参编推荐性地方标准《非洲菊组培技术规范》。

"十一五"期间,完成《上海绿化林业标准化发展纲要(2005—2020)》以及"上海绿化行业标准体系研究"等课题,自筹资金开展标准储备课题 30 余项。主编以及参与制定修订的项目有地方建设工程规范 5 项、地方标准 3 项、行业标准 9 项、行业产品标准 9 项、国家标准 2 项、国家产品标准 6 项；完成绿化林业行业内部试行的导则、标准、规范等 15 项，部门规范性技术文件 8 项；完成复审、评估行业标准 9 项，地方建设工程规范 8 项，地方标准 3 项。支持建设部标准化归口单位——上海市地方技术标准委员会、行业质检中心建设。

【上海市园林绿化养护标准定额】

1998 年，市园林局发布《上海市园林绿化养护标准定额》，作为园林绿化行业编制养护经费的参照。2000 年后，随着园林绿化建设多元化、养护多样化发展变化，该标准定额逐显不适应。主要为标准分类不科学，技术标准与定额费用不配套，养护定额较粗放，公园定额难以反映养护成本等。

2003 年，市园林局立题"上海市绿化养护技术标准和定额费用的研究"。2004 年，重新修订《园林绿化养护技术等级标准》。2005 年，完成《园林绿化养护技术规程大纲》。2006 年，市建交委发布重新制定的《上海市园林绿化养护标准定额》，2007 年 1 月 1 日始施行。

定额根据植物群落结构及公园绿地构成，绿化养护对象为树林、树丛、孤植树、花坛、花境、绿篱、垂直绿化、盆栽植物、草坪、地被植物、行道树、竹类、水生植物、古树名木及后续资源、土壤、水体、园林设施等 18 个构成要素，基本覆盖公园绿地所有需要养护的植物类别及硬件设施；根据植物生长特性，分别从生长、排灌、有害生物控制、保存率、景观、清洁等项目设定养护技术标准；根据养护技术要求，在达到基本标准的基础上，细化较好的二级标准、较为完善的一级标准，与养护定额费用相对应，核定养护费用及监督考核。

在技术标准基础上，编制绿地分级标准。公园绿地按照售票公园、非售票公园和大型公共绿地的规模、服务半径、功能性质、设施内容等分为一级、二级养护等级。道路绿地按照所在区域位置、重要程度及道路级别设定一、二、三等级，对应于行道树养护的 3 个技术等级标准。新建居住区绿地由业主委员会根据自身条件选择绿化养护等级，采用提供技术标准作为分类依据。

在要素和分级基础上，设定养护定额与等级标准相对应。养护费用标准测算，主要依据《园林绿化养护技术等级标准》，选全市具代表性的"六区二园"（黄浦区、静安区、卢湾区、徐汇区、浦东新区、南汇区及大观园、上海植物园）作为样本。新的绿化养护经费标准为一级绿地 13.21 元/平方米,二级 9.93 元/平方米,三级 6.65 元/平方米。

【上海市绿地养护概算定额】

2007 年后,上海园林绿化事业从重建设向重管理转型,解决财政部门长期缺乏合理计价依据核拨绿地维护资金问题提上议事日程。

2008 年,市绿化市容局委托市园林绿化行业协会成立上海市绿地养护维修概算定额编制小组,编制《上海市绿化植物养护概算费用计价依据(试行)》(以下简称"依据"),主要提供绿化主管部门和绿地管理部门在申请财政拨款时使用,作为各级财政核拨经费的依据。

依据分为植物元素和非植物元素两部分。植物元素分为乔木、灌木、绿篱、草坪、地被植物、花坛、竹、攀缘立体植物、水生植物、造型植物及容器植物等 11 个分项,新增 51 项子目,共 139 项。重点为非植物元素,根据维护对象的复杂程度及使用的不同功能分为园林建筑维护、园林构筑物及小品、假山叠石维护、水体、其他设施设备等五部分,共设 117 个分项 256 项子目。其中,古建筑、园林小品、假山叠石维护参照《上海市园林工程预算定额(2000 年)》;园林内部建筑维护参照《上海市房屋修缮工程预算定额(2000 年)》;水体维护参照《上海市市政设施养护定额(2000 年)》《上海市河道维修养护定额(2004 年)》;其他设备设施维护结合实际,综合参考有关市政、园林等相关定额及数据作为依据。依据涵盖公园、绿地的全部维护项目,较为科学、合理,实用性较强。

2009 年,在依据试行的基础上,编制完成《上海市绿地养护概算定额(2010)》(以下简称"定额"),通过市绿化市容局组织专家评审。定额采用元素法核算,项目涵盖面广,核算较为精细,可与《上海市园林绿化养护技术等级标准》(修订版)、《园林绿化养护技术规程》形成配套,与绿地维护信息管理相衔接,对社会绿地养护经费管理具有指导意义。

2010 年,市城乡建交委发布定额,4 月 1 日始施行。

【上海市绿地养护年度经费定额】

2008 年,市绿化市容局组织行业有关单位调研发现,绿地养护年度预算编制需要新的指导及依据。《上海市绿地养护年度经费定额(2006)》的养护等级标准 18 个元素分项与公园、绿地的植物实际状况出入较大;一些绿地养护内容无法统计费用,特别是园路、水体、园林建筑等非植物元素,没有可供参考的统一计价依据;计价依据对某些元素分项统计与园林养护等级标准不配套等,使区县每年度向财政要求拨付款缺乏相应依据,养护质量难以保证,影响城市绿化景观面貌。

2009年启动修订定额,主要补充、增加绿地内其他元素,参照巡逻保安、房屋及古建筑维修、环卫、市政、水务等养护费用计价标准,与修订的《园林绿化养护技术规程》《园林绿化养护技术等级标准》联动,采取普查与重点抽样调查相结合方法。以先编制完成的《上海市绿化植物养护概算费用计算依据(试行)》为依据,重点对定额进行采样调查,选卢湾区绿化署、上海共青森林公园、闵行区绿化和市容局及金山区园林管理署为基本单位,以2007、2008年相关企事业财务核算的作业任务量及料、工、费实际消耗数据为基础,提出各项定额指标及项目定额初审指标值。邀请有关专家评价,通过区县进行对应性总水平测算,检测各项定额设定指标的客观性、可操作性和合理性,形成各项定额。

2010年,市城乡建交委发布《上海市绿地养护年度经费定额(2010)》,4月1日始施行。

六、合作交流

【产学研合作】

中国科学院上海辰山植物园科研中心　辰山植物园是上海建设现代化国际大都市,增强城市综合竞争力的一项基础生态建设工程,列入《上海市国民经济和社会发展第十一个五年规划纲要》,也是市政府和中科院合作共建的重大项目。2005年8月29日,市政府与中科院签订合作共建辰山植物园工作协议书,全国人大常委会副委员长、中科院院长路甬祥,市委副书记、市长韩正出席签约仪式,中科院副院长江绵恒、副市长杨雄在协议书上签字。2008年9月26日,中科院和上海市签署《进一步深化院市合作协议书》,并要求建设好、管理好、运行好上海辰山植物园。同年12月23日,中科院院长办公会议审议通过中国科学院上海辰山植物科学研究中心建设方案。2009年11月4日,中国科学院上海辰山植物科学研究中心(以下简称辰山科研中心)正式获准成为中科院非法人研究单元。同年12月25日,副市长沈骏、中科院上海分院院长江绵恒等和理事会拟任成员出席理事会预备工作会议。2010年6月24日,上海辰山植物园(辰山科研中心）理事会第一次会议在辰山植物园召开。会议同意任命中国科学院上海生命科学研究院院长陈晓亚（院士、正局级）兼任辰山科研中心主任。10月11日，中科院副院长李家洋与市政府副秘书长尹弘共同为"中国科学院上海辰山植物科学研究中心"揭牌。至2010年年底，辰山科研中心有工作人员18人，包括课题组长3人（其中包括中国科学院植物生理和生态研究所兼职2人），科研助理11人，支撑和行政人员4人。其中博士10人、硕士5人、本科3人。辰山科研中心拥有植物解剖及显微、环境化学分析、植物化学分析、植物组织培养与转化等4个平台，各类仪器220台，试剂和耗材种类200多种。科学引种基地约300亩。标本馆近1 600平方米，标本2万余份。图书馆占地面积1 200平方米，阅览座位150个，藏书2万余卷册。共发表论文84篇，SCI论文2篇。课题立项12项（完成2项）。

构建上海现代化国际大都市城市绿化系统的技术研究　该项目研究内容涵盖构建上海现代化国际大都市城市绿化系统的主要关键技术，主要成果体现在：城市绿地系统规划编制上，创造性地提出构建上海现代化国际大都市城市绿地系统"环、楔、廊、园、林"的规划框架及其指标体系，以促进城市的可持续发展，为实现生态型现代化国际大都市提供科学依据；提出绿地人工群落的综合评价模式，揭示优化植物种植群落结构是提高各类绿地质量的源头；突破以往植物引种和自然生境的局限，筛选并推广适宜上海城市绿化建设应用的328个物种，以丰富上海城市物种多样性，为达到生态城市的目标奠定基础；总结出城市绿化中大规格乔木移栽的成套技术，提高大规格乔木移栽的成活率；突破上海地区行道树树种和种植形式单一的状况，筛选出16种新优行道树树种，制定《新优行道树栽植养护技术规程》，形成一批上海城市生态特色廊道；通过系统总结海派园林理论，揭示海派园林的内涵和特色，特别以保健树种为主，构建生态保健型居住区环境范例，为21世纪居住区环境建设和发展，提供了良好的实践经验；首次应用并总结出在高水位高含盐渍土上通过客土措施，栽植大规格全梢毛竹的高成活率技术。全面总结并推广应用滨海盐渍土绿化技术，解决城市绿化建设中人多地少的突出矛盾，扩大土地资源，为进一步拓展绿化发展空间提供技术保障。

该项目成果获得2002年度上海市科技进步二等奖，完成单位：上海市园林科学研究所、上海市绿化管理指导站、静安区绿化管理局、金山区风景园林学会、金山区园林管理所。

城市特殊环境绿化的植物资源选育及应用技术 该项目筛选出城市特殊环境绿化植物种质资源325种：垂直绿化物种在此前不足20种的基础上增加60种,低维护屋顶绿化物种在不足10种的基础上增加68种,适于桥架下荫生植物36种、净化水体景观植物8种、耐盐碱植物7种,宜用于生态化铺装植物14种、组装容器植物102种,还选出新优行道树12种和室内观赏植物44种。通过运用以有机废弃物为主体的介质改良技术,克服特殊环境绿化成本高的难题,研发高功效、低成本的新型城市特殊环境绿化技术。提出并实现组件化和模块化拼装技术,如壁挂式植物种植模块、一体化成型栽培介质、休闲植物花架、植物空气清新器、景天毯屋顶绿化技术等,并形成4项专利。该项目运用生理生态学原理,克服特殊环境绿化贡献难定量的难题,首次系统量化151种植物及不同绿化形式的节能、节地和节水效果。当气温超过34℃时,绿化墙体或屋顶室内可降温2～5℃,减少空调负荷15％以上;利用壁挂式植物种植模块技术,绿化面积可为占地面积的10倍以上;研发的节水型栽培介质,可节水25％以上。该项目获得和申请专利4项,发表论文65篇,参编5部专著,参编国家和地方垂直绿化技术规程2项。获建设部绿色建筑创新综合一等奖、2005年度全国十大建筑成就奖、第五届上海科学技术博览会金奖、第三届园艺博览会应用奖及铜奖,在全国菊展评比中获得一、二等奖4个。成果已在上海、南京、杭州等国内主要城市得到推广应用,参与承担2010年世博会"沪上·生态家"和世博主题馆大面积生态墙体的绿化建设。该项目成果中,屋顶绿化、垂直绿化和可移动模块绿化使用面积分别为81.0、39.5和15.5万平方米,在上海分别占同类绿化的52％、75％和90％以上,可节约绿化用地136万平方米,年节电约0.5亿千瓦时,年节水2.3万立方米,年固碳、滞尘和SO_2减排量分别为863.6吨、236.4吨和26.1吨,推动了上海城市绿化建设和生态环境改善。

该项目成果获得2009年度上海市科技进步二等奖。完成单位:上海植物园等。

七、科普活动

1981—1995年,绿化林业、市容环卫行业在科学技术水平逐步提高的同时,科普和科技推广从系统内部垂直向下逐渐转化为向社会、公众以及其他省市发散。科普工作往往融入业务、宣传、教育部门的具体任务,方式主要是,行业自办的报纸、杂志相关的栏目,基层培训,公园展览以及行业科技情报刊物等。从1981年起,上海植物园组织编写科普知识小丛书,第一批有《兰花》《牡丹》《小盆景制作》《盆花培养》《水仙》《茉莉》等6种;"家庭养花小丛书"之一《怎样进行垂直绿化》;"中国民间艺术丛书"之一《插花》;明信片集《龙华盆景》2套;《上海龙华盆景》1套;《荷花》1套。1982年2月,由上海市林学会、市园林局科技处组织编写发行《园林绿化科普宣传资料》第一集和第二集。1984年5月,成立华东环卫科技情报网,上海市环境卫生设计科研所为组长单位的办事机构,于1984—1992年,出版《华东环卫》共19期。1985年2月,由中国林学会(后为中国风景园林学会)和市园林局主办,以科普为主,既有指导性、信息性,又有一定的学术性、文艺性的《园林》杂志创刊。并从1989年起向国外发行。《市容建设报》(1984年12月创刊)从1989年起加大行业科技方面的宣传报道,配合历届行业科技大会的召开组织专版。此外,出版的科普读物与声像资料有:1991年由市环卫局主编、上海科技教育出版社出版的全市小学四年级环卫意识教育教材《垃圾与社会》。市绿化管理指导站编辑出版的《绿化简讯》共103期。上海动物园编印的科普读物《上海动物园》《宠物饲养》;上海动物园和上海教育学院、江苏农学院等合作拍摄电视科教片《鸟类》《鸟类分类》《兽类分类》等。园林科技情报站摄制的科教片有:《十年春秋话园林》《世界流行切花——重瓣丝石竹》《淀山湖大观园工程》《海派盆景技艺》《育苗技工教材系列》《上海生防技术》。同时还拍摄《中外插花、花展巡礼》《上海青年艺术插花大赛》《全民植树以及居民区绿化》等录像。举办的科技展览和知识竞赛包括:1982年在中山公园举办的园林科技成果展览交流会等。上海植物园曾举办药用植物、抗癌中草药、植物开花期控制等展览;古生物、生物进化仿真立体模型展览;1989年举办"科普沙龙"活动。上海动物园有《世界珍稀动物画廊》《鹿科动物画廊》《鸟类画廊》,以及金鱼品种演化等科普展览。1987年以后,上海动物园曾多次和上海电视台、上海少年报、上海市少年宫、上海市少年科技站等单位联合举办动物知识竞赛。1987年,由上海市绿化委员会组织发动,《园林》杂志社协助,联合上海电视台等单位举办家庭养花知识竞赛,推动了家庭养花的发展。1992年,上海动物园建造科学教育馆,

1994 年 5 月 25 日新馆落成,著名生物学家谈家桢先生题写馆名。该馆是中国大陆动物园中首座科学教育馆,整座建筑设计成 3 层,总建筑面积达 2 200 平方米,其中展厅面积近 1 000 平方米,建成初期布置有园史室、自然保护一室、活体昆虫展览室和昆虫标本室供游客参观。除此之外,馆内组织开展各类科普活动,多次举办不同主题的展览等。

“九五”期间,科普工作逐步归口由科技部门管理和协调推进。1996 年 3 月,发布《关于加强科学普及工作的若干意见》,从领导、管理体制、投入、队伍阵地、网络建设各方面都做出具体规定,为形成各个方面、各个部门齐抓共管科普工作提供保障。绿化林业、市容环卫积极参与上海科普“四个一”工程(创建一百个科普村、一百个科普教育基地、一百个特色科技学校,创作一百部优秀科普影视和书籍)。市局办公会议每月安排一次科技讲座,市、区(县)属一批公园、果园,以及生活垃圾处置场成为科普基地。科技普及工作成为全行业贡献主题活动的重要内容之一。

2000 年以后,“科教兴市”带动了科普工作的扎实推进。尤其是绿化林业和市容环卫各直属单位和基层,更加广泛深入参与社会及社区的科普活动,绿化科普工作在上海园林绿化系统有着良好的基础和传统。市绿化局(市林业局)作为市科协的成员,在全市重大的科普活动中承担着濒危动植物保护、湿地保护、绿化林业等多方面的科普工作,上海风景园林协会、林学会、野生动物保护协会、湿地保护协会、植物学会、公园协会、插花协会、盆景协会、菊花协会、月季花协会等社会团体民间组织历年来发挥独特的作用。上海植物园、上海动物园、共青森林公园等科普教育基地以及已建成的 100 多所公园、街道绿地发挥绿化科普良好的窗口作用。建有全国科普教育基地(动物园)1 个、上海市青少年科普教育基地 6 个(局直属专类园)等科普教育阵地,作为专业科普杂志的《园林》杂志、“爱鸟周”青少年科普宣传活动、上广电台的“花鸟鱼虫”、“养花门诊”、绿化热线科普咨询等都具有浓厚的群众基础。基层单位的科普教育工作分别获得过全国科普先进集体(上海植物园、上海动物园)。在支持教育部门二次课改,历年科技节、绿色环保课主题活动以及行业传统的“植树节”“爱鸟周”“湿地日”“地球日”“野生动物保护宣传月”“未成年人生态道德教育”“绿色回收日”“绿色账户”等专项活动中融入科普内容。在“十一五”期间科普工作得到切实有效的推进。初步形成了具有行业特色的科普活动,得到了各界支持和广大市民的青睐,受到了业内职工的欢迎。

以动物园、植物园等5个科普基地和专业单位为核心,与旅游节活动相结合,组织各区县140多个大小公园和30余个果园,结合季节性赏花游园,以及上海各类花展、动物展览、桃花节、葡萄展等增加大众喜闻乐见的科普活动,并穿插丰富而有特色的各类寓教于乐的科普游乐活动,各个科普基地单位的科普工作有声有色。

【上海动物园】

开拓一系列科普活动项目,举办多届春节期间的生肖文化节、爱鸟周游园活动、地球日庆祝活动、"六一"爱心日活动、夏令亲子游、饲养员饲喂演示等活动;走出动物园,走进学校、社区,将动物知识版面、动物标本以及可爱的小动物带到市民与学生身边,深入开展野生动物保护科普双送活动。

【上海植物园】

该园盆景展、兰花展、各类名花展成为上海植物科普精品展览,策划举办多次以珍稀特色植物为主题的小型展览,包括食虫植物展、动感植物展、造纸植物展等;举办与植物相关的科普小工艺品制作活动,例如"纸艺向日葵"等活动;科普展板是植物园的特色,着力打造"球宿根花卉""中国名花与古诗词鉴赏""兰花分类与鉴赏""牛年到,属牛的植物来报到""精灵鼠雨林探险"等一系列科普展板及挂牌,这些展板作为长期资料,每到举办相关展览时就展示出来,供游客学习之用。植物园按传统节日策划的系列植物科普特色活动形成品牌。植物园每年都会举办多次针对不同主题、不同人群的科普夏令营活动,如生物多样性日举办"探访植物园里的生物多样性"、暑期举办"动感一夏"、夜间举办"暗访夜精灵——夜游植物园"活动,受到极大的社会关注,报名参加的市民络绎不绝。在活动中,游客不仅懂得了许多动植物知识,同时收获了城市里少有的"野趣"。

【其他公园】

此外,上海古猗园有竹文化节、"新春灯谜会""荷花展"和古典园林园艺展览。共青森林公园独特的森林百花展和菊花展等科普活动成为青少年的体验场。野生动物保护站联合野生动物保护协会等单位策划组织的"爱鸟周""野生动物保护宣传月""未成年人生态道德教育"等系统宣传活动和科普实践,将动物保护的科普活动演绎成全市性市民和青少年活动。市林业总站组织桃树、葡萄、梨、柑橘、特色小水果等 5 个果树研究所，独具匠心地将果树科普文化知识融入桃花节、农家乐等郊游活动之中。

【行业科普】

在"植树节""爱鸟周""湿地日""地球日""野生动物保护宣传月""未成年人生态道德教育""英特尔青少年科技创新大赛""绿色回收日""绿色账户"等专项活动中融入科普内容。每年在主题内容、组织形式、场地选择、合作资源和表现宣传手法上推陈出新，有所创新。2006 年，首创"绿化科普知识进社区"科普活动，并拓展成为"进小区、进校区、进营区、进楼宇、进村宅、进园区"的绿化科普"六进"活动。"爱鸟周""野生动物保护宣传月""未成年人生态道德教育""英特尔青少年科技创新大赛""绿色回收日""绿色账户"等活动逐步成为上海中小学生科学素质教育不可或缺的选题之一。同时，配合办奥运、迎世博等活动，结合文明行业创建、行业宣传等工作推广和传播环境保护科普主题。各项主题活动受众面每年增长，5 年来累计参与科普活动的公众和青少年学生超过 300 万人次。

此外，结合行业召开科技大会，面向基层业务人员开展系列绿化林业等专题科普学术报告活动，先后组织举办 4 期报告会。"植树节"期间，推荐植物科普专家到电台、电视台参与主持绿化热线、家庭绿化专报栏等节目。依靠林学会和上海风景园林学会，2007 年实施"建设公园、果园科普阵地"，举办普及绿化林业科技知识的免费讲座和现场咨询活动，在 10 个中心城区的公园和郊区果园每月一次，开展以养花、插花以及养鸟等为题材的科普活动，并布置丰富的科普展板和宣传标语，累计活动达 50 场，受众人数 3 000 人次以上。同时，在郊区，围绕果树实用技术，在重点乡镇、果园为果农现场开设 8 讲以冬季修剪为主题的技术讲座和现场咨询活动，取得良好的效果。

【参与二期课改】

上海植物园作为二期课改教育基地，承担着免费接待学生团体进行与学校课程相关的科普活动的相关责任与义务，让学生能够在游览中学到知识。2010 年，首次向学校和社会推出"上海植物园科普活动套餐"，其中的科普活动方案达到 50 余个。并把活动方案推荐给徐汇区青少年活动中心，让更多的儿童、青少年受益。先后与园南中学、浦东外国语学校、闵行区颛桥中心小学和世界外国语小学等学校合作，接待近 800 名学生参观学习、参与互动，充分利用植物园里的优秀资源。上海动物园在 2009 年 11 月—2010 年 10 月期间共接待参加二期课改的 25 个学校 1 240 名小学生。增加生物多样性专题学习活动，培养学生观察能力以及活动后资料查找与分析能力。

【绿化网络平台】

上海绿化指导站结合主业，面向专业人员开展绿化技术推广工作。以古树名木、植物保护、公共绿化、群众绿化等 4 个网络为平台，网员以区县绿化管理部门专业人员为主，兼顾养护作业单位的专业技术人员。4 个网络的网员单位达 35 个，网员达 500 余名，其中公绿网和古树名木保护技术网还积极协助区进行二级网络建设。举办专题讲座，共进行各种技术交流培训、专题讲座 100 次，累计培训人员近 7 000 余人次。

【行业科普读物】

上海动物园联同少年儿童出版社、上海野生动物保护管理站、绿洲野生动物交流中心编辑制作《远去的仙禽》小册子，在爱鹤节活动以及双送活动中使用，该手册还邮寄给全国多家兄弟动物园，受到好评。定期完成《动物园之友》杂志编辑。《动物园之友》杂志，中英文印刷，图文并茂，常年寄送众多关心动物园的人士及国内外同行。出版《故事动物园》一书。该书是"口袋里的博物馆"系列丛书之一，作者均来自动物园的科技人员及饲养员，他们将长期从事野生动物的繁育、管理和饲养以及科研和教育工作的种种体会和经验记录下来，每个故事都富有知识性、趣味性和科学性。东滩保护区拍摄制作《相约东滩》等电视宣传片 5 部，制作出版《崇明东滩国际重要湿地》（画册，中文版和英文版）、宣传折页、台历、展板、户外灯箱等宣传品 12 种 2 万多册/件，编辑《上海野生动物保护管理简讯》，为配合"爱鸟周"活动，与少年儿童出版社联合出版发行《少年科学》鸟类增刊；编辑《上海市常见野生动物图谱（挂图）》（5 张/套），设计印刷《迎世博·呵护你身边的野生动物》宣传版 56 张，编辑宣传手册《远去的仙鹤——救救鹤类》2 万册，制作"十大观鸟点"宣传页 2 万份；设计制作世博宣传折页 3 万份，编写《东滩志愿者手册》《上海鸟类鉴别手册》。园林绿化专家联合编写出版《原来如此》（动/植物篇）、《上海绿地植物鉴赏》等科普读物，并获得上海市科委经费资助出版。

第二节　信　息　化

上海绿化市容信息化建设和发展是上海建设系统信息化建设的组成部分，从无到有大致经历了 4 个阶段：

第一阶段(1984—1989)：计算机应用阶段，在部分配置微型电子计算机的单位，在 DOS 操作系统下编制程序，运用数据库技术，对某一特定任务开发自用的计算机软件，属于单机、单任务、单项目开发阶段。上海园林科研所(上海园林科技情报站)应用微电脑处理情报信息，1987 年编制出有近 4 000 条主题词的《园林汉语主题词表》；1988—1989 年，将园林科技期刊中近千篇资料输入电脑，编制出《园林科技期刊检索系统》。该站与上海动物园合作，完成国内属首次的《珍稀动物文字/图像资料微机管理系统》，可以快速检索各种珍稀动物的文字档案及生态生活的同步显像，并于 1989 年通过专家鉴定。上海市环境卫生科研所1986 年开发的《上海环卫汽车路单数据处理系统》获得上海市科技进步三等奖。

第二阶段(1989—1994)：已具有初步的系统概念，进入有计划、有组织、多内容、覆盖面广的系统性项目开发阶段。环卫信息化的代表项目是《上海环卫基础设施数据库管理系统》。该系统建立垃圾收集点、化粪池点、蓄粪池点、公共厕所、倒粪站及小便池、环卫专用码头、垃圾临时堆场及中转站、陆运垃圾滩地、道路清扫、道路设施及高层建设垃圾管理等 11 种环卫基础设施数据库。数据库中共有 7.7 万余条记录、162 万余个数据。该系统的数据覆盖上海黄浦、南市、卢湾、徐汇、长宁、静安、普陀、闸北、虹口、杨浦、闵行、宝山、浦东新区等 13 个区。该项目的前期预备项目"上海城市环卫信息发展规划数据库"于 1993 年获上海市科技进步三等奖。

第三阶段(1994—2003)：新技术应用阶段。上海环卫科技人员在 SUN 图型工作站上，使用 ARC/INFO 软件，成功研制一个适用于上海环卫规划及小型设施管理用的"上海环卫 GIS 系统"。1994 年，上海市环境卫生信息中心开始把GIS 技术应用到上海环卫管理上的探索工作。1996 年，建成上海环卫 GIS 系统雏形，通过市建委组织的技术鉴定。前后花了大约 4 年左右的时间，建成上海环境卫生地理信息系统(GIS)。该项目成功地把地理信息系统(GIS)引入上海环卫领域。以城市道路和道路名的电子地图为背景，把数以万计的上海环卫基础设施分门别类，以不同的层次叠合在电子地图上，制成具有地理分布特性的上海环卫基础设施专业图。在该系统中可以对上海环卫基础设施进行图—文双向查询。在此基础上，逐步开展全市各区环卫基础设施及道路保洁 GIS 图形数据及属性数据的采集。到 1998 年年底完成全市数据的采集工作，建成包含 13 个区环卫数据的"上海环卫 GIS 系统"。系统共有近 7 万个图形数据（每个图形数据代表一个环卫设施点）和近 150 万个属性数据及 1 143 幅图像。系统于 1999 年通过市科委组织的技术鉴定，评价为国内领先、国际先进。管理部门使用"上海环卫 GIS 系统"的功能，绘制全市各区的公厕分布图；制作全市分区的马路清扫工人道班房分布图；编制 2000 年、2002 年上海市生活垃圾处理方式分布图，以及由该系统得到的分区式生活垃圾收集点分布图、蓄粪池点分布图、公共厕所分布图、倒粪站和小便池点分布图，在各区环卫基础设施管理中发挥了积极的作用。该项目鉴定的主要结论是："在全国环卫行业中处于领先地位。"同时该项目还通过国际联网检索，检索结论为："GIS 在环卫领域中的应用未见报道。"项目获 1997 年上海市科技进步三等奖，以及上海市第四届科技博览会金奖。另外，市市容环卫局于 2001 年 9 月正式开通网址为 www.sh1111.gov.cn 的上海市容环卫门户网站。

第四阶段（2004—2010）：网络化及高新技术应用阶段。尤其是在"十一五"期间，广泛采用 Web 技术，应用 B/S 构架建立系统，同时大力推广 GPS、GIS、无接触式 IC 卡、视频、无线通信等先进技术在绿化林业市容环卫和城管中的应用，并取得可喜的进展。通过信息化网络基础设施建设、应用系统研究与开发、信息化数据标准研究与制定，行业管理手段更加丰富、更加有效。

绿化和市容信息化是"数字上海"建设的重要内容，是实现全市绿化、林业、市容环境卫生和城管执法行业高效、透明管理的技术支持和基本保障。"十一五"期间，绿化和市容（林业、城管执法）行业信息化工作取得长足进步。据不完全统计，信息化投入总计约为 9 000 万元左右，信息化项目数 15 个。通过高强度、持续性的投入，大幅度提升工作效率。全市绿化、林业和环卫基础设施基础数据的统计周期缩短到实时，统计精度大幅度提高而且数据客观可靠；通过使用无线通信、视频、GPS、RS 和 GIS 等技术以及综合性的集成，逐步适应全覆盖无盲点的要求,通过科技装备实现 7×24 小时的全方位监管。2009 年 6 月,率先在全市建成委办级的基于政务外网的"绿化和市容"虚拟专网,网络覆盖局机关以及直属单位和全市区县绿化市容、城管执法和林业管理部门的 89 个节点,形成以胶州路和铜仁路机房为主节点,20 个直属单位和 87 个区县管理部门为分节点的骨干网络,全系统在统一的网络平台上实现互联互通。根据公务网的接入要求,在原有两个局的公务网基础上建立了胶州路公务网机房和铜仁路公务网机房。覆盖全局所有直属单位和 54 家区县管理部门的视频会议系统整合完成。建立较为有效的电子政务框架体系,实现全系统"无纸化"办公,公文流转、电子签章、会议通知等各个功能模块运行稳定,全行业各级工作人员都能熟练掌握基本操作,实现全流转过程的电子化。信息共享平台 BizShare 集成文字、照片和视频于一体,并作为绿化和市容系统每个工作人员的工作门户,提高了绿化林业的行政效能。新版绿化和市容门户网站整合各种资源,向社会开放。2009年,局网站的信息发布数量达到 3 万余条,在全市委办局政府网站中排名第二位,访问量达到 2 145 万余人次,在全市位于前列。建成一批成效明显、影响巨大的信息化项目。在绿化林业方面,绿化林业专业网格化系统基本建成,通过建立绿地、林地、湿地和野生动物资源的事部件体系,形成发现问题、指挥、处置和监督渠道的网格化管理。绿化林业遥感和地理信息系统是全市绿化林业资源整合的一个基础数据库,是集遥感技术、卫星定位技术和地理信息系统技术于一体的信息管理系统。同时野生动植物资源地理信息系统、财务管理系统、科研项目管理系统、建设项目管理系统、木材许可证管理系统及防汛防台管理系统等信息系统为提高相应业务工作效率,提高管理工作质量起到了积极作用。在市容环境卫生方面:开发完成市容城管投诉系统、环卫基础设施系统、生活垃圾称重系统和渣土网上申报系统的信息化项目,在各个领域发挥了实际作用,尤其是生活垃圾称重系统,作为全市生活垃圾运输和处置依据,已经在全市所有 21 个中转站和 11 个处置场所安装,基本实现计量全覆盖。在城管执法方面,开发执法勤务系统,作为全市城管标准的执法程序,已在部分区进行试点推广。建成绿化市容数字指挥中心,整合包括绿化专业网格化管理信息系统等 22 个应用系统,对各种案件进行督办指挥,对重大活动进行指挥保障,从而开创了绿化市容行业数字化、智能化管理的先河。截至 2010 年 12 月底,已经累计处置各类案件 89 455 件。

一、建设

【基础设施】

网络建设　2001 年，通过"上海市容环卫大楼综合布线系统"的建设，完成市市容环卫局机关局域网的建设。市局机关局域网以 CISCO 4006 交换机为核心，配有 CISCO2610 路由器，辅以 INTEL SWITCH 和 INTEL 集线器，配备多台服务器以及华堂防火墙、KILL 杀毒软件、复旦光华审计系统等计算机安全设备组成的计算机网络系统。具有千兆出口和百兆/十兆到桌面的能力。网络系统安全、稳定、可靠，为局机关现代化办公提供良好的网络环境。2004 年开始实施绿化行业市区二级基础网络工程，全系统 13 个直属单位和 19 个区县全部按局域网建设和网络安全标准，完成局域网建设。2005 年，借助于市公务网非涉密域构建覆盖市、区两级绿化林业管理部门的"绿化林业专网"的广域连接，完成全市绿化林业系统信息高速公路的建设。2007 年，区县林业站网络建设也纳入整个信息化网络建设工程中。2008 年机构改革后，上海市绿化和市容管理局着手推进政务外网工程；2009 年 6 月，上海市"绿化林业专网"整体迁移至政务外网，同时延伸网络覆盖范围，将网络延伸至全市市容环卫管理部门，建立"绿化市容虚拟专网"，并建立了 Internet 统一出口，实现内部办公网络与 Internet 网络的安全逻辑隔离。在"绿化市容虚拟专网"上运行的应用系统达到 12 个，真正实现了外网办理和受理、内网处理的无缝衔接，提高了工作效率。

中心数据机房　1999 年，市容环卫局在铜仁路 18 楼建立数据及应用机房，2006 年市绿化局在胶州路 768 号建立中心数据机房，2009 年两局合并后在铜仁路 331 号 18 楼原市容环卫局机房的基础上扩建行业中心数据机房。2010 年，为了迎博办博，在计算机网络技术保障方面，采用双机热备，对于突发故障及时热切换到备份设备，并设专人监控状态，保证正常运行；网络环境采取双链路备份，应用系统采用虚拟机技术进行主副备份。

【平台】

上海绿化和市容专业网格化系统平台　为加快构建绿化林业行业"条块结合"的管理模式，消除管养盲区，对全市绿化林业资源实现全覆盖管理，拓展网格化管理的范围和内涵，2009 年 3 月，上海市绿化林业局全面启动绿化林业专业网格化平台建设工作,将上海市的林地、湿地和野生动物等纳入专业网格化管理体系,实施对绿化林业资源的全覆盖管理,提高上海绿化林业管理水平。绿化林业专业网格化建设整合了现有城市网格化管理资源,整合了现有的电子政务平台、行政审批平台、办公自动化系统等,充分利用政府投资,增进政府资源的共享共用,增强政府信息的沟通渠道,建立政府监督协调、企业规范运作、市民广泛参与、各司其职、各尽其能、相互配合的绿化林业管理联动机制。在 2009 年完成的绿化专业网格化系统工程试点建设的基础上,2010 年结合世博保障项目,开发完成上海崇明东滩湿地视频监控系统、上海共青森林公园、上海植物园的视频监控系统建设和上海各区县处置平台建设及终端应用系统的建设;开发完成林业病虫害监测管理系统、野生动植物资源保护管理系统和行政审批后监管系统;完善绿化行业网格化管理各级平台功能;完成所有绿化设施基础部件、事件和专业部件、专业事件(状况)和野生动植物数据调查,并实现系统应用覆盖上海市的绿化管理,以满足全市绿化的监管需求,从而初步构建绿化行业全覆盖、全过程、全时段的行业网格化管理系统。

上海市绿化和市容指挥平台　2010 年,为确保"整洁、有序、美观、平稳"的市容环境,迎接世博会期间的各方宾客,上海市绿化和市容管理局成立世博保障部,对于世博保障核心区域和重点区域的市容、绿化、城管、环卫、景观等方面的事件进行指挥处置。同时为确保绿化市容世博保障信息通畅、指挥高效,开发"上海市绿化和市容应急指挥平台",该平台具有应急事件处理、日信息上报、值班日志上报、世博保障指挥手册库、应急人员库以及体征指数上报等多个功能模块。通过该平台可以完成应急事件快速分发、督办及结案等流程,值班日志、日信息的上报及世博保障指挥手册、应急人员等的快速查找;同时通过该平台可以方便的对各条线、各区县、任意时间段的案件数据进行查询统计,对世博应急保障的各类信息进行快速有效的查询。世博期间,通过绿化和市容应急处理平台,在世博保障核心区域和重点区域累计发现案件 70 496 件,及时处置案件 68 913 件,及时处置率达到 97.75%。

二、管理

【上海绿化(林业)信息化"十一五"发展规划】

规划目标　至 2010 年,进一步完善绿化(林业)行业基础数据平台和数据动态更新的技术手段；扩展绿化（林业）行业业务管理的应用系统开发；提高绿化（林业）管理的辅助决策能力，依托信息化实现绿化（林业）管理的现代化。

主要任务　完善基础数据库，动态更新绿化（林业）地理信息数据库、绿化科技文献库、电子政务和财务资料数据库，开发野生动物资源、植物种子、病虫害资料、土壤质量、外来物种以及固定资产数据库。加强林地、湿地、大型公共绿地和自然保护区防火、偷猎、偷盗视频监控系统的建设；以及对主题公园智能化管理系统的有机集成。完善行政审批电子政务系统建设，更新"上海绿化林业"门户网站，实现全市绿化（林业）"一站式"管理和服务的公共窗口。

实施情况　完成公务网、政务外网、因特网和无线宽带网为基础的网络框架，全系统在统一的网络平台上实现互联互通，网络安全能力得到进一步提升，建成覆盖全局所有直属单位和区县管理部门"绿化和市容"虚拟专网，以及视频会议系统。建立较为有效的电子政务框架体系，信息化服务渠道初步形成，全系统行政许可受理系统提供市、区二级受理和审批的管理功能。应用系统建设成效显著，绿化林业市容环卫城管网格化系统平台基本形成，信息化服务渠道初步形成，信息化环境逐步优化。但还存在着绿化林业和市容环卫行业的信息化发展不均衡；部分信息系统建设分散难以实现数据共享；个别部门和单位应用水平参差不齐；区县信息化管理机构相对薄弱，信息技术人才队伍尚待加强等。

【规范与制度】

局域网及"绿化林业专网"建设技术导则　2006年11月发布。制定的目的是为确保绿化林业系统内构建"绿化专网"和"绿化管理地理信息系统""办公自动化系统""行政审批一门式管理系统"等应用系统建设质量和标准的统一。主要规定网络功能和定位在100M快速以太网络，相应的网络设备的配置应支持100M快速以太网络；网络建设原则应遵循安全性、稳定性、可靠性、性能的可扩展性和易于管理原则；网络选择星型网络拓扑结构。机房选址和建设要符合《计算站场地安全要求》（GB 9361-88）、《电子计算机机房设计规范》（GB50174-93）中C类的要求。网络安全措施包括：供电安全、设备放置地的安全、防止网络设计本身存在缺陷、数据安全备份、失泄密、非法登录、病毒入侵和黑客攻击等。

上海市绿化林业"3S"信息管理系统管理办法　2007年1月30日发布，分为总则、建设运行管理、信息更新维护、信息更新发布与审核、保密安全管理、奖励与责任追究等6章22条。第一条定义上海市绿化林业"3S"信息管理系统(以下简称"3S系统")是覆盖全市绿地、林地和湿地资源的信息管理系统,由综合信息、社会基础信息、林业信息、绿化信息、湿地信息、遥感信息和专题应用7个子系统组成。第五、六条规定局信息化领导小组和信息中心在信息化建设和管理中的职责。第七至九条规定信息更新按市区工作职责明确分工,各司其职,并由信息中心负责对系统实施全面监控,并定期发布系统运行简报。第十二至十七条重点明确信息系统保密安全的要求,强调各部门对外发布和引用本系统信息不当,所引起的问题由该部门负责;造成信息泄密的,将按照国家和地方保密法和相关法规文件规定追究法律责任。第二十一条还特别规定把绿化林业"3S"信息管理系统的管理维护纳入行业考核范围。

上海市绿化林业"3S"信息管理系统管理技术规范 2007年1月30日发布,共分为三章。第一章为建设运行管理,明确由上海市绿化管理信息中心(以下简称"信息中心")牵头进行建设和日常管理,针对系统运行管理中出现的问题采取行政和技术管理措施;并承担技术和使用方面的培训。第二章为系统和信息更新维护管理,分为系统管理、综合信息管理、社会基础信息管理、林业信息管理、绿化信息管理、湿地信息管理、遥感信息管理、专题应用管理8个方面,具体规定更新项目、更新条件、更新周期和更新原则与责任分解。第三章为系统与信息安全管理。对系统安全管理、信息安全管理和用户权限设置管理做出详细规定。

信息化项目建设和管理规定 2010年6月9日,市绿化市容局为规范行业信息化建设和管理工作,发布绿化市容行业信息化项目建设和管理的实施意见,以促进行业信息化可持续发展,确保信息化建设遵循技术规范和资源共享。规定市局及局各直属单位建设的信息化项目,均适用该实施意见。

主要内容包括:建设原则。遵循统一规划,科学决策;集中建设,统一维护;实用为主,适度超前;效率优先,统筹兼顾。

管理依据。(1)上海市绿化和市容管理局信息化发展规划;(2)上海市绿化和市容管理局信息化年度工作计划以及国家和上海市政府性资金相关管理办法。

责任主体。局科技信息管理部门是市本级预算单位信息化项目的管理职能部门，负责项目的立项审核、报批、监督和验收。上海市绿化和市容管理信息中心（以下简称"信息中心"）承担市本级预算单位信息化项目工作的具体实施，负责项目的研究、实施和建成维护。各部门（或直属单位）是信息化项目的应用主体，负责提出项目需求，参与建设和推进系统应用。

管理程序。按照信息化项目的规划（计划）、申报、审核、报批、建设、验收和维护等阶段进行管理。规模较大的项目可委托专业公司代为维护。原则上，年维护费用高于10万元（含10万元）的，应进行公开招投标。

三、应用

【电子政务】

OA办公自动化系统　绿化（林业）OA系统。2003年8月开发以BizOA为主流软件的办公自动化系统，于12月在市绿化局机关投入使用，从办公室收文开始全部实现网上传阅、网上跟踪办理、自动存档等。2005年增挂上海林业局牌子后，以BizOA为主流应用软件的办公自动化系统在绿化、林业系统得以全覆盖；并实现公文、简报、会议通知等文本信息的电子化流转，日程安排、车辆管理、会议管理等辅助办公功能在各单位中开始应用。同时，结合本系统一些单位单点接入或应用自主开发的办公自动化系统和其他商品化软件的特点，市绿化局采用单点公文收发和多系统公文格式转换的技术方式，实现绿化系统内部公文和信息的电子流转。2006年上半年，对BizShare信息共享平台进行重大改版，从实用性、互动性、版式版面以及多系统一门登录等方面进行重大调整。BizShare平台新增全系统通讯录、在线交流QQ（RTX）、电子信箱、实时信息发布排行榜、视频点播、论坛等功能，并在Bizshare系统内新增短信和传真收发功能，可通过系统直接发送短信和传真。同时，最新组织开发的视频会议系统也投入使用。视频会议系统是一种使用专门的视频设备实现的现代会议模式。针对绿化林业系统而言，视频会议系统主要用于召开远程会议，实现远程培训等方面。视频会议系统不仅提供最为基础的音频、视频传输，可以实现与会人员远距离的"面对面"接触，同时，该系统还提供电子白板、共享以及协同浏览等一系列功能，从而多方面加强与会人员的交流。与会人员可以通过共同操作电子白板，直观、交互地传递信息，通过文件共享，及时发布会议内容，同时，通过协同浏览，还可以多方同步浏览网页。经历了近3年的纸质和电子并行的公文流转，2007年10月，实施全行业的公文、会议通知和简报的电子化传输。

多媒体信息共享系统 绿化市容信息共享平台BizShare集成了文字、照片和视频于一体，并作为上海市绿化市容系统每个工作人员的工作门户，能有效提高行政效能，实现信息共享。2006年5月，BizShare信息共享平台进行一次重大的改版，从实用性、互动性、版式版面以及多系统一门登录等方面进行重大调整。新增全系统通讯录、在线交流QQ(RTX)、电子信箱、实时信息发布排行榜、视频点播、论坛、短信和传真收发等功能。2007年进行了二次改版，建立筛选审核功能，并出台《上海市绿化林业信息共享平台(Bizshare)信息发布系统使用管理办法》和《上海市绿化林业信息共享平台(Bizshare)信息发布系统实施细则》，对信息的提交录用评比方式作了规范，对所有发布的信息进行审编。

【上海市绿化和市容门户网站】

"上海绿化林业"网站 2002年1月正式建成开通，成为"中国上海"门户网站市绿化局子网站。2003年，突出信息通道、办事通道、服务通道"三通道"的建立和完善。初步建立"网上办事""网上咨询""监督投诉"功能板块，并与机关内部办公网络形成互通，实现"外网受理、内网办理、结果公示"的办理方式，增设"绿色地图"，以类似GIS查询的方式展现上海绿化建设成果。2004年11月，原上海市林业管理局机构撤销，有关职能并入上海市绿化管理局，"上海绿化林业"网站实现"上海绿化"和"上海林业"两网合并。按照"逐步增加服务内容、扩大服务范围、提高服务质量"的要求，"上海绿化林业"网站原则上每年进行一次改版。2005年，以建设"一站式、一门式"服务网站为目标，重点加强"政府信息公开、网上审批、信息咨询、绿色地图"等栏目建设，方便市民通过网站了解绿化，足不出户办理相关事项，建设网上办事平台，提升上海市绿化管理局的工作、服务能力。

上海市绿化和市容门户网站 2008年11月，绿化林业门户网站和市容环卫门户网站初步整合为上海市绿化和市容门户网站。2009版绿化和市容管理局门户网站于10月31日正式上线。为扩大新版网站的宣传影响，市绿化和市容管理局举行了网站的开通仪式。仪式以视频会议的形式举行，各区县绿化市容管理部门、各直属单位、局机关处室负责人参加会议。此次改版根据中国上海门户网站新颁布的政府网站建设标准,对原网站进行大规模的整合和栏目的调整。以"整合资源,发挥优势,增强互动"为重点目标,充分发挥现有的软硬件设施,利用原有系统的资源优势对网站功能进行提炼,以打造一个体现"政府之形象、服务之窗口、办事之平台、信息之汇总"的全新政府网站形象。2010年,按照中国上海门户卓越网站标准的要求,上海市绿化和市容管理局启动门户网站改版工作,通过改版方案的起草、论证、首页面的设计等一系列工作,重点对网上办事栏目进行功能提升和优化,实现36项行政审批事项在线直接办理。

【上海绿化林业地理信息系统】

2001年7月,上海市绿化管理局立项实施"上海市绿化管理信息系统"项目。建立开发的系统将全市19个区县的绿化管理连成网络,集全市公园、街道绿地、生产绿地、单位绿地、居住区绿地、防护绿地、行道树、古树名木等各类信息,按统一的标准登录到由市建委提供的数字化地形图平台上。2002年,完成数据库开发、实现业务管理功能。采用一个大型核心数据库、多个小型分布数据库构成的大型分布式广域网络数据库形式。其中,大型核心数据库放在上海市绿化管理局,包括基础图形数据库及其属性数据库、全市影像数据库、通用数据库、专题专业数据库、相关社会经济数据库等。小型数据库根据具体情况放在各区县绿化管理单位,放置各自所管辖的各类数据(即部门数据、区域数据、专用数据等),构成"数字园林"系统分节点的数据库。系统分市局版和区县版两个版本,区县版主要是基础数据的采集,自动统计报表、地图和属性数据的双向查询,备份和生成历史资料。市局建立起一整套基础数据采集、更新、维护的机制。局信息库中已存有2000年、2001年、2002年3年的全市绿化基础信息。2003年2月开始实行月报上传制度,从区县电脑终端上传更新的数据到市局,保证基础数据库的内容实时反映绿化管理业务活动的动态状况。2003年8月,正式完成上海市"绿化管理地理信息系统(LAGIS)"市级版。市局系统重要体现在综合业务管理上,通过系统提供的功能,可以宏观到绿化的历年指标数据、各种绿地的汇总和查询数据,各类绿地在全市地图上的分布,微观到具体的每块绿地所有信息,包括平面图纸、照片等。真正做到信息化管理,全市绿地的历史信息、实时信息一目了然。为领导管理决策提供详实客观的依据。

2004年,上海绿化管理地理信息系统全面升级至LAGIS2.0版,重点突出区县绿化管理工作的要求。措施是：在源空间数据采集上突出点、线、面的结合；数据结构采用 C/S 和 B/S 相结合的方式；功能上增加辅助规划、植物病虫害预报预测分析、古树名木管理和养护管理等功能。同时落实徐汇区绿化局作为区县 GIS 试点单位，并予以技术指导，以确保系统开发后的可操作性和实用性。

【上海市绿化林业遥感与地理信息系统】

2005 年 5 月起，开展覆盖全市范围的绿化林业信息普查工作，历时一年半时间，到 2006 年 12 月，全市绿化林业信息核查工作基本完成。同时以此为基础开发集遥感影像、地理信息系统和卫星定位系统为一体的管理信息系统。2006 年 1 月，上海市绿化林业遥感和地理信息系统建设工作启动，2007 年 6 月完成建设并在全市 17 个区县绿化林业部门以及 25 家直属单位投入运行。整项工作历时 3 年，借助于该系统各级绿化林业管理部门能够对本辖区域的绿化林业信息进行空间和数量变化的分析，了解植物配置的关系，为绿化规划、病虫害防治和生态分析提供辅助依据。从而为有效提高绿化养护管理水平，实现绿化林业的科学化、精细化管理提供技术手段。该系统是全市绿化林业资源整合的一个基础数据库，是一个全行业数据的共享平台和管理平台；是一个集遥感技术、卫星定位技术和地理信息系统技术于一体的信息管理系统。该系统对全市范围内的绿化、林业、湿地资源进行全方位的整合，并为全市绿化、林业和湿地数据的动态更新和管理提供技术平台。该系统可以对全市范围内任意一块绿地、林地的详细属性以及任意一株行道树和公园中乔木的现状进行查询。能根据不同统计要求，生成绿化统计报表和林业统计报表。该系统还提供 2003—2009 年的全市遥感影像资料、2005—2009 年对绿化林业资源解译后的矢量图。同时，系统具有卫星定位技术数据采集系统的数据导入、导出功能；绿化林业规划、有害生物监测和防台防汛等应用功能。

【上海市绿化市容遥感与地理信息系统】

该系统是对原有市容环卫和绿化林业 GIS 系统的整合，于 2010 年升级改版，在全市 17 个区县的绿化市容和林业部门以及 25 家直属单位运行。该系统整合全市范围的绿地、林地和市容环卫资源，包含公园、街道绿地、单位附属绿地、居住区绿地、行道树、道路绿地、轨道交通沿线绿地、铁路沿线绿地、河道绿化、公厕、生活垃圾中转站和处置场（厂）等信息，使全市范围内绿化、林业和市容环卫资源,能根据专业图层划分进行专业化管理分析和综合资源整合。宏观上通过该系统,上海市各级绿化市容管理部门可以通过每年的遥感影像和解译出的矢量图及时掌握全市范围内绿、林资源的分布情况和市容环卫设施的状况,通过年际之间的比较,分析绿、林资源和市容环卫基础设施的增减变化情况;微观上,各绿化市容部门可借助于带 PDA 功能的 GPS 设备和系统采集绿化、林业信息,通过系统中的遥感影像,客观而准确地发现未通过正常报批手段而缺失的绿、林资源,以及市容环卫公共设施和道路清扫情况,为日常管理、执法等指明方向和提供依据。系统提供各种不同的角色,包括区县管理员、区县绿化浏览人员、市绿化局以及超级管理员权限。区县管理员可以对本区县的数据进行修改和浏览;区县绿化浏览人员可以对本区县的数据进行浏览;市绿化局管理员可以对全市数据进行浏览;超级管理员可以对全市数据进行修改。

【上海市绿化和市容行政事务受理系统】

2005 年建成的"一线式"的投诉受理系统集受理信息处理、督办、分析于一体,将包括林业在内的各类投诉内容根据职责分工,分送各有关职能部门处理后,反馈投诉者进行意见反馈。同时,为管理部门提供了投诉内容的统计分析功能,为及时处理公众投诉、了解投诉热点、改进管理工作发挥了重要作用。2008年 11 月,上海绿化林业投诉受理热线系统由单轨制向区县延伸。2010 年,由于绿化和市容行政受理事务种类多、数量大,为使投诉受理、处理、反馈效率进一步提高和综合统计分析更加便捷,确保世博会期间绿化和市容行业应急事件的及时、高效处置,在整合原绿化投诉系统和市容投诉系统的基础上,整合开发绿化和市容投诉受理系统平台。通过绿化和市容投诉受理系统平台,城市管理中各类投诉数据的采集和统计更为全面、准确、及时,为分析决策提供了业务信息源。同时,管理平台中完善的信息跟踪和信息督办流程更好地为领导层监管提供保障。

【病虫害监测、野生动植物资源监管系统】

2010 年建立的野生动植物资源地理信息系统,能够及时反映辖区内的野生动物种群分布、数量变化、分布状况,同时还能够为野生动物疫源疫病监测、栖息地保护管理、日常资源监测管理提供基础数据平台。通过该平台,将野生动物保护的相关政务信息用系统集成起来,从而方便保护管理部门、科研部门、行政执法部门、宣传教育部门开展相关工作。野保系统建设是在对原有 GIS 系统功能深化以及野保数据库拓展的基础上,结合网格化系统的管理模式,实现对野生动物资源的采集和疫源疫病上报的管理。主要建设内容包括:现有系统功能升级,栖息地数据库建设,野生动植物资源 PDA 采集系统,野生动物疫源疫病上报与数据管理。主要功能有:公园监测、同步水鸟、资源调查、疫源疫病、归档数据、调查航点轨迹。运用该系统,病虫害监测人员利用手持终端对不同类型病虫按规范设计的表格进行记录、拍照,并实时快速地把数据发送至市绿化指导站平台。数据发送回市绿化指导站平台后能自动分类、统计,并能提供警示功能,有关业务部门管理人员可实时查看数据,并能获得系统提醒。同时,相关业务部门工作人员也可通过监督指挥平台发送病虫害预警信息到手持终端,以提醒病虫害监测人员重点监测病虫及病虫性状。病虫害监测管理平台分为市、区两级平台共享,市平台作为监督管理部门,在收到病虫害信息后,根据分析结果,分发病虫控制指令到区县绿化管理部门。管理平台提供条件查询、统计、分析等功能,最终为病虫扩散预测以及病虫控制提供数据参考,为本市的病虫害防治提供决策支持。

【上海市绿化和市容行政审批系统】

2005 年 3 月系统正式运行。"一门式"的行政许可受理系统提供了市、区两级受理和审批的管理功能,在市局和区县的受理窗口实现"一门式"的受理。整个行业 56 项行政许可事项全部通过规范的许可流程进行管理,系统不仅具有办理时限监控和提醒功能,而且具有市对区和监察部门效能监控的功能。2007 年 5 月,为配合新的《上海市绿化条例》的实施,对行政审批管理系统进行改版,围绕市权下放区县的改革思路,一部分绿化行政审批事项的审批权限下放至区县。为配合行政审批工作流程的变化,对已使用的全系统行政审批管理信息系统作同步修改。新改版的系统在确保各区县行政审批流程规范运行的同时,更强调加强后期项目监管的功能;同时更加突出信息的共享和宏观监控功能。2009 年,新增批后监管功能和网上办理功能,申请单位可通过 Internet 实时办理、查询申请项目的办理过程和办理结果。

【上海市绿化和市容视频会议系统】

2006 年视频会议系统投入使用,视频会议系统主要用于召开远程会议,实现远程培训等。视频会议系统不仅提供最为基础的音频、视频传输，实现与会人员远距离的"面对面"接触，同时，该系统还提供电子白板、共享以及协同浏览等一系列功能，从而多方面地加强与会人员的交流。与会人员可以通过共同操作电子白板，直观、交互地传递信息，通过文件共享，及时发布会议内容；同时，通过协同浏览，还可以多方同步浏览网页。2009 年，为了更好地开展业务工作，合理分配使用现有资源，信息中心对全市绿化市容行业视频会议系统进行全面整合，将原绿化的 IP 协同视频会议系统、原市容硬件视频会议系统和城管的无线传输视频会议系统等 3 套系统进行集成与整合，使 3 套系统在同一平台上运行使用。整合后全市绿化市容行业共 82 个点接入视频会议系统。

第九章　宣传与教育

第一节　宣　　传

　　绿化市容（林业、城管）系统的宣传活动于 20 世纪 80 年代起步，主要作为职工文化生活的载体之一。1984 年《园林》创刊，成为行业首份公开出版物；1985 年 4 月，市环卫局主办的《市容建设报》正式公开发行，之后又相继办起了《上海环卫》《研究与信息》内刊。1987 年，《园林》杂志承办"中国十大名花"评选活动。1990 年以后，随着上海各新闻媒体建立行业通讯员制度，社会宣传成为行业对外宣传重要抓手。1991 年，《园林》杂志获选"上海市优秀科技期刊"称号。1993 年，成立上海市环境卫生宣传中心，1997 年更名为上海市环境卫生宣传教育中心，负责环境卫生社会宣传和环境卫生意识教育，承办行业重大社会动员活动。主要聚焦条例法规、科普教育、环境意识等宣传。1999 年起，在电视栏目《新闻透视》《东视广角》《百姓话题》《今日都市》和《外滩漫步》播出有关废纸回收、废电池回收、环卫投诉热线和呼吁市民提高环卫意识等的专题片。在广播电台开辟《环卫之窗》每周 5 分钟的节目。2000 年以后，围绕重点工作先后开展生活垃圾分类收集、世界环境日、夏令市容环卫整治、"白色污染"整治等集中报道。策划、组织"使世界清洁起来"活动、小公民保洁队活动以及大学生暑期社会实践系列等大型活动。《园林》杂志 2000 年由双月刊改为单月刊，2001 年获"国家双效优秀期刊"称号，2003 年改为全彩版。2007 年，建立市容环卫、城管执法系统新闻发言人制度，针对重大新闻的发布召开新闻通气会，重点加强新闻报道的深度，在市级大报上数次刊登长篇"重量级"新闻报道。2008 年,召开两次新闻通气会,先后对"市容环卫、城管执法行业推出十大便民利民措施""迎奥运、迎世博百日市容环境综合整治行动""夏令热线""城管执法系统大练兵"等进行宣传报道。2009 年,围绕迎世博 600 天行动计划的推进,对全市渣土整治工作、"绿化市容八项便民利民措施""世界湿地日"、爱鸟周、花展等方面进行宣传报道。2010 年,围绕"迎博办博"主题,开展宣传报道。组织"大熊猫世博行""迎世博绿化市容城管演练"、《光荣的使命永远的记忆——世博园区绿地公园片区奉献世博纪实》等专题报道,与《新民晚报》联合举办"绿化市容与世博"摄影比赛;编辑出版世博园区最佳实践区中的绿化市容部分《更美的城市、更好的生活——上海世博会城市最佳实践》,由世纪出版集团出版发行。

1978 年之前,市园林系统先后开办过园林技工教育、园林中等专业教育、职工技工教育的校、班 10 所(个),市环卫系统创办市肥料公司技工学校。1979 年起,先后成立上海市园林学校、上海市园林技工学校、上海市园林职工学校。1984 年,市肥料公司技工学校更名为上海市环境卫生技工学校。1985 年,创办上海市环境卫生学校,1992 年更名为上海市环境工程学校。1992—1994 年,园林系统三校合并,由市园林学校实施统一管理。1996 年,环卫系统两校合并组成上海市环境卫生工程技术学校。2000 年 6 月,市环境卫生工程技术学校更名为上海市环境学校。2001 年,上海市园林学校(技工学校)由市园林局划归上海市建设委员会领导,成为上海市建设职工大学(上海城市管理职业技术学院)附属中专。该校与上海市环境学校一起列入上海市百所中等职业学校重点建设工程。上海市园林职工学校归并到上海市绿化管理指导站管理。上海市环境学校和上海市园林学校先后多次荣获建设部职业教育先进集体和上海市职业教育先进单位;连续获得上海市文明单位称号。2002 年 4 月,经市政府批准(教育部备案),上海农林职业技术学院正式建院(前身为上海市农业学校)。2005—2009 年,上海市环境学校和上海市园林学校先后通过上海市百所中职校重点建设验收评估;被市教委命名为课程教材改革特色示范学校;通过"行为规范示范校"评估;多次获得上海市安全文明校园、上海市绿色学校和健康校园等荣誉称号。上海农林职业技术学院连续七届被评为"上海市文明单位",还荣获"上海市文明校园""上海市平安单位""上海市花园单位""上海市教育系统绿化工作先进集体"

"上海市高校毕业生'三支一扶'计划先进集体"等称号。至 2010 年,累计培养园林类专业学生 8 000 余人,市容环卫(环保)类专业学生 1.1 万余人。

20 世纪 90 年代,上海市绿化行业和环卫行业相继参加全市窗口行业规范服务达标和文明行业创建活动,成为首批(1999—2000 年度)上海市规范服务达标行业。上海市绿化行业在 2005 年荣获第三届(2003—2004 年度)"上海市文明行业"。至 2010 年,连续 4 次获得文明行业称号。市容环卫系统 2010 年分为"上海市公厕管理与服务"和"上海市道路保洁和垃圾清运"两个行业参加全市文明行业创建活动,当年度社会公众满意度测评得分为 81.20 分和 80.21 分,达到良好等级。

一、新闻宣传

【绿化宣传】

2009 年,市绿化市容局、市林业局、市城管执法局按照迎世博 600 天行动计划的推进,先后对副市长沈骏参加绿化市容系统工作会议、市政府渣土整治工作会议、"绿化市容八项便民利民措施"的推出、春节期间绿化和市容保障、"五一"黄金周期间景观灯光开放情况、夏令热线特别行动,以及"世界湿地日"、爱鸟周、各直属公园组织的各类花展、滨江森林公园风筝节、杨浦区公园全面改建等方面进行宣传报道。2 月 2 日,结合世界湿地日"从上游到下游,湿地连着你和我"的主题,报道市绿化市容局(市林业局)、野保站和 WWF(世界自然基金会)开展的一系列宣传活动,世界湿地日公益广告在各大媒体投放。同月 26 日,上视新闻坊播出《城管赠送垃圾箱,温馨执法迎世博》。3 月,报道植树节志愿者植树活动、市领导辰山植物园植树、中山公园植树节开幕式,以及市民、企事业单位认养绿树等系列活动。为迎接国家园林城市复检,《新民晚报》在头版头条刊登《上海人均绿地 12.5 平方米》,其他主要媒体也对上海市近年来绿化发展成就进行广泛报道。4 月,先后对植物园举办的 2009 上海花展、滨江公园杜鹃花节、古猗园牡丹花节、共青森林公园都市百花展、上海市第 28 届爱鸟周、"世博爱绿小玩童"护绿活动等组织记者进行采访报道。4 月 3 日,市人大、市绿化市容局联合举办《市容环卫条例》实施暨迎世博倒计时一周年宣传活动。5 月下旬,在《文汇报》《新闻晨报》等媒体上报道《冲洗车作业降低音调——沪绿化市容部门推出多项新举措》。6月，重点报道内环线道路严疏结合整治马路乱设摊、拆除违章户外广告设施、迎接国家园林城市检查、迎世博"环境清洁日"集中行动、贯彻中央林业工作会议精神、禁占道设置临时西瓜摊、治理夏季顽症等工作内容。发布《"迎世博"公共厕所应急系统启动——集装箱拖动式应急公厕将服务世博会》《今夏上海公园绿地免费放映露天电影》等资讯。6月5日是第38届"世界环境日"，集中报道市绿委发出"人人行动，添绿上海，共迎世博"的倡议，以及上海市绿化建设成果和世博前的绿化建设规划。6月上旬，报道市野保站联合工商取缔铜川路青蛙交易场所，呼吁市民积极协助保护生态环境。8月，《新民晚报》（焦点版）整版刊登长篇报道《土方车何时能不再被人诟病——本市试行渣土运输管理新举措》。

此外，还着重加强对行业典型和职工风采的宣传报道。1月29日《解放日报》通讯《连续四年，她守着公厕过大年——记闸北龙潭小区公厕管理员李影》，报道"上海市五一巾帼奖章获得者""全国优秀农民工"李影的先进事迹。"三八妇女节"当天，在《文汇报》的镜头纪实专栏以整版刊登《最美的"城市美容师"——上海南京西路女子清道班印象》，图文并茂地报道了被称为"南西红旗班"的南京西路女子清道班的风采。《文汇报》的《大学生就业行行都出彩》系列报道分别采访南站城管中队招聘的大学生城管队员万韬和卢湾区绿化市容管理局招聘的大学生清洁工褚婷婷。8月，《文汇报》二版头条位置刊登《永葆军人本色的城管一兵》的长篇报道，介绍黄浦、徐汇区城管先进事迹。黄浦区市民巡访团团员马先生在第一时间打电话向黄浦区城管大队表示敬意，还专门写信建议区长将该报道在区有线台和区政府网站上宣传。此外，对普陀区的陈扣娣先进班组、静安区市容环境整治、卢湾区的渣土管理、城管总队治理小广告等典型事迹也进行宣传报道。全年在报纸上发表的相关报道（照片）3 708篇（幅），其中绿化林业1 488篇，占比40.1％；市容1 896篇，占比51.1％；城管324篇，占比0.09％；专版328版，其中绿化林业106版，占比32.3％；市容200版，占比61％；城管22版，占比6.7％。电视报道403次，其中在新闻透视、观众中来、看东方、新闻综述、记者观察等栏目进行深度报道的有28次；电台的《绿化市容之窗》专题广播44次。向"市600办"、市建委、局有关部门和单位提供照片4 000余幅。

2010年，围绕"迎博办博"的主题，开展宣传报道。1月3日，组织《解放日报《文汇报》《新民晚报》、广播电视等记者赴四川大熊猫研究中心雅安碧峰峡基地采访"大熊猫世博行"。1月20日,组织由日本以及港澳台地区、中央和外省市的80余名中外记者采访世博熊猫。在迎博期间,先后组织采写和报道大量围绕世博主题的新闻报道,如《迎世博绿化市容城管演练》《世博园区综合保障环卫保洁系统落成——垃圾落地10分钟内被清除》《6种方法助你找到"方便之处"——市容部门发布世博园区如厕攻略》《11条出入世博园区的景观大道明起迎客》《1 850万盆鲜花点缀申城》等。世博运行期间,着重加强对奋战在世博一线的行业典型和职工风采的宣传报道。5月1日,《解放日报(世博版)》报道从事环卫作业39年的市劳模、世博环卫工朱武巧为世博默默付出的先进事迹。5月6日《逾三万绿化环卫职工奋战世博第一线——为世博奉上最美的上海》的长篇报道在《文汇报》刊登,《东方早报》《新民晚报》等同时发表反映绿化职工迎世博工作强度的《申城连夜修复3 000平方米草坪——五一小长假创上海历史用花最高水平》报道。由于中央领导和中外游客对上海整洁亮丽的市容景观给予很高评价,市委主要领导提出"上海干净了,大家要珍惜"的要求,《解放日报》采写长篇新闻报道《上海干净了,大家要珍惜》刊登于5月17日头版。7月13日,《解放日报》头版刊登《徐汇城管队员为迷途游客寻找寄存行李,游客写来感谢信——上海城市景美,人更美!》。10月23—24日,世博游客首次突破百万人,上海14家媒体报道《园区3 000环卫工人冒雨保洁——2 000城管维持秩序观博》的新闻。联合《新民晚报》举办以在沪拍摄的世博园区内外市容市貌、灯光景观、绿化林业、滩涂湿地候鸟、野生动植物风光等及反映全系统职工工作风貌为主题的"绿化市容与世博"摄影比赛。世博会闭幕后,会同上海社会科学院、复旦大学等单位,将世博园区最佳实践区中的绿化市容部分汇编成《更美的城市 更好的生活——上海世博会城市最佳实践》出版。

【行业志愿者】

1999年起,随着上海公园绿地建设步伐的加快,公园成为市民晨练、休闲、娱乐的重要场所,游客量持续增长,给公园管理带来困难。园内聚众赌博、随地大小便、乱扔垃圾、破坏绿化等不文明行为时有发生,与公园优美的环境形成了强烈的反差。2000年年初,离休干部唐盛武率先组织长期在静安公园活动的拳操队、歌咏队的老人,成立了3支近百人的"静安公园'七不'(不随地吐痰、不乱扔垃圾、不乱穿马路、不破坏绿化、不损坏公物)宣传志愿者护园队"。志愿者护园队向公园游客发出护园倡议,号召大家以"七不"文明规范为基础,"自觉维护公园环境、共同创建文明公园"。此后,为进一步加强对公园游客、志愿者活动的服务与管理,维护好公园晨练的秩序,防止不健康活动对公园的渗透和传播,公园与所在静安寺街道签订"精神文明共建协议"。公园要求所有晨练队伍都必须在街道登记,公园根据各支活动队伍人数、活动内容安排场地。街道则利用其作为社区管理机构的资源优势,及时掌握各支锻炼队伍活动内容、人员组成和负责人的基本情况。公园为志愿者活动提供必要的条件,提供活动场所;街道利用社区资源,提升志愿者队伍素质,充实活动内容,扩展活动空间,推进公园志愿者活动从公园向社区拓展。公园与街道相互配合,整合资源,初步形成"公园—志愿者—社区"三位一体管理的基本框架。2001年6月,公园群众团体党建工作指导站成立。静安区园林管理所党组织负责人担任站长,街道文明办领导、公园主要志愿者队伍的党员骨干分别担任副站长和成员。党建工作的覆盖,进一步强化了对公园志愿者队伍的管理,巩固了公园"三位一体"管理模式。2002年,绿化行业全面深化"管养分开"改革,推进行业市场化进程,公园绿地的管理体制、机制发生了深刻的变化。老公园随着绿地养护作业的市场化,作业层改制为企业,公园管理层人员大幅度减少。管好一个开放式的公园,维护好公园环境面貌,难度很大。2003年9月,市园林局党委总结静安公园与社区街道联手开展公园志愿者活动的经验,在全市公园推广"公园—社区—志愿者"三位一体管理模式,作为公园绿地的基本管理制度。

2005年起,随着上海公园绿地免费开放,公园绿地志愿者队伍的规模进一步扩大,志愿者活动的形式也日益规范、有序,在维护公园环境面貌、游园秩序,营造健康向上的氛围,开展社区公益性活动方面发挥了重要作用。全市51座公园建立了党建工作指导站,志愿者队伍中党员的作用进一步凸显,活动队伍的政治意识进一步增强。志愿者活动紧扣政治形势,开展一系列宣传教育和群众性活动,收到很好的效果,发挥了其他组织难以替代的作用。

2008—2009年,全市公园内建立30多个志愿者工作室,2万余名志愿者参与公园绿地管理,组织开展全市公园绿地"文明志愿者服务行动",进一步营造文明游园氛围。2010年结合世博会举办,把社区、公园、志愿者"三位一体"管理模式作为文明公园创建基本制度,加强对志愿者工作的引导,调整和充实已有的 2 万多名公园志愿者队伍,建全志愿者工作制度,完成对志愿者服务的岗位培训,制作 1 万套绿化志愿者马甲和服务证。加大对志愿者活动的组织和引导,做到有计划、有任务、有活动、有成效。引导广大市民游客自觉践行社会公德,主动参与"文明游园,做可爱的上海人"主题实践活动。组织实施"我微笑,我捡起""垃圾不落地,文明在手中"等系列志愿者服务活动和日常志愿者服务行动,发挥志愿者文明示范作用、劝阻不文明行为,拓展便民服务,新建 35 个公园志愿者党建工作指导站。使有党建工作指导站的公园达到 75 座。充分发挥行业党建联建工作优势,依托党建指导站的工作平台,发挥全市 3 000 多名公园党员志愿者在文明游园活动中的引领和示范作用,探索和创新党的群众工作的新载体、新机制。推广公园志愿者工作室建设经验,新建 35 座志愿者工作室,使全市 70 座以上公园建有志愿者工作室,并能按照市民游客的需求,开展心理、绿化、法律、健康、科普等咨询服务活动,放大志愿者工作室的品牌服务效应。建成 20 个志愿者服务基地和 40 个志愿者服务优秀品牌,充分发挥公园志愿者在参与世博、凝聚人心、关心弱势群体、促进社会和谐方面的积极作用,使公园志愿者服务成为体现社会和谐的重要窗口,成为展示城市文明的一道亮丽的风景。世博会开幕前,围绕世博要求和提升城市环境文明,组建 3 300 人的上海绿化市容行业公园平安志愿者服务队,进一步放大绿化市容志愿者服务的品牌效应。

二、行业报刊

【《园林》杂志】

该杂志由中国林学会(现为中国风景园林学会)和市园林局主办,于 1984 年 8 月试刊,1985 年 2 月创刊。《园林》杂志是一份以科普为主,既有指导性、信息性,又有一定的学术性、文艺性的综合性双月刊。创刊之初每期容量为 4.8 万字,第 5 期起增至 7.2 万字,彩照 8～12 版,每期印数 2 万～3 万册,至 1995 年年底已出版 67 期,并从 1989 年起向国外发行。该杂志于 1991 年获上海市建设系统科技期刊优秀奖,1992 年被评为上海市首届优秀自然科学技术期刊。

《园林》杂志以"传播普及园林绿化知识,服务城市环境建设"为宗旨,深受业内同行,各界崇尚自然、爱护环境人士以及园艺发烧友的喜爱。《园林》在内容上紧贴园林绿化行业发展,注重实践与应用,在创建国家园林生态城市,展示园林绿化建设成果,宣传世博会、迪士尼等城市大事件等方面起到积极作用。园林杂志社还与电视台、报刊、出版社等积极合作,以活动扩大影响。1987年,园林杂志社与上海电视台、上海文化出版社共同举办"中国十大传统名花评选",在全国收集到14.9万张有效选票,并经114名园林花卉专家评议,定梅、牡丹、菊、兰、月季、杜鹃、山茶、荷、桂、水仙为中国十大名花。通过开展"上海市花标志图案征集活动"所评定出的市花标志图案已为社会广泛采用。此外,还举办过"家庭养花知识竞赛"、"'89园林之春散文"征文活动、"'89园林风光摄影大赛"、"'91上海住宅园林艺术节"等活动。该杂志于1991年获上海市建设系统科技期刊优秀奖,1992年被评为上海市首届优秀自然科学技术期刊。1996年,《园林》被上海市新闻出版局、上海市科学技术委员会评为"上海市优秀期刊"。从1999年起,园林杂志社通过联合办刊的形式,建立《园林》刊物委员会,会员已覆盖全国多数省市。通过联合举办论坛、现场推广会等形式,杂志社与会员单位之间保持良好的互动。2000年,《园林》由原双月刊改为月刊,并出版《园林》第100期纪念特刊。2001年,《园林》被国家新闻出版署评为"中国期刊方阵双效优秀期刊"。2004年,又改为全彩页月刊。2007年,《园林》进行一次大幅度改版,每期设置针对行业热点、重大活动的专题栏目。2008年,《园林》第200期刊发中国工程院院士陈俊愉的特稿《园林十谈》,就园林的定义、基本素材、重视基础种植、勤俭造园、园林创新等提出个人的独特深邃的见解,并从哲学思考的角度,提出"一国两花"(梅花、牡丹)方案,已获得104位两院院士亲笔签名(2007年4月);原市园林局副局长、《园林》杂志第一任主编严玲璋撰写《回顾与展望》等,精彩特刊受到众多业内同行的欢迎。此外,园林杂志社每年承接一定数量的书刊、画册制作项目,编辑出版多种园林科技书籍,1986—1990年,由该社组织有关人员编写出版的计11部(199.55万字),社内自编出版的9部(124.9万字);1990—1993年,出版《生态园林论文集》2集(66.9万字)。一些影响较大的专业著作如《中国花经》《中国野生花卉图谱》等编写工作组都设在《园林》编辑部。从2009年起,受上海市绿化和市容管理局委托,园林杂志社设立行业年鉴编辑部,每年编辑出版《上海市绿化市容行业管理年鉴》。2010年《园林》荣获上海市期刊协会"上海市宣传世博、服务世博先进期刊"一等奖。

《园林》杂志积极参与行业重要活动,如参展中国国际花卉园艺节、萧山花木节、上海生态文化与灯光技术论坛、上海国际城市园林景观展、中国(上海)国际屋顶绿化(立体绿化)、建筑绿化材料展览会及上海期刊第四届论坛等,并邀请会员单位江苏红豆杉生物科技有限公司和上海上房园艺有限公司参加展出,展出各自的拳头产品。

【《上海园林科技》(内刊)】

1975 年,市园林管理处龙华苗圃科研组开始编辑内部发行的情报刊物《上海园林科技动态》,不定期出版 5 期。1978 年改名《上海园林科技》,1979 年取得上海市期刊登记证第 299 号,以市园林科研所名义出版发行。1985 年《园林》杂志创刊时,沿用这一登记号,1986 年,《上海园林科技》以杂志的《科技专辑》名义出版。1989 年,改统一期刊号为 CN31—1 118/S,刊名不变。1992 年第一期起恢复《上海园林科技》刊名,从第四期起用新登记号第 340 号发行。《上海园林科技》其刊名虽有几次变动,但办刊宗旨、内容未变,即主要刊载园林科研所各项试验研究报告、科研成果、学术论文、技术资料以及有关科技译文。从创刊至 1990年共发表论著 320 多篇,并有多种专辑、特辑,其中《上海园林设计专辑》《地被植物专辑》各 3 辑、《月季花专辑》2 辑、《上海盆景专辑》《园林经营管理专辑》《上海市绿化遥感综合调查专辑》《木兰科植物引种驯化专辑》《花坛改造创新研究专辑》《康乃馨专辑》等各 1 辑,均受到生产单位欢迎。

【影视拍摄】

自 1986 年 12 月市环卫局摄像组成立以来,围绕局中心工作和各阶段重点,为业务工作服务,并积极配合电视台对行业的宣传报道。环卫宣教中心成立后,添置专业器材,拍摄了大量专题片、汇报片、影视资料。

1994 年 6 月,拍摄反映"灭蝇大王"顾玉祥事迹的《"杀手"原来也痴情》,获市委组织部主办的党建片比赛三等奖,并在上视、东视播放。1995 年 6 月,拍摄反映环卫水运职工的《春雨无声润水运》,获市委组织部主办的党的凝聚力工程电视片比赛一等奖,在中央电视台、东方电视台、上海电视台、教育电视台多次播放,被国家电教中心收编。1996 年 3 月,拍摄反映市郊农村粪改工作的《为了明天》,获 1996 年度为民办实事立功竞赛电视巡礼片三等奖,并在上视、东视播放。1998 年,拍摄反映环卫行业改革的《环卫产业化的思考》(5 集),获"98 中华环保世纪行"二等奖,并在上视《新闻透视》播出。同年 8 月,为配合中小学生环卫意识教育,拍摄《环境与卫生》(4 集)。1999 年 6 月,拍摄反映环卫水上保洁工人的《苏州河情结》,获市委组织部主办的"在邓小平理论指引下的新时期党建工作"电视短片比赛三等奖,并在上视、东视播放。2000 年,拍摄电视公益广告片《今天分一分,明天美十分》,获"2000 年中华环保世纪行"三等奖、2002 年"电车供电杯"环境保护影视公益广告一等奖,经中央电视台推荐全国卫视播放。同年 9 月,为配合垃圾分类宣传,拍摄《垃圾分类 环境更美——垃圾分类收集的做法及好处》。12 月,拍摄《为了环境更美——城市生活垃圾收集系统纪实》,获上海市实事立功竞赛参赛二等奖,并在上视、东视播放。

2001 年,全年拍摄和制作各类专题片 14 集,主要有《全国城市亮化工程研讨会与成就展示会》《上海市户外广告设施设置的现状和管理》《前进中的上海市市容环卫》等。电视新闻片在电视台播出的有 33 集。另外围绕市容环卫系统的重大事情和局各个阶段的重点工作,拍摄电视资料片 51 余部和大量的照片,如《心灵美,市容美》行业歌会,7 月 26 日市委书记黄菊、副市长韩正到会馆街码头、徐家汇女子清道班、威海清道班慰问环卫工人等。2002 年,拍摄专题片 22 部,包括《灯光评比作品剪辑》《水葫芦爆发污染现状》《垃圾分类收集》等;电视新闻 46 次在上视和东视播出。协助中央电视台为制止乱晾晒制作的《东方时空——东方联机》节目,在央视播出。2003 年,共拍摄专题片 14 部,有《上海江桥垃圾焚烧厂申报 2003 年中国人居环境奖和人居环境范例奖专题片》《垃圾分类与资源利用》等,拍摄反映市容环卫的电视新闻 54 次在上视、东视以及卫视播出。2004 年,拍摄制作电视专题片 21 部,为配合创建文明行业(公厕板块)摄制的《公厕服务基本规范用语》和《公厕文明服务操作规范》在创建动员大会上放映后,还作为示范片发到各区县市容环卫管理部门。全年共拍摄留存反映市容环卫主体工作、各类重大会议、主题活动的录像资料 70 集和 200 多卷照片资料。

2005 年起增加城管执法的拍摄,全年共拍摄制作电视专题片 22 部,有《垃圾车作业规范片》《市容环卫系统人行道、公共广场席地而坐洁净活动试点纪实》;反映市容环卫城管主体工作、各类重大会议、主题活动的录像资料 66 集和 120 多卷照片资料。先后为《城建监察》《法制宣传》等杂志和《解放日报》《文汇报》《新民晚报》等报纸和局网站等提供 1 500 多张照片。2006 年,共拍摄制作电视专题片 18 部,有反映铁路沿线市容环境整治的《沪杭线两侧的市容环境》以及《市容环卫系统劳模风采展示会》《市容环卫行业职业技能竞赛活动》等片。全年共拍摄留存重要录像资料 54 集。先后为《人民日报》《城建监察》《解放日报》《文汇报》《新民晚报》等报纸杂志和东方网、局网站、局有关部门、单位提供 1 000 多张照片。2007 年,共拍摄制作市容环卫城管工作专题片 20 部,拍摄资料 55 集。如《跨前一步　为民服务 2004—2006 上海市市容环卫行业便民利民措施回顾》。4 月,拍摄泰晤士小镇小区实行生活垃圾气力输送收集的专题新闻在上海电视台播出,又被中央电视台选中播出。为市发展改革委制作的《上海环卫的改革与发展专题片》经过多次修改后送到国家发展改革委作为汇报片进行播放。《赞美你,南京路步行街的城管卫士》专题片,宣传了执法第一线的城管卫士。2008 年,共拍摄制作市容环卫工作专题片 17 部,拍摄资料 42 集,各类工作照片、宣传照片 2 800 多张。春节前拍摄反映环卫农民工春节期间留守上海的《海上年味》——卢湾区留沪环卫工人坚守岗位吃年夜饭的专题片在生活时尚频道播出。《垃圾四色分类,利国利民》在上视播出后,还被中央电视台选中播出。制作《上海市城管执法人员行为规范》示范片;还为"城管执法系统首届法律知识竞赛""城管执法系统'迎世博、振士气'队列会操比赛"等大型活动进行全程跟踪摄像并制作专题片。

2009 年起,拍摄范围涵盖绿化市容、林业、城管执法整个管理系统,总计反映各行业工作的电视资料 68 集、专题片 20 部。3 月上旬,拍摄植树节系列活动以及为迎接国家园林城市复检进行全程摄像。4 月,拍摄、制作《迎世博窗口服务行业员工培训录像》,7—8 月,完成全国风景园林学会会议用的 3 部专题片,分别反映了中华人民共和国成立 60 年来上海园林绿化事业的发展,以及介绍为上海绿化事业做出特殊贡献的原局长程绪珂、吴振千的优秀事迹,在全国风景园林学会会议上播放,得到良好的反响。2010 年,共拍摄制作工作专题片 16 部,拍摄资料 60 余集。拍摄制作的反映局行风政风建设的录像片《于细微处见真情——绿化市容系统纠风工作出实招办实事求实效侧记》,首次在市纠风办的"纠风在线"网站播放;《花海拥浦江　绿地偕申城》作为上海选送参加台湾花博会的宣传片;《城乡统筹、全民参与——绿色生态城市的实践》《缤纷科技绿靓城市》反映世博绿化建设成果。拍摄制作反映上海市城管执法队伍建设的专题片

《奋发有为，任重道远》，同时还积累大量绿化市容、林业、野生动植物保护、城管各方面的现场影像资料。

表 9‐1 　　　　2009—2010 年园林绿化影视拍摄制作工作情况表

年份	专题片	电视新闻录用	电视资料	重 要 活 动	重 要 资 料
2009	20	106	67	市领导辰山植物园参加植树	迎接国家园林城市复检实录
2010	18	100	60	缤纷科技绿靓城市	迎世博窗口服务行业培训录像

第二节　教　　育

一、专业教育

改革开放之前，市园林系统先后开办过园林技工教育、园林中等专业教育、职工技工教育的校、班 10 所（个），市环卫系统创办市肥料公司技工学校。1979年起，先后成立上海市园林学校（中等专业学校）、上海市园林技工学校、上海市园林职工学校；1984 年，市肥料公司技工学校更名为上海市环境卫生技工学校（简称环卫技校）。1985 年，创办上海市环境卫生学校，1992 年更名为上海市环境工程学校。1992—1994 年，园林系统三校合并，由市园林学校实施统一管理。1996 年，环卫技校与中专两校合并组成上海市环境卫生工程技术学校。2000年 6 月，市环境卫生工程技术学校更名为上海市环境学校。2001 年，上海市园林学校（技工学校）由市园林局划归上海市建设委员会领导，成为上海市建设职工大学（上海城市管理职业技术学院）附属中专，与上海市环境学校一起列入上海市百所中等职业学校重点建设工程。园林职工学校归并到上海市绿化管理指导站管理。上海市环境学校和上海市园林学校先后多次荣获建设部职业教育先进集体和上海市职业教育先进单位；连续获得上海市文明单位称号；2005—2009 年，先后通过上海市百所中职校重点建设验收评估；被市教委命名为课程教材改革特色示范学校；通过"行为规范示范校"评估；多次获得上海市安全文明校园、上

海市绿色学校和健康校园等荣誉称号。至 2010 年,累计培养园林类专业学生
8 000 余人,市容环卫(环保)类专业学生 1.1 万余人。

【办学机构】

　　上海市园林学校　1979 年 3 月批准创办,同年 9 月 13 日开学,校址在伊犁
路 86 号。1981 年 3 月,在园林学校成立上海市园林管理局干部训练班(以下简
称"训练班"),1986 年 11 月,市园林局决定训练班由园林学校领导;1992 年 4
月,训练班更名为上海市园林绿化干部培训中心。1995 年 6 月,上海市园林技
工学校(上海市园林职工学校)保留编制并入上海市园林学校,实行三块牌子(园
林学校、技工学校、职工学校)一套班子的管理体制。园林学校地址变更为军工
路 2390 号。2001 年,园林学校(技工学校)由市园林局划归上海市建设委员会
领导,成为上海市建设职工大学(上海城市管理职业技术学院)附属中专,军工路
2390 号校址为高职和中专共享。同年,园林学校列入上海市百所中等职业学校
重点建设工程。上海市园林职工学校回归上海市绿化管理局(原市园林局),归
并到上海市绿化管理指导站管理,校址从军工路 2390 号变更为建国西路 156
号。2002 年,上海市住宅建设学校(以下简称"住宅学校")并入上海市园林学
校。同年被国家教育部和建设部列为建设行业技能型紧缺人才示范性培养基
地。随后园林学校校址变更为杨树浦路 2219 号(军工路 2390 号保留部分校区
作为实训基地)。园林学校一贯秉承"敬业乐群　自强不息"的校训,追求"严勤
实朴　团结创新"的校风、"乐学善思　学以致用"的学风和"言传身教　诲人不
倦"的教风。以现代教育理念指导办学,牢固确立以中等职业教育为重心,学历
教育与职业培训共同发展,积极发展校办产业,走多元发展和开放办学的路子。
坚持服务于社会经济和行业发展,服务于劳动就业;坚持规模、结构、质量、效益
协调发展;坚持"以就业为导向",深化教育教学改革,打造品牌专业、品牌师资,
努力培育学校核心竞争力。通过"立足园林、背靠行业、依托高校、面向社会",形
成职前、职后并举、中、高职接轨,师资共享,体现各类职业教育资源的共享和互
补,95%以上的毕业生获得除毕业证书以外的岗位技能证书。先后多次荣获建
设部职业教育先进集体和上海市职业教育先进单位称号;连续 9 届蝉联上海市
文明单位称号;2008 年,学校通过上海市百所中职校重点建设验收评估;同年,
被市教委命名为课程教材改革特色示范学校;2009 年,通过市教委组织的中职

学校"行为规范示范校"评估。多次获得上海市安全文明校园、行为规范示范校等荣誉称号。至2010年,累计培养园林类专业学生8 000余人。

学校在历年"星光计划""文明风采""璀璨星光"等学生大赛,在园林专业的城市绿化、花艺创作等项目中,学生取得一等奖5人、二等奖23人、三等奖36人,在其他摄影、作文、美术与书法等项目也屡获名次,成绩优异。

上海市园林技工学校 1981年6月30日经市劳动局批准成立,以原共青苗圃技校为基础建成,是一所培养园林绿化中级工为主的全日制学校。同年9月8日,在共青苗圃校舍开学。1982年开始在军工路2390号辟地15.33万平方米建造新校舍,校内分为教学、生产、实习、行政生活等4个区域,建筑总面积5 730平方米,实习苗圃4万平方米,运动场和植物标本园1.6万平方米。1984年7月迁至新址。校内有各专业实验室、电化室以及相应的教学仪器,图书馆藏书5 000多册。学校设置园林绿化一个专业,开设的课程有植物与植物生理知识、土壤肥料学、植物保护学、气象知识、园林机具与园林苗圃、园林树木学、花卉栽培学、绿化施工养护、园林植物种植设计基础知识等共10门。1987年修订教学计划,增加园林植物遗传育种知识、园林美术两门,删去园林苗圃课程一门。并把原课程中的基础知识作为应知;划出生产实习和实际操作部分,设立操作工艺作为应会,其课程有锄草、开沟、作畦、上盆、扦插、挖掘、嫁接、修剪、树种识别等。其应知和应会的教学时间分别占54.6%和45.4%。学生毕业应知要达到6级工的标准,应会要达到3~4级工的标准。教师还结合教学完成一些科研项目,培育管氏肿腿蜂防治蛀干性害虫取得明显效果,先后繁殖的管氏肿腿蜂29万多管,被推广到苏、浙、闽、皖等省有关林区应用。此外,还完成了"植物分类蜡叶标本""香石竹组织培养苗生产"等任务。

1995年6月,上海市园林技工学校并入上海市园林学校(保留建制),实行多块牌子一套班子的管理体制。军工路2390号成为上海市园林学校新校址。

师资和教材 园林学校建校初期,教职工为66人,其中大专以上16人。1990年,学校有教职工145人,其中教师52人;教师中具有高级职称3人、中级职称25人。园林技工学校1990年学校有教职工65人,其中有中级职称的教师9人、初级职称的教师12人。1995年三校合并后师资力量进一步增强。至1999年,园林学校有教职工174人(本科为41人、大专为40人),其中教师62人

（高级讲师 8 名、高级技师 1 名、讲师 27 名、一级实习指导教师 1 名、助理讲师 16 名、二级和三级实习指导教师 7 名、未定 2 名）。2001 年成为上海市建设职工大学附属中专后，师资队伍进一步充实，中高级职称的比例逐年增加。2007 年，在职教师 71 人，其中高级讲师、副教授 13 人，中级专业技术职务 51 人。2007—2008 年，专职教师全面进行教学多媒体课件制作的培训，年龄在 50 岁以下的专职教师都能制作课件，并在授课时熟练运用。至 2010 年，园林学校在编在岗教职工总人数 148 人，其中高级职称 14 人、中级职称 53 人、初级职称 37 人。

园林技工学校在 1981 年开学时，教师已编写出 10 门的应知、应会教材，以后又参加全国园林技工学校《花卉》《树木》《苗圃》等多门通用教材的编写。至1995 年，园林学校先后编写 24 门专业课程的教材，结合教学完成"计算机在园林病虫害防治上的应用及其预测""植物材料表面涂膜研究""微机辅助景观设计可能性研究"等科研项目，并制作《园林树木》《园林花卉》等多部教学录像片。积极参与部颁教材、市教委统编教材的编写工作，教材使用规范。"十一五"期间，园林大类主要教材有：《园林植物》《园林花卉学》《园林植物栽培》《园林植物环境》《园林植物病虫害防治》《园林建筑构造与材料》《园林规划设计》《园林工程》《园林测量》《园林企业经营管理》《园林美术》《园林制图》（含习题集）、《计算机辅助园林制图》等。

校舍与设施　园林学校建校时使用伊犁路 86 号原上海市园林处技工学校的校舍，经市园林管理局投资 250 万元扩建，全校共占地 5.03 万平方米，其中2.09 万平方米为生产实习苗圃。1986 年扩建工程竣工，建筑总面积为 1.11 万平方米。教学设施有植物、植物保护、植物组织培养、植物生理、土壤肥料、化学、物理等专业实验室，还有实习温室、园林机具实习室、美术室、计算机房。学校的图书馆辟有学生和教师两个阅览室，藏书 5 万多册，期刊 80 余种。学校还配备一批解剖镜、调温箱、风速仪、割灌机、真空泵等教学仪器和机具设备。

1995 年，园林学校实行"多块牌子、一套班子"（技校、职工学校、干部培训中心）后，全校总面积达到 18.01 万平方米，建筑面积为 2.98 万平方米。注册地址在军工路 2390 号。

2001 年，园林学校划归上海市建设委员会领导后，军工路 2390 号房屋土地归属园林学校和上海城市管理职业技术学院共有。伊犁路 86 号房屋土地产权变更为市绿化局，用地性质也作相应变更。

2003年，园林学校主校区移至杨树浦路2219号（原上海市住宅建设学校），占地面积7 132平方米（其中含租赁面积1 529平方米），建筑面积6 576平方米。军工路校区仍有占地面积19 687平方米作为实训中心，建筑面积10 643.1平方米（不包括与上海城市管理职业技术学院共享部分的面积，例如图书馆、食堂、室内文艺和体育活动场所6 683平方米等）。

2008年，学校投入150多万元改造学生宿舍和杨树浦路校区的环境布局，新建化学实验室、生物实验室、多媒体语音室、电子阅览室、学生舞蹈室，充实物理实验室、改建阶梯教室，设备更为先进。校园硬件设施和容貌环境得到提升。杨树浦路校区图书馆纸质藏书达到27 127册，电子图书4.2万册。

2011年8月，市编委发文撤销上海市城市建设工程学校、上海市园林学校、上海市市政培训中心、上海市园林技工学校，建立上海市城市建设工程学校（上海市园林学校）。原军工路校区实训中心与技能鉴定站都划归上海城市管理职业技术学院所有。

【专业设置】

园林学校建校初期，学校设园林绿化和园林规划设计两个专业；1985年，学校又陆续开设园林花卉、园林管理、园林财会、政工、园林气象和园林经营等8个专业。1992年，为让学生更多地掌握现代园林专业技术，适当调整各专业的课程，并增加游艺机具中级管理专业。各个专业的课程可分为文化基础课、专业基础课、专业课三类，开设的课程为14~29门，授课总时数为1 804~3 417学时。生产实习时间为一个学期，实习课目为8~11门。1995年起，实行新生按大类学习基础知识，2年后根据市场需求和学生本人愿望确定专门方向。最后一年根据学生升学和就业的不同需要实行分流教学。1999年，开设园林规划设计专门化、园林花卉艺术专门化、园林绿化管理专门化等3个方向（中专）和园林绿化、花卉盆景2个专业（技校）。2000年，与上海建设职工大学（上海城市管理职业技术学院前身）合作开设城市园林专业"3+3"中高职教学贯通班。2003年上海市住宅建设学校并入后，增设原住宅建设学校工业与民用建筑、建筑造价预算、房地产经营与管理等3个专业。2007年，开设园林建筑、工程测量技术、计算机应用（电脑辅助装潢设计）等市场紧缺专业。2010年，根据上海市教育委员会专业设置调整要求,园林类专业开设有园林、园林技术、园林绿化、植物保护等4个专业、5个专业方向,其中园林技术专业被认定为市级重点建设专业。主要课程有:植物与植物生理、土壤与肥料、园林树木学、园林花卉学、园林规划设计、绿地施工养护、病虫害防治、园林测量、园林工程监理、园林概预算、园林植物配置等。

园林技术专业 该专业为"双证融通"试点班,是学校的传统专业,专业方向是园林规划设计与施工,面向园林设计、园林施工、园林绿地和公园管理等行业,培养具有扎实的文化基础、具备园林规划设计、园林绿地小品布置、花卉苗木养护、园林绿地施工组织、园林工程概预算等综合能力的中级技术应用性专业人员。主要专业课程:园林美术(素描、色彩)、土壤与肥料、植物与植物生理、树木学、花卉学、园林绿地测量、园林设计基础、园林植物配置、植物病虫害防治、绿地规划设计、绿地施工养护、园林概预算及园林工程。"双证融通"试点班即参加教委"双证融通"教学改革试点,学生通过新设的教学模块考试,毕业时既可拿到学历证书,又可获得绿化中级工职业能力证书。(该专业享受学费全免、书本费免300元/学期)

园林绿化专业 该专业的专业方向为园林植物造景设计。培养具有扎实的文化基础,具备苗圃、花圃花园造景设计或专业技术花艺设计,花艺销售综合能力的中级技术应用性专业人员。主要专业课程:园林美术(素描、色彩)、园艺植物识别、园艺植物病虫害防治、园艺植物环境调控、绿地施工与养护、园艺植物配置、盆景与花艺制作,计算机辅助设计与3D设计。可获得上海市劳动与社会保障局颁发的绿化中级工证书,电脑制图CAD初、中级证书,计算机操作员初、中级证书。(享受学费全免、书本费免300元/学期)

植物保护专业 培养具有扎实的高中阶段文化基础,学生毕业可胜任已建成的公园、绿地的管理和养护工作,承担植物病虫害防治的专项技术工作等。主要专业课程:植物与植物生理、土壤与肥料、植物虫害防治、植物病害防治、园林树木学、植物检验检疫、植物化学保护和植物病害流行与预测等专业课程。可获得上海市劳动与社会保障局颁发的绿化中级工证书,电脑制图CAD初、中级证书,计算机操作员初、中级证书等。(享受学费全免、书本费免300元/学期)

【招生就业】

园林技工学校学生通过全市技工学校统一招生考试录取。建校当年招收应届高中毕业生,学制两年半。次年起改为招收应届初中毕业生,学制三年。1992年开始招收部分自费生。1981—1995年,共招收学生942人,毕业622人,结业6人。其中达到三级绿化工的有323人,达到四级绿化工的130人,另有79人达到三级盆景工。毕业生大部分分配在园林系统工作。1982年后还开办在职园林技工培训班,至1990年已举办9期,每期培训时间为3个月至1年,共招收学员247人,学员除上海园林系统外,有来自外地大屯煤矿、双鸭山煤矿等。1995年毕业生100人,其中三级绿化工51人、四级绿化工49人,为此学校首次达到技校A级评估的质量要求。

上海园林学校通过全市(外地学生通过当地)的中等专业学校统一招生考试录取。1984年以前招收应届高中毕业生,学制先为两年半,后改为三年。1985年后,除1987年、1989年的园林气象、园林经营两专业招收高中毕业生,学制为两年外,其余均招收应届初中毕业生,学制为四年。1992年起,采取两年分流制,学生分流后增加一门专业课程。1981年开始招收外地学生,招生的地区有北京、浙江、江苏、江西、青海、贵州、内蒙古、新疆、四川、云南、福建、辽宁、吉林等16个省(市)、自治区。1984年,经市教育局批准,增设在职职工中专班。从1991年起招收部分自费生;到1995年,共招收学生17届2 235人,其中外地学生348人,职工中专班学生262人,毕业生共14届1 530人,肄业生4人;1995年两校合并后在校学生为614人。1999年三校合并后,在校学生达956人(园林学校618人、技校338人)。

2000—2010年,园林学校共培养园林类专业学生近3 000人。学生毕业就业率达97%以上,就业岗位对口率达60%。主要分布在全市的园林设计、园林绿化管理、园林工程施工以及土木建筑施工管理岗位。学校以严谨的办学作风、严格的管理制度及严明的校风校纪得到社会认可。

二、职业培训

【上海市绿化职业技能培训中心】

上海市绿化职业技能培训中心创办于1998年7月。原由上海市绿化管理指导站主办,2010 年,根据管理要求变化,由上海市绿化管理指导站和上海市园林职工学校共同举办,在区社会团体管理局注册登记,具有独立的法人资格,业务由黄浦区人力资源和社会保障局主管。

学校坚持"依法办学、规范办学"。以绿化工培训为特色,主要开设《绿化工》(初级/五级、中级/四级、高级/三级、技师/二级、高级技师/一级)专业;2007 年举办一次绿化工(高级技师/一级)试培训,至 2014 年下半年,重新启动培训,纳入行业内工种考核;2009 年,新开景观设计师(中级/四级)培训;同时,负责开展上海市绿化行业内职业工种培训。2010 年起,举办观赏动物饲养工培训。

学校严格按照主管部门批准的办学项目实施培训,通过黄浦区人保局培训主管部门、上海绿化技术与教育网站、上海绿化教育干部会议等途径,及时发布招生信息,内容真实、准确,为绿化行业提供有效服务。

学校坚持规范收费,及时将培训项目、收费标准、招生简章在物价部门备案。招生时,严格按照物价备案标准做好收费工作,及时与所有学员签订《培训协议书》,让学员明确是否属于政府补贴项目以及补贴标准,从无任何违规乱收费现象。

学校管理严谨,制度健全,严格按照培训计划,科学组织教学培训。鉴定申报信息真实、准确。多次被区人保局评为先进办学单位。尤其是在市人保局主持的 2006—2008 年度,及 2009—2011 年办学质量和诚信等级评估中,连续两次获得 A 级机构荣誉。学校依法、规范操作,规章制度健全,办学中无任何不遵守法律法规的行为,诚信规范,社会信誉度高。

园林绿化专业技能培训　"十五"期间,教育培训延伸到绿化林业法规培训、行政许可专业法培训;绿化专管员培训、行道树养护技术骨干培训;居住区绿化培训、创建花园单位培训;局系统绿化林业工程师专业知识培训等。为适应园林企业申办资质的管理要求,开展绿化岗位技能培训、《园林绿化养护技术等级标准》培训等,年均培训总量约为 5 000 人次。组织行业专家,编写供全市职业技能培训使用的《绿化工》《养护师》《大型游乐设施安全操作技术》教材等,有效引领行业培训。

中、高级技能培训　"十一五"期间,绿化中、高级技术层面的培训需求增加,共开展绿化工技能培训 50 期,培训 2 028 人次,其中举办绿化工(四级)培训 9 期,培训 348 人;举办绿化工(三级)培训 7 期,培训 306 人;举办绿化工(二级)

培训 5 期,培训 212 人;举办绿化工(一级)试培训 2 期,培训 79 人;举办景观设计员(四级)培训 2 期,培训 77 人。

一线从业人员上岗培训 2007 年,率先在浦东新区公路管理系统开展绿化一线从业人员上岗培训,举办 19 期,培训 1 050 人。以此为基础,总结提升,编写全市统一使用的《绿化工》(上岗)培训教材,2008 年起,在全市开展农民工上岗培训,3 年共举办 121 期,培训 6 683 人,较好提升了一线从业人员思想和技能素质。

开展行业技能竞赛 开展绿化工种技能竞赛 7 期,培训 301 人;开展绿化行业行道树修剪、花灌木修剪、病虫害识别等技能竞赛 2 届,1 085 人次参赛。其中,2006 年、2008—2009 年,分别开展绿化行业技能竞赛,154 人参加绿化工职业工种竞赛,17 人获得晋级,并获局表彰;163 人参加行道树修剪;218 人参加花灌木修剪;50 人参加施工放样;50 人参加病虫害识别。开展绿化行业技能竞赛 10 项,626 人次参赛。

游乐设施操作安全培训 针对全市 147 座公园,以及锦江乐园、松江欢乐谷等拥有的 333 台座大型游乐设施,保证安全操作。在上海市质量技术监督局领导下,由上海市园林职工学校主动承担全市大型游乐设施操作安全培训,"十一五"期间,共开展游乐设施操作安全培训 39 期,培训 2 094 人次;迎世博、办世博过程中,主动服务世博园区中国航空馆、瑞士馆缆车操作人员培训与考核工作,开辟绿色通道,提高全市游乐设施操作人员的安全规范操作技能与素质。

绿化农民工迎世博、办世博的文明平安培训 开展全市绿化行业农民工、迎世博办世博的文明平安培训,克服时间紧、任务重,以培养各区县骨干教育为抓手,通过培养 92 名农民工小教员,使得中心教员与区县小教员相结合,完成全市 18 个区县 3 年的农民工培训任务。2009 年,举办 2 期世博知识师资培训班,为区县培养世博知识文明观博骨干教员 203 名,圆满完成全年度各区县举办 365 期、培训 21 669 人的任务;2010 年,举办 2 期平安世博师资培训班 2 期,培养师资 182 人,圆满完成全市全年举办 235 期、培养 10 573 人的任务。在开展绿化工技能培训、绿化实用技术与贯标培训、上树工培训、园林绿化养护等级标准培训、观赏动物饲养工培训等项目中,根据学员分布特点,热心开展送教上门工作,远赴嘉定、青浦、崇明、松江、奉贤、金山、浦东高南、南汇等地区开展送教上门工作,受到区县好评。

第十章　队伍与装备

第一节　队　　伍

1978—2008 年,绿化市容系统分属园林绿化、林业、市容城管等 3 个条线,有关队伍的统计资料口径不一,2009 年开始由市绿化市容管理信息中心编制行业统计年鉴,2010 年的上海市绿化和市容管理行业职工分类情况表显示:单位数 417 个,从业人员年末人数 58 212,其中女职工 19 537;在岗职工年末人数 40 568 人,其中管理人员 10 144 人、专业技术人员 2 670 人、技能型人员 7 163 人、其他人员 20 591 人;其他从业人员年末人数 17 644 人;劳务派遣工年末人数 11 320 人。

一、一线从业人员

1978 年后,全市园林绿化养护工作逐步恢复正常,从事公园园艺养护的工人队伍不断加强,养护技术水平逐步提高。1981 年,全市公园园艺养护工作实行定人员、定任务、定养护标准、定费用、包园容面貌管理。1985 年,有 1 078 名青年工人通过上海市园林技工考核总站考核,取得初级工合格证书。1995 年,全市园林绿化系统通过考核合格持证上岗的中级工 2 244 人,占技术工人总人数 54.7%;高级工 124 人;具有高中文化、中等专业学历的园林工人 1 244 人,占技术工人总人数 19.3%。

2001 年,全市 18 个区县园林绿化管理部门和上海动物园、上海植物园、上海共青森林公园、上海古猗园等 4 家市属公园,实施"管养分开"改革,2004 年改革基本完成,共涉及职工 5 600 余人,组建 47 家园林绿化企业,通过转制进入企业的职工 2 800 余人。

2010 年,全市从事行道树、公共绿地、公园养护作业等工作的 163 家园林绿化企业有一线从业人员总人数(以下简称"总人数")15 411 人,其中,区县园林绿化养护企业 144 家,职工 14 249 人,占总人数 92.5%;市属公园养护企业 19 家,职工 1 162 人,占总人数 7.5%。

全市园林绿化系统一线从业人员主要由园林绿化工、服务人员、安保人员、保洁工、车辆驾驶员、维修工等组成。其中,转制职工 3 378 人,占总人数 21.9%;劳动合同工 5 524 人,占 35.8%;劳务合同工(农民工)2 998 人,占 19.5%;聘用退休人员和外单位下岗人员 1 605 人,占 10.4%;通过中介公司使用的劳务派遣工 1 906 人,占 12.4%。

一线从业人员年龄结构为 30 岁以下 1 377 人,占总人数 8.9%;31～40 岁 2 140 人,占 13.9%;41～50 岁 5 554 人,占 36%;51～60 岁 5 664 人,占 36.8%;60 岁以上 676 人,占 4.4%。

学历结构为初中以下学历 10 759 人,占总人数 69.8%;高中(中专、职校)学历 2 469 人,占 16%;大专(高职)学历 1 439 人,占 9.3%;大学本科学历 724 人,占 4.7%;硕士以上学历 20 人,占 0.1%。

户籍结构为上海市城镇户籍 11 928 人,占总人数 77.4%;外省市户籍 3 483 人,占 22.6%。

技能结构为获得技术等级人员共计 5 166 人,占总人数 33.5%。技术等级人员中,高级技师 62 人,占 0.4%;技师 342 人,占 2.2%;高级工 1 074 人,占 7.0%;中级工 1 958 人,占 12.7%;初级工 1 730 人,占 11.2%。

为构建和谐劳动关系,提升职工综合素质,促进企业和劳动者按劳取酬、公平竞争,根据不同工种、技术标准、工作环境、劳动强度、危险性等因素,全市园林绿化系统一线从业人员岗位分为 3 个等次。一类岗位为技术标准要求高、作业环境艰苦、劳动强度大或有一定危险性的岗位,包括上树工、园林植保工、树枝粉碎工、草坪割灌工、绿化废弃物堆肥发酵工等 5 个工种。二类岗位为技术标准要求较高、作业环境较艰苦、劳动强度较大的岗位,包括园林绿化工、花卉园艺工、草坪建植工、盆景工、假山工、上树工辅助人员、绿化机械修理工、绿化设施修理工、吊车驾驶员、挖机驾驶员等 10 个工种。三类岗位为技术标准要求、劳动强度一般,危险危害性等不明显的岗位,包括售票员、保洁员、检票员、其他车辆驾驶员、其他一线作业岗位等 5 个工种。

二、专业技术人员

1978 年后,全市园林绿化科技工作逐渐步入正轨,专业技术人员队伍培养和建设不断加强,开办园林技工教育、园林中等专业教育。1995 年,全市园林绿化系统专业技术人员有 932 人,其中高级专业技术职称人员 97 名、中级职称 328 名、初级职称 507 名。1998 年,专业技术人员总数 997 人,其中高级职称 132 名,占总数 13.2%(含 40 岁以下 25 名,占 2.5%);中级职称 392 名,占 39.3%;初级职称 478 名,占 47.5%;专业技术人员中具有大学本科以上学历的占 25.7%。

2000 年后,上海园林绿化系统专业技术人员队伍发生较大变化和发展。市园林局制定《1999—2010 年人才发展规划》,市绿化局制定《2003—2005 年人才队伍建设行动计划》,围绕园林绿化事业发展目标,在专业技术人才引进、培养、开发方面不断探索、创新。

专业技术人员队伍建设以科学发展观为指导,实施"人才兴绿"战略,为上海园林绿化事业可持续发展提供保障。通过整体性专业技术人员资源开发,增加行业领军人才、具有特殊技能的专门人才,增强专业技术人员能力,实现数量增加,质量、结构及效能优化,形成一支以行业领军人才和高级技师为重点,结构合理的专业技术人才队伍。在公平竞争中识别、发现、培育专业技术人才,建立健全人才流动和信息化管理制度,消除体制性障碍,为年轻的创新型人才提供机会,让紧缺的专业技术人才发挥作用,保障重大项目、工程的人才储备。

为引导企业培养有较高知识层次、掌握较强操作技能的园林绿化专业高技能人才,开展技术比武活动,挖掘高技能人才绝招绝技,形成重视高技能人才导向和氛围。通过"高师带徒",发挥高级技师传授技艺作用,建设业内高技能人才队伍。加强职业培训、转岗培训,提升业内高技能人才水平。优先引进持有"双证书"(学历证书、职业资格证书)人才,鼓励大学生学习园林绿化专业技能,成为能动脑动手的双料人才。

全市园林绿化系统多层次、多渠道开展在职专业技术人员继续教育,建立科技人员终身教育体系。以学科带头人、优秀中青年专业技术人才继续教育为重点,提高他们的创造能力和业务水平。继续教育记入专业技术人员个人业务考绩档案,作为专业技术职务聘任、晋升的必备条件。结合职称考评、专业考试、培训,引导业内专业技术人员自觉参加继续教育更新知识。

2004年,市绿化局提出"关于进一步加强绿化人才队伍建设的意见",坚持"人才资源是第一资源"理念,抓住培养、吸引、用好人才三个环节,加强人才资源能力建设,缓解各类人才短缺现象,为开创上海城市园林绿化发展新局面提供人才保证和智力支持。在生态园林、园林设计、园林植物保护、园林植物、动物行为生态学等学科形成国内有影响的技术领军人才,建设一支以优秀中青年学科带头人为核心的技术专家群体和科研应用技术领域的创业型人才队伍。上海动物园、上海植物园、上海市园林科研所以建成国内一流为目标,形成与之相适应的专业技术人才队伍。全市形成一支以高级技师、技师为重点,高级工为骨干,中级工为主体的技术工人队伍,培养园林植物养护、园林病虫害防治、园林花卉等能工巧匠。同年,上海园林(集团)公司整体划转上海建工(集团)总公司。

2005年,全市园林绿化系统具有大专以上学历以及中级以上专业技术职称的各类人才总数493人。其中,享受国务院特殊津贴专家17名、教授级高级工程师24名、高级工程师79名,40岁以下占55.7%,提升幅度较大。中青年专业技术人员主持,以"骨干"参与园林绿化重大工程、课题研究的比例逐年提高。

2006年,市绿化局制定《上海绿化林业专业技术带头人评选实施办法》《上海市绿化林业中青年创新和科技论坛奖实施办法》,面向全市全行业开展园林绿化专业技术学科带头人评选活动,评出12名有较高学术造诣,成绩显著,对学科发展起核心及骨干作用的高级人才。给予学科带头人一定的项目支持和资金配套,鼓励和支持学科带头人申报承担国家以及地方、部门的重要科研、重大工程,鼓励和引导学科带头人围绕园林绿化发展前瞻性课题和技术性瓶颈问题有针对性地开展工作,提升自主创新能力。与中科院搭建人才培养交流平台,有计划、有重点选送学科带头人到国外研究机构、高校进修深造,支持学科带头人参加高级研修班、学术论坛和学术讲座。发挥学会、协会、科研院所作用,促进学科带头人之间的沟通、交流。建设中评委专家库，成为培养、锻炼优秀学科带头人和中青年专业技术人才的舞台，使职称评审社会化、开放、公正，让体制外优秀人才进入视野。

2007年通过重点课题、重大项目和经费支持，为领军人才发挥作用创造条件，培养、造就一批学科带头人，带动整个专业技术人才队伍建设。

根据市园林局《1999—2010年人才发展规划》，2010年全市园林绿化系统具有专业技术职称人员达1 170余人。其中，高级职称人员250余人，约占20%；中级职称人员达600人，约占55%。

第二节　装　　备

一、园林绿化设备

20世纪50年代，由上海园林工具厂研制的登高车，试用于树木修剪作业。1979年研制的机动铡草机，体积小巧、性能稳定、操作方便。1983年研制的新型温室，材料耐腐蚀、采光足、密封性好、拆卸便利。1986年研制安装在杨浦公园温室的温冷板、风机的性能接近进口同类产品水平。80年代研制的树枝粉碎机，在徐汇区园林所、上海动物园试用，能粉碎10厘米以内树枝。90年代，市园林局委托上海船舶研究所研发、设计树枝粉碎机，由江苏泰州一厂家生产数台，在上海动物园、杨浦区园林所试用；市园林局及浦东新区、杨浦、徐汇、普陀区等园林绿化管理部门从国外引进大型树枝粉碎机。

21世纪初，随着上海城市园林绿化事业快速发展，陆续引进国外园林机械，一些施工、养护企业开始使用小型机具，有用于草坪修剪、养护的割草机、割灌机，用于植物保护的喷药机，用于绿篱修剪的绿篱机等。

2004年，"上海绿化养护作业机械化实施策略研究报告"课题分析国内外园林绿化养护作业机械化现状，对上海园林绿化养护作业机械化需求进行可行性评估，提出实现机械化作业的相关对策。

2006年始，上海引进日本爱知高空作业车、美国捷菲高空作业车，用于行道树修剪作业。从加拿大引进一台深根施肥机，用于绿地、行道树深根施肥，轮流在各区开展试验；一台大型喷雾车，用于大规模病虫害防治。同时，自主研发新型园林喷洒车一台，采用单独的药剂箱，可根据需要与水混合，进行精细化喷药作业，在喷药与洒水、浇灌转换时无需清洗水箱，具有工作效率高、覆盖范围广、射程远、雾粒细等特点，其功能与引进的国外机械设备相比提升较大。

2009 年编制的《上海绿化林业养护机械装备"十二五"发展规划》，总结回顾园林绿化养护机械化发展及问题，提出总目标、装备类型、配置标准及配置量等建议与实施保障措施。

2010 年，上海以世博会为契机，依托"世博"资金，共采购园林绿化机械 22 个大类，合计 567 台（辆、套），涵盖高空作业、日常养护、运输、清扫、修剪、施肥、灌溉、植保、树枝粉碎、草坪养护等作业岗位，全部发放至 17 个区县及 5 个市属单位。同时，根据发放的机械特点，针对高空作业车、树枝粉碎机、园路清扫车、深根施肥机、树木扶正器等操作应用进行培训，共培训 300 余人次。

至 2010 年，全市园林绿化系统共有园林绿化养护机械装备 2 265 台（辆、套；详见表 10 - 1）。

表 10 - 1　　　　2010 年上海市园林绿化养护机械装备配置情况表

运输类车辆（台）	卡车	260
	随车吊	1
综合养护及应急抢险类车辆（台）	—	3
高空作业类车辆（台）	—	11
喷灌、喷雾、注射类机械（套）	洒水车	25
	中小型喷雾车	392
	多功能土壤施肥机	20
草坪养护类机械（套）	草坪修剪机	783
切割、修剪类机械（套）	大型树枝粉碎机	44
	小型树枝粉碎机	682
保洁类机械（套）	园路清扫车	42
其他机械（套）	—	2
合　　计		2 265

二、游乐设施

1998 年，上海市质量技术监督局通报闸北公园发生游艺机不当运营导致严重伤人事故；对全市 11 座公园 151 个游艺机项目进行全面检测，提出规范操作管理、规范机械安全等要求。

2010 年，上海市公园管理事务中心成立，设游乐设施科，负责对全市公园绿地游乐设施的督促检查工作。为加强全市大型游乐设施运营安全管理，防止、减少事故，保障市民、游客生命、财产安全，市政府发布《上海市游乐设施运营安全管理办法》，明确以大型游乐设施开展经营性运营的企业、个体工商户及其他单位须按法律、法规、规章及安全技术规范、强制性标准的要求从事运营活动，对运营安全承担责任。加强设施的注册登记，购买租赁，安装要求，监督检验及人员配备、培训等管理；加强安全运营的应急预案演练，安全防护措施，安全注意事项，操作、维修保养，安全管理人员职责，事故处理，场地提供者责任等管理；加强监督的隐患告知、安全检查巡查、监督措施、举报处置、信息公布等管理；加强对运营单位、承办单位、场地提供者、检验检测机构、行政等违法处罚。全市推行大型游乐设施安全责任保险制度。

第十一章　单位与团体

　　1978 年园林绿化系统内部企业在市场化改革前,人员、身份属事业单位编制,存在政企不分、企事不分等现象。1985 年始探索多种经营,1992 年由上海大观园、上海市园林工程公司、上海市园林设计院、上海市花木公司、上海浦东园林开发公司、上海园林商业服务公司、上海市新都园林房地产实业公司等联合组建上海园林(集团)公司。1995 年,由市政府、国家林业总局和园林集团公司共同出资,合作组建上海野生动物园发展有限责任公司。2004 年,上海园林(集团)公司整体划转上海建工集团总公司。2009 年,上海园林(集团)公司改制为上海园林(集团)有限公司。至 2010 年,园林绿化行业主管的学会、行业协会和专业协会有 6 家。

第一节　单　　位

　　1978 年以后,园林花木生产、销售和园林工程设计、施工逐步进入市场,不同经济成分的经营主体不断增加。20 世纪 90 年代,园林系统的设计、施工单位进入园林集团公司,2000 年后逐步走向市场,2004 年后脱离事业编制成为真正的企业。至 2010 年,根据上海市建设工程交易中心园林绿化分中心的统计,上海四级以上资质的园林企业有 395 家,其中拥有园林绿化一级资质的企业 33 家、二级企业 104 家、三级企业 258 家。外地进沪园林施工企业 70 余家,从业人员近 1 万人。另外,上海市园林绿化行业协会提供的会员登记情况表明,共有从事园林绿化业务的企业 403 家,涉及园林绿化设计、施工、养护、苗木、资材等方面。本节仅选介原园林绿化系统转制企业(集团)、合资企业及组织关系挂靠的央企子公司。

一、事业单位

上海市环城绿带建设管理处　1995 年 10 月,市政府成立上海市外环线建设领导小组,下设外环线环城绿带建设指挥部,由市建委、市园林局领导分别担任正、副指挥。

1996 年 12 月 1 日,市编委同意市园林局建立上海市环城绿带建设处,为自收自支事业单位,内设办公室和建设科。人员编制 30 名。

2000 年 6 月 19 日,上海市环城绿带建设处更名为上海市环城绿带建设管理处(以下简称"市绿带建管处")。逐步增设计划建设科、绿带管理科、总工室、人事科等部门。

2009 年 12 月 28 日,市绿化市容局发文,明确市绿带建管处的主要职责为:具体负责环城绿带的建设管理和建成绿带的行业管理,组织实施绿带安全、病虫害防治、防火等相关工作,参与研究制定环城绿带养护管理的相关标准;对环城绿带日常养护进行技术指导与服务等。

市绿带建管处设 6 个内设机构:办公室、总工室、计划建设科、绿带管理科、财务科、组织人事科。人员编制定为 30 名。

上海市绿化林业工程管理事务站　1992 年 6 月 29 日,为加强全市园林绿化行业管理,理顺园林绿化工程质量监督和定额管理,市建委同意成立上海市园林绿化工程质量监督站和上海市园林绿化定额管理站,业务上受上海市建设工程质检总站和上海市建设工程定额管理总站归口管理。

1993 年 5 月 20 日,市编委同意建立上海市园林绿化工程管理站,该站为事业单位,经济上实行独立核算、自收自支,人员编制定为 30 名。机构级别定为相当于副处级。其主要职责是:受理全市和来沪的外省市的绿化施工企业资质审查;制定和修改绿化工程质量标准,绿化工程质量监督和验收;制定和修改绿化定额,监督和检查定额执行情况。

1996 年 10 月 9 日,市园林绿化工程站将定额管理职能和 5 名事业编制额划归上海市建设工程定额管理总站。1997年6月16日,市编委同意市园林绿化工程站人员编制由30名调整为25名。

2005年5月24日,市建委同意上海市园林绿化工程质量监督站更名为上海市园林绿化工程安全质量监督站,并增加安全监督和管理职能。

2009年7月29日,市编委同意上海市园林绿化工程管理站更名为上海市绿化林业工程管理事务站(以下简称"市绿化林业工程管理站")。

上海市绿化管理指导站　1963年,为加强市中心城区行道树的管理,建立市园林处行道树养护队,1979年3月改为上海市行道树养护队。

1986年3月5日,市编委同意市园林管理局行道树养护队更名为上海市绿化管理指导站。编制调整为140名,属事业编制。

2010年2月3日,市绿化市容局发文明确上海市绿化管理指导站主要职责有:负责全市古树名木和后续资源的保护、管理;行道树养护、街道绿地和群众绿化的技术管理与指导;绿化有害生物调查与监测预报,突发事件的应急处置及有害生物防控技术的推广应用;绿化知识科普宣传工作等。

市绿化管理指导站设7个内设机构:办公室(财务科)、古树名木保护管理科、科技信息科、植物保护科、技术指导科、培训科、总务科。人员编制为120名。

上海市公园管理事务中心　1981年4月6日,为对全市公园实施规范化管理,市编委批准市园林局内设机构公园管理处改为事业单位,定名为上海市公园管理处,人员编制定为40名。级别为县团级。负责对全市公园实施宏观管理,并直接管理市属公园。

1986年7月26日,市园林局对该单位内设机构进行调整,同意行政部门设8个内设机构:办公室、园艺科、业务科、财务科、基建科、人事教育科、保卫科、服务社。同年12月31日,市编委核定人员编制为86名。

2009年7月29日,市编委发文同意上海市公园管理处更名为上海市公园管理事务中心。同年,市绿化市容局对该单位主要职责、内设机构和人员编制作了规定。主要职责:负责指导监督上海公园的日常养护、经营、管理;拟定公园管理各类人员的岗位标准和规范,开展技术和技能培训工作;对公园和绿地内非检测游乐设施的运营管理和监督指导等工作。公园管理事务中心设4个内设机构,即办公室(财务科)、游乐设施科、综合业务科、服务管理科。人员编制定为

20 名。

上海市园林科学研究所　为加强对绿化病虫害的防治、园林植物引种驯化和土壤的研究,1979 年 8 月 10 日,市委组织部同意建立上海市园林科学研究所(以下简称"园科所"),与龙华苗圃(1979 年 12 月 14 日更名为上海植物园)一套机构、两块牌子。

1986 年 3 月 24 日,上海市编制委员会同意园科所同上海植物园分开,单独建制,编制定为 140 名。属事业编制。同年 12 月 29 日,市园林局批复同意设置所长办公室、总务科,专业研究室机构根据改革和科研任务自行拟定。1988 年 11 月 29 日,新增基建科、技术开发科两个内设机构。

2009 年 12 月 29 日,市绿化市容局发文,明确园科所主要职责有:承担绿化、林业的相关技术开发应用研究工作;园林新优植物引种驯化及繁育栽培应用研究和推广;有害生物预警监测与植物保护基础应用技术研究;绿地、林地土壤检测、监测,枯枝落叶等利用,土壤介质、营养配置技术应用研究和推广应用等工作。

园科所设 8 个内设机构:办公室、科技管理科(转化应用部)、财务管理科、园林信息服务部、园林植物研究部、土壤营养研究部、植物保护研究部、生态环境研究部。人员编制定为 140 名。

园林杂志社　1984 年,市园林局决定创办《园林》杂志,组建编辑部。同年 8 月出版试刊,12 月 7 日,市编委批复市园林局,同意《园林》编辑部编制为 12 名,属事业编制。2009 年 7 月,市编委批复市绿化市容局机构改革后所属事业单位相应调整时园林杂志社锁定现有人员(8 名),只出不进,逐年核减。

二、公园管理单位

上海动物园　1953 年 3 月 20 日,外交部批准上海市人民政府外事处收回新泾区高尔夫球场,同年 10 月,市政建设委员会决定在原址辟建一座文化休息公园,1954 年 5 月 25 日公园对外开放,定名西郊公园。

1979 年 12 月 14 日,中共上海市委组织部同意西郊公园更名为上海动物园。

1986 年 12 月 31 日,市编委核定动物园事业编制为 610 人。上海动物园设

9 个内设机构：办公室，人事教育科、保卫科，财务科，总务科，饲养管理科，园容管理科，基建维修科，兽医院，服务社。1990 年 12 月 17 日，上海动物园编制由610 名调整为 660 名。

2001 年 12 月 14 日，市绿化局根据绿化行业"管理层与作业层分开"的实施方案，研究决定建立上海动物园管理处。

2004 年 1 月 12 日，市编委同意上海动物园更名为上海动物园管理处，人员编制由 660 名调整为 272 名。

2009 年 7 月 29 日，市编委发文同意，上海动物园管理处更名为上海动物园。人员编制由 272 名调整为 220 名。

同年 12 月 28 日，市绿化市容局发文，明确上海动物园主要职责有：承担动物园的发展规划编制并组织实施；园容园貌建设，野生动物展览展示、环境教育、科普宣传和对外交流；开展珍稀濒危物种保育、野生动物驯养繁殖科学研究，承担国家级陆生野生动物疫源疫病监测站建设维护，监测、预警和防控工作；国家和地方重点保护野生动物移地保护和全市野生动物救助收容等工作。

上海动物园设 8 个内设机构：办公室、人事保卫科、经济管理科（财务科）、科技信息科、动物繁育保护科、科普宣传科、兽医院、园容园建科。人员编制控制数为 160 人。

上海植物园 1974 年 3 月 5 日，市革委会同意将龙华苗圃改建为上海植物园的规划。1975 年 2 月 13 日，市园林管理处正式成立上海植物园筹备组。

1979 年 12 月 14 日，市委组织部同意将龙华苗圃更名为上海植物园。1980 年元旦，上海植物园筹备组撤销。

1986 年 12 月 31 日，市编委核定上海植物园为事业单位，编制数为 875 名。

2001 年 12 月 4 日，市绿化局根据全面推进绿化行业"管理层与作业层分开"的实施方案，决定建立上海植物园管理处。

2004 年 1 月 12 日，市编委同意，上海植物园更名为上海植物园管理处，人员编制由 753 名调整为 143 名。

2009 年 7 月 29 日，市编委发文同意，上海植物园管理处更名为上海植物园，人员编制从 143 名调整为 100 名。

同年 12 月 28 日，市绿化市容局发文，明确上海植物园主要职责有：承担植物园的发展规划编制并组织实施,园容园貌建设,珍稀濒危植物物种的迁地保育和收集、展示,植物科学、园艺技术研究,组织开展有关自然保护和植物科普宣传教育。

上海植物园设 6 个内设机构：办公室、财务科、经营策划科、园艺科、基建科、科研中心。人员编制控制数为 60 人。

上海共青森林公园 1980 年 5 月 31 日,市建委批准,将共青苗圃改建为共青森林公园。1986 年 10 月 1 日,共青森林公园建成开放。同年 11 月,中共中央总书记胡耀邦为公园题写园名。1986 年 12 月 31 日,市编委核定共青森林公园为事业单位,编制数为 546 名。1994 年 9 月 28 日,市编委同意上海共青森林公园的机构级别定为相当于处级。

2001 年 11 月 13 日,市绿化管理局发文,决定建立上海共青森林公园管理处。

2004 年 1 月 12 日,经市编委同意,上海共青森林公园更名为上海共青森林公园管理处,人员编制由 546 名调整为 87 名。

2009 年 7 月 29 日,市编委批复,上海共青森林公园管理处更名为上海共青森林公园,人员编制从 87 名调整为 50 名。

12 月 28 日,市绿化市容局发文,明确上海共青森林公园主要职责有：承担共青森林公园的发展规划编制并组织实施;园容园貌建设;组织开展自然保护和植物科普宣传教育;负责公园经营服务管理、安全管理等工作。

上海共青森林公园设 4 个内设机构：办公室、财务科、园容园建科、经营管理科。人员编制控制数为 30 名。

上海古猗园 1967 年 1 月,上海古猗园改名为南翔公园,1977 年恢复为古猗园园名。

1986 年 12 月 31 日,市编委核定古猗园为事业单位,编制数为 200 名。

2001 年 11 月,市绿化局根据全面推进绿化行业"管理层与作业层分开"的实施方案,决定建立上海古猗园管理处。

2004 年 1 月 12 日,经市编委同意,上海古猗园更名为上海古猗园管理处,人员编制由 200 名调整为 46 名。

2009 年 7 月 29 日,市编委发文同意上海古猗园管理处更名为上海古猗园。

同年 12 月 28 日,市绿化市容局发文,明确上海古猗园主要职责有:承担古猗园的发展规划编制并组织实施;园容园貌建设,园区古建筑设施维护;负责公园经营服务管理、安全管理等。

上海古猗园设 4 个内设机构:办公室、财务科、园容基建科、经营管理科。人员编制控制数为 22 名。

上海滨江森林公园 2006 年 1 月 26 日,为加快上海生态型城市建设,改善城市生态环境质量,为市民提供风光、湿地景观、休闲娱乐、科普教育的园林空间,市编委同意建立上海滨江森林公园。机构性质定为事业单位,人员编制核定为 20 名。

2007 年 3 月 28 日,公园一期建成并向社会开放。

2009 年 12 月 29 日,市绿化市容局发文,明确上海滨江森林公园主要职责:承担公园的发展规划编制和实施,公园的基础设施、园容园貌建设和日常维护管理;具体负责相关的科研、科普宣传教育活动,公园的经营管理、安全管理和国有资产管理,对进入滨江森林公园服务的作业企业的监督、检查和考核等。

上海滨江森林公园设 4 个内设机构:办公室、园容基建科、财务科、经营科。人员编制为 30 名。

上海辰山植物园 2006 年 1 月 26 日,为进一步提升上海植物科学研究水平,建设集科研、科普、游览等功能于一体的综合性植物园,市编委同意建立上海辰山植物园(筹),机构性质为事业单位,人员编制核定为 50 名。

2009 年 7 月 29 日,市编委发文,同意上海辰山植物园(筹)更名为上海辰山植物园。

主要职责为:承担辰山植物园的发展规划编制并组织实施;园容园貌建设;植物科学研究、种源保存、开发和园艺技术发展;组织开展有关自然保护和植物科普宣传教育;负责辰山植物园(中科院辰山科研中心)理事会的日常事务等工作。

上海辰山植物园设 7 个内设机构:办公室、市场部、园艺部、物业部、财务部、信息中心、科研中心。人员编制为 130 人。

三、公益类事业单位

上海市绿化和市容管理信息中心 1991 年 1 月 13 日,市环卫局成立信息中心,人员编制暂定 6 名。其主要职能:负责指导和协调系统内各单位的信息数据的采集、存储和处理,与局机关各职能处室的信息交流与处理;负责建设上海市城市环卫信息系统。

1997 年 6 月 16 日,市编委同意建立上海市环境卫生信息中心,该中心为事业单位,人员编制定为 15 名。其主要职能:根据上海环卫总体发展规划、承担上海环卫计算机信息与技术发展规划的制定工作;负责上海环卫基础信息及综合信息数据的采集、存储、统计和汇总工作,为市环卫局综合统计及时提供准确的数据,并受局的委托发布统计信息;承担处理上海城市建设信息系统环卫子系统的一切相关事务等工作。

2001 年 3 月 28 日,市编委同意将上海市环境卫生信息中心更名为上海市市容环境卫生信息中心。

2004 年 12 月 22 日,市编委同意建立上海市绿化信息中心。该机构为事业单位,人员编制定为 15 名。其主要职能:编制实施绿化(林业)系统信息化建设的规划,负责绿化(林业)信息采集、处理、分析和发布等工作。

2009 年 1 月 13 日,上海市市容环境卫生信息中心、上海市绿化信息中心划入上海市绿化和市容管理局。同年 7 月 29 日,市编委发文,撤销上海市市容环境卫生信息中心事业单位建制,上海市绿化信息中心更名为上海市绿化和市容管理信息中心,人员编制定为 28 人。其主要职能:参与制定上海绿化和市容信息化规划、计划管理规范和行业技术标准,并组织实施和推进;承担本行业综合业务信息的采集、处理、分析和统计,政府网站的建设和维护、业务管理应用系统开发、信息化建设等工作。

上海市绿化和市容信息中心设 4 个内设机构:办公室(财务室)、应用系统开发室、网络系统管理室、信息室。

上海市绿化和市容行政事务受理中心　1998 年 2 月 4 日,为解决市民迫切关心和需要解决的环境卫生难点与热点问题,市环卫局建立投诉中心,具体受理市民的电话投诉、信访、来访及督促整改。

2000 年 12 月 5 日,市绿化局组建投诉举报受理中心。2004 年 6 月 10 日,市绿化局投诉举报受理中心与上海园林绿化监察大队合署办公。统一受理各类绿化投诉举报、咨询建议和行政执法。设 4 个内设机构:受理科、督查科、执法科、办公室。同年7月,更名为上海市绿化林业投诉受理中心。

2005年6月21日,上海市市容环境卫生投诉和质量监督中心更名为上海市市容环境卫生和城管执法服务中心。同年7月1日起,对外受理有关市容环卫和城管执法等方面的市民投诉、咨询服务,按照职责将有关投诉事项等移送相关区(县)市容环卫管理部门或城管执法大队,并负责处理情况的督办工作。

2009年1月13日,上海市绿化林业投诉受理中心与上海市市容环境卫生和城管执法服务中心划入上海市绿化和市容管理局。7月29日,市编委发文,同意上海市市容环境卫生管理局劳动人事服务培训中心更名为上海市绿化和市容行政事务受理中心。

2010年2月3日,市绿化市容局发文,明确上海市绿化和市容行政事务受理中心主要职责有:承担绿化林业、市容环卫和城管执法方面的投诉、咨询和建议的受理处置;网格化管理、行业防台防汛信息处置和管理;违法建筑举报的受理、移送和处理监督;受市绿化市容局(市林业局)委托承担林政行政处罚等工作。

上海市绿化和市容行政事务受理中心设4个内设机构:办公室、信息管理科(网格化中心办公室)、受理科、督查科。人员编定为30名。

上海市绿化和市容宣传教育中心　1984年12月29日,为扩大环卫事业和环卫职工的社会影响,加强舆论宣传工作,出版首期《市容建设报》。1985年2月,上海市委宣传部批准,《市容建设报》自第二季度向社会公开发行,同年3月12日,市容建设报社正式成立,编制定为14名,经费形式为自收自支。4月9日《市容建设报》正式公开发行。1987年7月10日,市编委同意市容建设报社增加编制6名,共20名。级别定为相当于副处级。

1993年2月1日,为加强对全市人民的环卫意识和环卫法规的宣传教育,促进环境卫生水平提高,上海市环境卫生宣传中心成立,为事业单位,经济上独立核算,自收自支。

1994年7月20日,市容建设报社人员编制调整为25名。

1997年1月20日,上海市环境卫生宣传中心更名为上海市环境卫生宣传教育中心,与市容建设报社实行两块牌子、一套班子。其主要职责:编辑、出版《市容建设报》,宣传政府有关环境卫生的政策、法规;承担环境卫生宣传教育的影视、资料的策划、制作；开展全市环境卫生意识教育，提高市民，特别是青少年的环境卫生意识。

1999年1月1日，《市容建设报》停刊，报社人员划归新成立的城市导报社。1月27日，市编委同意建立上海市环境卫生宣传教育中心，该中心为事业单位，经济上实行独立核算、自收自支，人员编制定为15名。2月28日，市容建设报社更名为上海市环境卫生宣传教育中心。

2001年3月28日，上海市环境卫生宣传教育中心更名为上海市市容环境卫生宣传教育中心。

2009年7月29日，上海市市容环境卫生宣传教育中心更名为上海市绿化和市容宣传教育中心。

同年12月28日，市绿化市容局发文，明确市绿化市容宣教中心主要职责有：组织实施绿化、林业、市容环卫、城管执法条例法规、科普教育、环境意识等方面的宣传工作，组织实施行业重大社会动员活动，协助做好行业志愿者队伍的管理，承担绿化、林业、市容环卫、城管执法宣传教育影像资料和专题片的拍摄、制作，承担行业影像资料的收集、管理和利用工作，负责与新闻媒体的联络工作，负责《上海市容》的编辑、发行等工作。

市绿化市容宣教中心设4个内设机构：办公室（财务室）、新闻部、影视部、活动策划部。人员编制为20名。

上海市建设工程交易中心园林绿化分中心　1999年6月22日，为推进上海园林绿化行业改革的深化，实现园林绿化运作机制的市场化、社会化、专业化和法制化，经市建委同意成立上海市建设工程交易管理中心园林绿化分中心，业务上接受上海市建设工程交易管理中心领导。

同年7月28日，市编委同意建立上海市建设工程交易中心园林绿化分中心（以下简称"园林分中心"），该机构为事业单位，经济上实行独立核算、自收自支，人员编制定为15名。

园林分中心主要任务和职责：负责对全市范围内园林绿化工程设计、施工、绿地委托养护的承发包活动及相关的代理活动实施集中管理和服务，监督协调交易各方行为，具体办理交易申请、市场主体资格审查、各类工程信息发布、招投标管理、合同登记和签证、签发交易凭证等。

2009年12月28日,市绿化市容局发文,园林分中心与上海市绿化林业工程管理事务站合署办公,人员编制为10名。

上海市园林职工学校　1984年8月16日,市建委批复同意成立上海市园林职工学校。编制为30人。1995年6月,上海市园林技工学校、上海市园林职工学校保留编制并入上海市园林学校,实行三块牌子(园林学校、技工学校、职工学校)一套班子的管理体制。2001年,上海市园林职工学校回归市绿化局,归并到上海市绿化管理指导站管理。2009年编制确定为15人。园林职工学校承担园林绿化系统干部职工各类岗位、技能培训,累计开展各类培训、竞赛、讲座1 754期,培训101 601人次。

上海市绿化和市容管理局老干部活动室　1987年2月17日,市编委批准建立上海市园林管理局老干部活动室(以下简称"活动室"),人员编制定为4名,属事业编制。主要职责为:负责局系统离休干部的管理和服务工作。2004年11月,活动室主要职责调整为具体负责局机关离退休老干部的日常服务和管理工作,并对基层单位离退休老干部工作进行指导和协调。

2009年7月29日,根据《上海市机构编制委员会关于市绿化局和市容局机构改革后所属事业单位相应调整的批复》精神,上海市园林管理局老干部活动室更名为上海市绿化和市容管理局老干部活动室。同年12月28日,市绿化市容局发文规定:活动室人员编制为8名。其中,领导班子成员职数2名,科级(含)以下人员职务参照机关内部处室管理。主要职责:贯彻老干部工作的方针、政策,具体负责局系统离休干部和机关退休干部的管理和服务工作;协助落实老干部各项政治、生活待遇;具体负责老干部的政治学习、慰问走访、医疗保健和善后工作;完成上级主管机关交办的其他事项。

单位性质为全额拨款事业单位。资金来源由市财政局按照部门预算划款。

四、园林绿化企业

上海园林(集团)有限公司设计院　1992年12月5日,市园林局决定由上海大观园、上海市园林工程公司、上海市园林设计院、上海市花木公司、上海浦东园林开发公司、上海园林商业服务公司、上海市新都园林房地产实业公司等联合组建上海园林(集团)公司,注册资金7 472万元,隶属于上海市园林局。2004年

8月,整建制划转至上海建工(集团)总公司。2009年7月改制为上海园林(集团)有限公司,注册资本8 000万元,拥有国家建设部颁发的城市园林绿化一级企业资质,是一家集园林绿化规划、设计、施工及养护、花卉苗木生产经营为一体的大型园林专业集团公司。2010年,公司在册职工812人。其中技术带头人、享受国务院政府特殊津贴1人、教授级高工5人。工程技术人员占职工总数的34.4%,中高级人才占工程技术人员的68%,中高级技能人才占工人总数的39.4%。

公司成立初期,正值浦东开放开发,上海城市建设高潮,为了开拓新的业务和延伸园林服务业,1993年12月,由上海浦东园林开发公司、上海市花木公司所属北新泾苗圃和三岔港苗圃等合并组建上海园林(集团)公司绿化建设公司(分支机构),并于1997年10月组建成立上海园林绿化建设有限公司。随着公司业务的不断延伸,1995年3月,由上海市人民政府、国家林业总局和园林集团公司共同出资,合作组建上海野生动物园发展有限责任公司。2001年2月,上海市绿化管理局下属上海景观实业发展有限公司交由上海园林(集团)公司托管,2008年9月改制为园林集团控股公司。2003年12月,经市政府批准,上海大观园划转青浦区管理。2004年8月,经市建委、市国资委批准,上海园林(集团)公司整体划转上海建工集团总公司。2006年5月,经建工集团总公司批准,上海市新都房地产园林实业公司划归上海建工房产有限公司。2006年7月,为了拓展新的业务,公司与上海地产(集团)公司共同投资,成立上海地产园林发展有限公司。2009年7月,经上海建工(集团)总公司批准,上海园林(集团)公司改制为上海园林(集团)有限公司。同月,上海市园林设计院改制为上海市园林设计院有限公司。

至2010年7月,公司拥有上海市园林工程有限公司、上海园林绿化建设有限公司、上海市花木有限公司、上海市园林设计院有限公司、上海景观实业发展有限公司、上海新园林实业有限公司、上海野生动物园发展有限责任公司、上海地产园林发展有限公司等子公司(控股)、分公司和苗木中心、技术中心、规划设计中心,以及政工部、总经理办公室、资产财务部、人力资源部、审计部、工程管理部、总承包部等部门。形成具有专业特色的总承包、总集成发展能力,拥有包括风景园林设计甲级、建筑设计甲级、园林绿化施工一级、古建筑一级、建筑装饰设计一级、土石方一级资质,绿化工程养护、监理,以及境外园林建筑工程承包和境内国际招标工程资质等的完备资质,同时拥有在绿化建设方面包括规划、设计、施工、养护、监理、苗木以及配套材料等各环节的业务集成优势。

公司在发展过程中,抓住上海城市生态环境建设的机遇,先后承担市重大建设项目:上海大观园、广场公园、东方绿舟、野生动物园、浦东世纪公园、徐家汇绿地、大宁灵石公园、古城公园、新江湾城绿化、梦清园、四川北路绿地、炮台湾公园、黄兴公园、世博公园、后滩公园、顾村公园、辰山植物园、东方体育中心绿化、虹桥枢纽等市内重大绿化工程。特别是在上海世博会任务中,公司的综合优势得到充分发挥,圆满完成世博公园、后滩公园等总计75公顷绿地和6 000多棵行道树,占世博5.28平方千米86%的绿化建设任务。完成了所有临时绿化的建设、养管,完成世博园区内100%的绿化养护等繁重工作,确保207公顷辰山植物园和170公顷顾村公园一期按时建成开放,为上海世博会的成功举办创造了优美的环境。

同时公司立足上海,服务全国,积极开拓全国市场,先后完成北京、杭州、湖南、青岛、西安和西藏日喀则扎什伦布寺、香港九龙城寨公园等全国20多座城市一大批园林绿化精品工程建设。

公司还积极实施"走出去"战略,先后在德国、俄罗斯、加拿大、法国等20多个国家和地区建造比利时天堂公园、加拿大蒙特利尔"梦湖园"、法国马赛上海园等具有中国特色的古典园林景观。经过多年的发展,公司的年产值实现较大的增长,2010年增长至23.29亿元,利润总额3 836万元。

公司秉持以科技兴企推动企业发展,在一系列重大工程建设中,形成了较丰富的专业技术经验,积累了包括规划、设计、古建筑、大规模土地形态、超大规格乔木移植、特殊苗木移植、土壤改良、反季节施工、特殊地理条件园林绿化等方面的丰富经验;研发和运用了系列绿化工程机械、GRC塑假山技术、大型公共绿地园林实用材料等新产品;对城市湿地空间等特色绿化的研究,新优苗木品种的引进、繁育、推广,丰富了植物的品种,提高了绿地的生态景观效果;整理编辑的《园林建设工法》《黏土抗渗生态河床结构》等获得国家专利,《中国2010上海世博园区绿地规划与建设中的关键生态技术创新与集成应用》获得上海市科学技术奖一等奖,《世博园区地下空间的综合利用和开发技术》获得上海市科学技术奖二等奖,上海野生动物园获得首批国家 5A 级旅游景区,成为全国旅游行业十大影响力品牌。

公司先后获得全国、上海市五一劳动奖状、全国园林绿化先进集体、上海市立功竞赛金杯公司、中国国家建筑鲁班奖、"詹天佑"大奖、中国市政工程金奖、上海市市政工程金奖、上海市白玉兰奖等一大批奖项,以及英国国际园艺节"奥斯卡"奖、日本大阪世界园艺博览会金奖等。涌现出一批全国劳模、上海市劳模等先进人物,野生动物园施燕班组获得建设部、团中央"全国青年文明号——施燕班组"称号。

在生态文明核心理念引导下,公司形成具有自身特色的"生态园林,美丽中国"的企业使命;"和谐、创造、卓越"的核心价值观;"科学、协同、敬业、创新"的企业精神;"严谨、团结、务实、高效"的企业作风。企业文化与各项制度规范相辅相成,共同制约和倡导员工的观念和行为,引导员工为进一步提升"上海园林"品牌,展示"中国园林"风采而不断努力工作。

公司注册地址:上海市浦东新区浦建路 454 号;办公地址:制造局路130 号。

上海野生动物园发展有限公司　上海野生动物园发展有限责任公司(以下简称"公司")是以上海野生动物园景区建设为主,集动物饲养、展览、珍稀动物繁育研究与保护及其相关旅游产品开发、配套服务等为一体的旅游服务公司。位于上海市浦东新区境内。公司于 1995 年 3 月由上海市人民政府和国家林业部合作组建,委托上海建工(集团)总公司和中国野生动物保护协会共同经营,行政业务由上海园林(集团)公司管理。工商注册登记地址为上海市浦东新区宣桥镇。注册资金 1.5 亿元人民币,其中上海建工(集团)总公司出资 1 亿元占66.67%,中国野生动物保护协会出资 0.5 亿元占 33.33%。董事长臧道华,总经理宋德彰。上海野生动物园于 1995 年 11 月 18 日正式对外开放,列入上海及周边地区"十佳"新景点。

公司实行董事会领导的总经理负责制,设一室八部:党政办公室、企划发展部、人力资源部、计划财务部、经营管理部、市场营销部、综合管理部、动物管理部和表演管理部。至 2010 年,公司职工总数 460 人。公司下属全资子公司上海野生动物园广告有限公司,主要业务是为公司宣传提供设计和制作等。

公司为全国野生动物园协会主任单位，上海市旅游景点协会会长单位，先后获得上海市文明单位、上海市职工最满意企（事）业单位、上海名牌、上海平安单位、上海市模范职工之家、全国科普教育基地等荣誉。

第二节　团　　体

一、学会

【上海市风景园林学会】

1985 年 3 月 19 日成立，为上海风景园林工作者自愿组织的学术性、科普性现代科技社团，中国风景园林学会和上海市科学技术协会团体会员。2010 年，业务主管单位为上海市绿化和市容管理局。共有个人会员 1 250 余名，其中教授级高级技术职称者 34 名、高级技术职称者 268 名、中级技术职称者 645 名，团体会员 74 家，理事长陈敏。专家库成员 106 名，高级会员 168 名。学会地址：制造局路 130 号。

学会前身为上海市园林学会（1985—1995 年），二级学会，理事长严玲璋。1995 年更名为上海市风景园林学会，一级学会，第一届理事长胡运骅，第二届理事长严玲璋，第三届（2004—2006 年）理事长严玲璋，第三届（2006—2008 年）理事长陈敏，第四、五届理事长陈敏。

学会主要从事风景园林学科理论研究和实践探索，学科专业范围主要为风景园林、旅游和艺术理论，园林历史与大地景观，园林规划设计，教育，园林建设、园林工程、园林植物、园圃动物、园林花卉、园林科普与科技信息，城市绿地系统，城市生态系统，全市公园系统，风景园林法规，经济与管理等。

学会设组织工作委员会和城市绿化、规划设计、教育、经济与管理、园林工程、园林植保、园林植物、动物、园林科技咨询和科普信息等 10 个专业委员会。不定期编印《上海风景园林》会刊，协办《园林》《绿化参考》《绿化技术与管理》，编撰"十一五"国家重点图书《城市园林绿化工作手册》以及《走近园林》《上海风景园林名家》《我的园林人生》书籍等。

学会开展国内外学术交流活动，创办"风景园林大讲坛"，提供科技咨询服务,举办各类论坛讲座。2007 年始,学会每年 4 月开展"世界风景园林月"活动。2008 年 8 月,学会协助组织、研究的《新江湾城生态保育与恢复技术研究》,获得国际风景园林师联合会主席奖(一等奖)。学会连续三届获得中国风景园林学会先进集体,连续四次被评为市科协三星级会员等。

学会经济与管理研究专业委员会自 1985 年成立始挂靠市园林绿化管理部门,办事机构(秘书处)设在学会。学会每年组织该专业委员会年会(中国风景园林学会年会分会场),评出全国获得"优秀管理奖"的风景园林管理单位 110 余家。

【上海市园艺学会】

成立于 1956 年 10 月 14 日,学会是由全市园艺科技工作者自愿组成的学术性社会团体,会址在南昌路 47 号科学会堂内,有团体会员 14 个,个人会员 556 人。学会机构除办公室外,设 11 个专职和专业委员会,下属组织有月季、盆景、插花、柑橘、百合等 5 个协会或研究会。朱雄为学会首届理事会理事长。学会挂靠上海市园林局。学会的宗旨是团结组织园艺科学工作者,促进园艺科学技术的发展、普及推广,促进科技人才的成长和提高。1990 年起学会挂靠上海市农科院,2005 年起挂靠上海市林业总站。至 2009 年,学会先后换届 8 次。2010 年 3 月,学会召开第九届会员代表大会,选举产生由 40 名理事组成的第九届理事会,谭琦任理事长。学会有团体会员 43 个,个人会员 466 人。学会机构除秘书处外,设有学术工作委员会以及蔬菜、果树、绿化园林、食用菌、西甜瓜、观光园艺、采后保鲜、设施园艺、虫艺 9 个专业委员会。学会网站：www.shyyxh.sh.cn。

市园艺学会每年组织开展学术交流、科学普及、技术培训、课题研究等方面活动。1991 年起,学会共组织召开 7 次学术年会,每次年会都编印《上海市园艺学会年会论文汇编》。2007—2010 年,上海、浙江、江苏两省一市园艺学会共举办 4 届长三角园艺论坛,对促进长三角园艺产业发展和科学研究的合作与交流发挥了积极作用。2010 年 8 月,学会与中国葡萄分会等共同组织"第十六届全国葡萄学术研讨会";学会与亚洲园艺学会共同主办以设施园艺及环境控制为主题的"第二届中日韩联合研讨会"。学会示范推广科技新成果、新技术,为基层科技人员和市郊农民开展技术培训、科普宣传,开展优质瓜果评比活动,推动瓜果生产的标准化、品牌化、规模化。2010 年 12 月 19—22 日,学会分两批组织 28

人次赴中国台湾地区考察台北花博会及果树生产基地,开展两地园艺技术交流活动。

表 11-1　　1981—2010 年上海市园艺学会第三届至第九届理事长秘书长情况表

届　次	日　　期	理事长	副 理 事 长	秘书长
第三届	1981.3—1985.12	吴振千	李秩国、刘日新、郑恭、庄恩及	李秩国
第四届	1985.12—1990.9	吴振千	李秩国、郑恭、庄恩及	沈延松
第五届	1990.9—1997.1	庄恩及	吴振千、徐道东、丁德富	沈延松
第六届	1997.1—2001.5	钱丽珠	孔庆惠、丁德富、徐道东	沈延松
第七届	2001.5—2005.12	潘迎捷	蔡友铭、郑林森、郁樊敏、丁德富	李世诚
第八届	2005.12—2010.3	蔡友铭	沈烈英、郁樊敏、郑林森、黄丹枫、谭琦、范红伟、王世平、余纪柱	沈烈英
第九届	2010.3—	谭琦	朱建华、陈德明、王世平、陆峥嵘、黄丹枫、朱为民、冯志勇、胡永红	朱建华

二、行业协会

【上海市园林绿化行业协会】

2003 年 8 月,上海市园林绿化行业协会成立,业务主管单位为上海市绿化管理局,主要吸收行业内相关单位入会。会长臧道华。协会地址:制造局路130 号。

协会成立初期单位会员 136 家,理事单位 25 家。2007 年,协会理事单位 60 家;2010 年,协会单位会员 407 家,涉及园林绿化设计、施工、养护、苗木、资材企业等。

协会设分支(派出)机构有青浦区、南汇区(2009 年南汇、浦东新区合并后注销)、浦东新区、虹口区联络处,以及绿化装饰、苗木、风景园林规划设计等专业委员会。

协会办《协会动态》(内部资料,月刊,2007 年停刊)、《绿色东方》(内部资料,月刊),协会网站 www.slagta.com。

【上海市公园行业协会】

上海市公园行业协会,2004 年 3 月 30 日成立。业务主管单位为上海市建设和管理委员会。2009 年变更为上海市绿化和市容管理局。主要吸收上海市区域内负责公园经营管理和绿化养护的事业单位、国有企业以及民营企业入会，会员单位 140 家。会长时建设。协会地址：建国西路 156 号。

协会前身为上海市公园协会，1995 年 4 月成立，业务主管单位为上海市园林管理局，主要吸收市直属公园、区县园林系统主管的公园单位入会。

协会成立后，承担上海市公园日常检查考核，评定、复评星级公园，以及区县"五一""十一"公园花坛花境评比竞赛组织工作等。参与世纪公园举办第三届国际立体花坛大赛组织、协调，以及河南开封举办第十届全国菊花展布展工作等。

协会为中国公园协会常务理事单位，设游艺游乐设施专业委员会（定期组织安全检查、培训等）和闵行联络处 2 个分支（代表）机构，办《上海公园》杂志（季刊），被中国公园协会评为首届"我心中最美公园"摄影大赛活动优秀组织单位等。

三、专业协会

【上海市盆景赏石协会】

上海市盆景赏石协会，是具法人资格的群众性学术团体，业务主管单位为上海市绿化和市容管理局。协会在册会员 1 100 余人，常务理事单位 12 家。会长陆明珍，有全国盆景艺术大师 4 名、全国赏石名家（大师级）4 名。协会地址：绍兴路 62 号。

协会前身为上海市盆景协会，1962 年 10 月成立，是国内最早成立的盆景行业群众团体组织之一。"文化大革命"期间被迫停止活动，1980 年 5 月复会。1982 年，经全国盆景专家会议鉴定，上海盆景风格被命名为"海派盆景"，成为全国盆景五大流派之一。为适应盆景事业持续发展，2002 年 12 月，协会向上海市民政局提交"将赏石归入协会的更名报告"，2003 年 2 月，经市民政局批准，上海市盆景协会更名为上海市盆景赏石协会。

协会设盆景和赏石 2 个专业委员会，接受市绿化市容局和中国风景园林学会花卉盆景赏石分会业务指导。协会自 1985 年至 2013 年参加国内外举办的盆景、赏石评比展览等 68 次，参展作品 4 147 件，获得奖项 1 181 个。

协会定期以及不定期举办各种形式、各类学术讲座和实践操作活动，编辑

《上海盆艺》画报、《上海盆景赏石》期刊和《中国海派盆景与赏石》书籍等，2009年开设"上海市盆景赏石"网站。

【上海市插花花艺协会】

上海市插花花艺协会，业务主管单位为上海市绿化和市容管理局。有中国资深插花花艺大师 1 名、中国插花花艺大师 6 名。协会前身为上海市插花协会，1987 年 2 月 6 日在人民公园举行成立大会，个人会员 95 人，首任会长蔡仲娟。2010 年，市绿化市容局推荐冯肃伟接任协会会长（2011 年 3 月完成法人变更）。

协会设办公室、展览部、学术部以及区办事处，主要从事普及插花花艺知识，提高插花花艺技艺，举办插花花艺活动，培养插花花艺人才，提供插花花艺景观设计、布置、咨询服务，开展专业以及群众插花比赛、表演、教学、培训、研究和交流活动等，和上海市绿化指导站合作成立上海市插花艺术进修学校。

协会和卢湾区政府、市绿化市容局、上海市国际友城会等举办"花之韵"国际插花艺术展，参与上海世博会、昆明园博会等并获奖，编撰《中国插花艺术》书籍等。

【上海市月季花协会】

1980 年 12 月经市园林管理局批准成立，有会员 348 人。协会的宗旨是团结全市月季花爱好者，普及月季花的科学知识，和国内外月季花协会进行学术和品种及技艺交流，为实现上海绿化、美化以及精神文明建设做出贡献。1989 年年底向市民政局提出注册登记，后经复查，市民政局于 1991 年同意登记，并发给社会团体法人登记证，法人代表许恩珠，秘书长钱祖康。会址在雁荡路 105 号复兴公园内。

协会每年都举办月季展览，展出各种盆栽月季、切花月季、装饰性插花月季，至 1993 年已举办 12 届，每届都有数万人参观。协会先后举办大型讲座 5 次，并经常组织会员相互观摩，切磋技艺，确定月季的系统分类，相互交换或转让新品种或名贵的扦条、花芽。协会与市花木公司、《园林》杂志社合作，先后出版过《月季专刊》3 期，每期印数 5 000 册。协会于 1984 年与美国旧金山月季协会缔结姐妹关系，曾多次相互交流经验和交换月季新品种。经协会多年参与和努力，全市的月季品种得到较大扩展，从 1980 年的 200 多种，至 1995 年增至 1 000 多种。为全市月季花爱好者相互学习交流、普及和推广月季花的栽培、育种知识提供了平台;为增进各国人民之间的友好往来,进行国内外各月季花协会之间进行学术、品种和科技情报等方面的交流发挥积极的作用。2000 年以后,会员人数逐年下降,协会处于停止状况。2004 年 10 月,由卢湾区绿化管理局牵头,向市建设管理委、市民政局、市技监局申请复会并办妥手续;年底举行了协会换届选举的筹备工作会议。2005 年 8 月,召开协会换届选举暨会员代表会议,选举产生新一届协会理事,以及理事长、秘书长人选并上报市建设管理委审核通过;办理协会住所变更手续。8 月 18 日,上海市月季花协会第三届理事会第一次会议选举陈整鸣为理事长,韩国平为秘书长,李海根为副秘书长。同月,向上海市社会团体管理局办理协会法人变更手续,注册地址为皋兰路 2 号复兴公园内。

2007 年,协会参加在北京举行的"中国首届月季花展览",获得多项团体奖项,为上海绿化行业增添荣誉。2008 年,积极参与全市公园内"月季园"的养护任务,对绿化行业部分单位开展月季花栽培业务指导。2009 年 7 月 16 日,召开协会第三届理事会第七次会议,确认单位会员 15 个,个人会员 100 余人,秘书长调整为李海根。协会着力组织月季花卉爱好者和专业人员相互学习交流,普及和推广月季花的栽培、育种知识,经常组织座谈会、辅导讲座等,促进月季花爱好者队伍的稳定和扩大。建立月季花苗圃基地,使协会的苗圃土地达到 1 公顷,栽培有树状月季、品种月季、丰花月季、藤本月季、铺地月季、树状四季玫瑰(嫁接和扦插)、蔷薇盆景等。协会还积极参与市区的各项花卉布置和展览,以及科技兴绿工作。尤其是在上海市中心城区推广月季花的使用和推广,开展技术讨论和培训。在上海市举办的花展及各主要景观绿地,都栽培了月季花。协会培育的新品种"月季树"在展出中广受好评。参与复兴公园和中山公园有关月季花品种的课题研究。协会多次组织技术人员赴江苏、浙江、山东等地收集野生蔷薇品种,并成功与月季嫁接,为提高月季品质和月季树推广奠定基础。2010 年,承担世博园区内月季花的养护工作,参与多项花展并获奖。

图书在版编目(CIP)数据

上海园林绿化改革发展概况 ：1978—2010 / 上海
市绿化和市容管理局主编 .— 上海 ：上海社会科学院出
版社，2021
　　ISBN 978 - 7 - 5520 - 3243 - 7

　　Ⅰ.①上… 　Ⅱ.①上… 　Ⅲ.①园林—绿化—概况—上
海— 1978—2010 　Ⅳ.①S732.51

中国版本图书馆 CIP 数据核字(2021)第 032474 号

上海园林绿化改革发展概况(1978—2010)

主　　编：上海市绿化和市容管理局
责任编辑：董汉玲
封面设计：周清华
出版发行：上海社会科学院出版社
　　　　　上海顺昌路 622 号　邮编 200025
　　　　　电话总机 021 - 63315947　销售热线 021 - 53063735
　　　　　http://www.sassp.cn　E-mail：sassp@sassp.cn
排　　版：南京展望文化发展有限公司
印　　刷：上海信老印刷厂
开　　本：720 毫米×1000 毫米　1/16
印　　张：22.5
插　　页：8
字　　数：367 千字
版　　次：2021 年 6 月第 1 版　2021 年 6 月第 1 次印刷

ISBN 978 - 7 - 5520 - 3243 - 7/S・003　　　　定价：85.00 元